氧化铁纳米材料
及其应用概述

党丽赟　著

中国原子能出版社

图书在版编目 (CIP) 数据

氧化铁纳米材料及其应用概述 / 党丽赟著 . -- 北京 : 中国原子能出版社 , 2018.11

ISBN 978-7-5022-9505-9

Ⅰ . ①氧… Ⅱ . ①党… Ⅲ . ①纳米材料—氧化铁—研究 Ⅳ . ① O614.81

中国版本图书馆 CIP 数据核字 (2018) 第 280812 号

内容简介

本书系统介绍了氧化铁纳米材料的制备方法及表征手段，详述了氧化铁纳米材料研究的国内外研究进展及其在建筑材料领域、生物医学领域、光电催化领域及能源领域等方面的应用。结构决定性质，性质决定应用，纳米材料灵活多变的微观结构赋予其多功能应用领域。本书结构合理，条理清晰，内容新颖，是一本值得学习研究的著作。

氧化铁纳米材料及其应用概述

出版发行　中国原子能出版社（北京市海淀区阜成路 43 号 100048）
责任编辑　张　琳
责任校对　冯莲凤
印　　刷　北京亚吉飞数码科技有限公司
经　　销　全国新华书店
开　　本　787mm × 1092mm　1/16
印　　张　13.25
字　　数　237 千字
版　　次　2019 年 3 月第 1 版　2024 年 9 月第 2 次印刷
书　　号　ISBN 978-7-5022-9505-9　　定　　价　56.00 元

网　　址：http://www.aep.com.cn　　E-mail:atomep123@126.com
发行电话：010-68452845
版权所有　侵权必究

前　言

在充满生机的21世纪，信息、生物技术、能源、环境、先进制造技术和国防的高速发展必然对材料提出新的需求，元件的小型化、智能化、高集成、高密度存储和超快传输等对材料的尺寸要求越来越小，航空航天、新型军事装备以及先进制造技术等对材料性能要求越来越高。新材料的创新，以及在此基础上诱发的新技术、新产品的创新是未来对社会发展、经济振兴、国力增强最有影响力的战略研究领域，纳米材料将是起重要作用的关键材料之一。纳米材料和纳米结构是当今新材料研究领域中最富有活力、对未来经济和社会发展有着十分重要影响的研究对象，也是纳米科技中最为活跃、最接近应用的重要组成部分。近年来，纳米材料和纳米结构取得了引人注目的成就，但纳米材料的研究和开发仍面临严峻的挑战，也充满了机遇。

纳米材料是20世纪90年代后期兴起的一种高新材料，与普通材料相比具有小尺寸效应、大比表面积效应、量子尺寸效应以及光、电、磁等特性。纳米材料在环境保护、催化、医学、生物等领域取得了巨大的成就。随着纳米材料的发展，越来越多的纳米材料在军事隐形涂料、抗静电涂料、热阻涂料、抗菌涂料、电磁涂料、红外线吸收涂料等方面得到了应用。

氧化铁系列化合物是自然界中最为常见的化合物之一，$\alpha-Fe_2O_3$具有高化学稳定性、热稳定性、抗腐蚀性、催化活性、电化学和传感性等，被广泛应用于磁性材料、颜料、催化剂、气敏元件和电极材料等领域，是一种重要的功能无机材料。Fe_3O_4和$\gamma-Fe_2O_3$是重要的磁性材料，当它们的尺寸减小到纳米级时，其磁性质与块体材料相比具有明显的不同。这种特殊的磁性质，使得Fe_3O_4和$\gamma-Fe_2O_3$磁性材料在更广泛的领域中得到应用，如靶向药物载体、核磁共振成像、磁热疗、生物分离等领域。

感谢河南省平顶山市河南城建学院材料与化工学院煤盐资源高效利用河南省工程实验室开放课题项目的鼎力支持，使本书能够顺利发表。

本书的撰写凝聚了作者的智慧、经验和心血，在撰写过程中参考并引用了大量的书籍、专著和文献，在此向这些专家、编辑及文献原作者表示衷心的感谢。由于作者水平有限以及时间仓促，书中难免存在一些不足和疏漏之处，敬请广大读者和专家给予批评指正。

作　者

2018 年 11 月

目　录

第 1 章　氧化铁纳米材料的应用

纳米氧化铁是一种资源丰富、制备原料价格低廉、环境友好的多功能金属氧化物材料，当氧化铁颗粒尺寸小到纳米级（1 ~ 100 nm）时，其表面原子数、比表面积和表面能等均随着粒径的减小而急剧增加，从而表现出小尺寸效应、量子尺寸效应、表面效应和宏观量子隧道效应等特点，具有良好的光学性质、磁性、催化性能等。纳米氧化铁是一类具有潜力的、广泛应用的材料。

随着科学技术的不断发展，氧化铁纳米材料的制备方法也在更新完善，各种方法不断交叉、渗透，取长补短。由于氧化铁纳米材料在实际应用中的优异性能，使其用途极为广泛，开发前景广阔。然而，氧化铁纳米材料制备过程中处理温度高、粒子易团聚、难以分散等问题一直是科技工作者所面临的难题，尤其是在化学湿法制备过程中表现得更为突出。如何提高氧化铁纳米材料粒子的分散性能和改善其表面性能，如何低成本、规模化合成氧化铁纳米材料，并有效控制氧化铁纳米材料粒子的形貌和粒径是从事纳米材料研究的科技工作者关注的焦点和追求的目标[1, 2]。

1.1　氧化铁纳米材料在涂料中的应用

纳米颗粒的量子尺寸效应使其对某种波长的光吸收带有蓝移现象和对各种波长光的吸收带有宽化现象。利用纳米颗粒的量子尺寸效应可以降低对可见波的散射，增强对短紫外光的吸收能力，进而可以达到一种“透明”状态，因此氧化铁纳米材料又称之为“透明氧化铁”。当纳米氧化铁作为颜料时，其具有良好的耐热和耐候性，还能吸收紫外光；当纳米氧化铁具有半导体性质时，不仅拥有普通无机涂料的性质，还拥有强的导电性能，可以起静电屏蔽的效果；高纯度的纳米氧化铁在汽车、塑料、建筑涂料和防腐涂料等方面使用得更加广泛。

在颜料中，氧化铁纳米材料又被称为透明氧化铁（透铁）。所谓透明，并非特指粒子本身的宏观透明，而是指将颜料粒子分散在有机相中制成一层漆膜（或称油膜），当光线照射到该漆膜上时，如果基本不改变原来的方向而透过漆膜，就称该颜料粒子是透明的[3]，如图 1.1 所示。

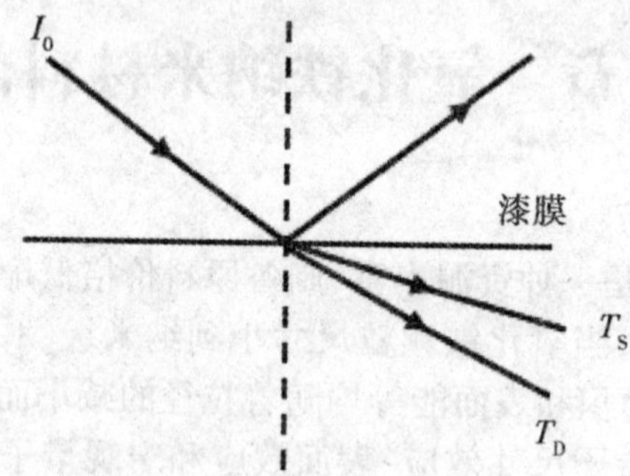

$$透明度(D)=\frac{T_D}{T_T}\times 100\%=\frac{T_D}{T_D+T_S}\times 100\%$$

图 1.1　粒子透明度的定义[3]

透明氧化铁原级粒径只有几十纳米，当它充分分散在透明介质中形成连续的膜层时，光线会绕过颜料粒子发生衍射现象，从而使膜层具有良好的透明性。透明氧化铁的化学结构决定了它有很好的耐光、耐候、耐酸、耐碱及耐溶剂性，其又由于极细的原级粒径而具有很强的紫外光吸收能力，耐光性更为优异。BASF 公司生产的透明铁黄、透明铁橙、透明铁红每平方米的漆膜分别含 1.7 g、1.3 g、0.9 g，可吸收 99.5% 的紫外线。透明氧化铁可用于高级轿车闪光漆、锤纹漆、木材涂装着色剂、仿红木涂料、罐头瓶内壁涂料以及建筑用内、外墙涂料，还可用于油墨和塑料着色。严格控制了砷和重金属含量的透明氧化铁颜料可以取代逐渐禁止使用的偶氮类颜料、染料及其它合成色素，用作食品、药品、化妆品的着色剂。

发达国家从 20 世纪 70 年代末开始使用透明氧化铁颜料，主要生产厂家有德国巴斯公司、拜耳公司、美国希尔顿 - 戴维斯化工公司、英国布莱思颜料公司和法国卡佩尔公司等，随着多年的发展，其应用领域已从初期的高级轿车闪光漆拓展到各个领域。

调查报告显示，将能吸收某些波长光线的透明氧化铁颜料包覆在干涉型的珠光颜料上，如与闪光铝浆混用便形成种组合颜料。用这种组合效应颜料制成的轿车闪光漆，在正视或侧视时不仅看到颜色在明度上、饱和度上或色调上有差异，而且会看到真正不同的颜色。这是由于颜料对入射光同时产生干涉和吸收造成的，即所谓的双色效应。这种漆具有鲜艳的色彩，双色效应给人以丰满和富丽堂皇的质感，又由于透明氧化铁颜料的保色、保光性，适合轿车漆的户外使用，因此高档轿车面漆对透明氧化铁颜料有大量的需求。透明氧化铁颜料的闪光漆除了用于轿车外，还可用于自行车、摩托车和仪表外壳涂装。使用透明氧化铁黄可达到淡金色的装饰效果，使用透明氧化铁红可达到赤金色的装饰效果；使用透明氧化铁绿可得到闪光绿色；使用透明氧化铁黑和透明氧化铁棕都能得到很独特的颜色。

透明氧化铁主要有五个品种，即：透铁红、黄、黑、绿、棕。透明氧化铁颜料因其有 0.01 μm 的原级粒径，因而具有高彩度、高着色力和高透明度，经特殊的表面处理后具有良好的分散性。透明氧化铁颜料可用于油化与醇酸、氨基醇酸、丙烯酸等漆料制成透明色漆，有良好的装饰性。此种透明漆可单独、也可和其他有机彩色颜料的色浆相混，如加入少量非浮性的铝粉浆则可制成有闪烁感的的金属效应漆，该漆还可与不同颜色的底漆配套，可用于汽车、自行车、仪器、仪表、木器等要求高的装饰性场合。透铁颜料强烈吸收紫外线的特性，使其可作为塑料中紫外线屏蔽剂用于饮料、医药等包装塑料中。纳米氧化铁在静电屏蔽涂料中也有广阔的应用前景。日本松下公司已研制成功具有良好静电屏蔽的氧化铁纳米涂料。这种具有半导体特性的纳米粒子在室温下具有比常规的氧化物高的导电性，因而能起到静电屏蔽作用。国外也大量使用透明氧化铁颜料作木材涂装的着色剂。使用透明氧化铁颜料代替传统颜料可保留木材清晰的木纹，而本身很高的耐光性又使家具颜色经久不变，使产品质量上了一个档次[4]。如图 1-2 所示是河北省灵寿县冀路矿产品加工厂生产的氧化铁系列颜料。

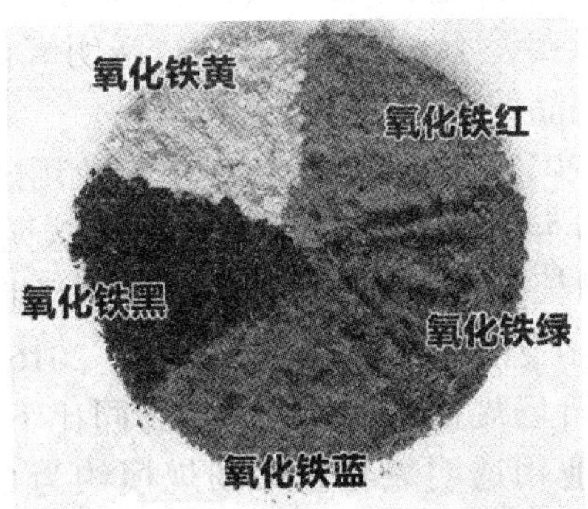

图 1.2 河北省灵寿县冀路矿产品加工厂生产的氧化铁系列颜料

汽车漆 - 金属闪光漆是透明氧化铁的重要应用，当透明颜料分散体和非浮型铝粉共同制成涂膜后，从不同的角度观察涂膜会有不同的颜色，从而产生美妙的异角变色现象。此种现象在汽车漆中得到了充分应用。透明氧化铁颜料的高透明性、可调节的颜色和高耐侯性决定了其是汽车金属色的主要着色颜料。透明氧化铁颜料还可和干涉色颜料（如云母钛）、产生珠光着色效果，此类涂料丰富了汽车漆的品种。当与有机颜料混合使用时，透明氧化铁黄和酞青蓝组合可调配出金色到绿色等不同色彩，而透铁红和棕与有机红组合能调配出蓝或深蓝色等产品。

透明氧化铁颜料最典型的特征是改良油漆的耐候性、透明度和紫外线吸收性能，所以非常适用于汽车油漆，它和铝、云母等一起已广泛应用于生产金属漆和珠光漆，又因它能达到一些只有昂贵的有机颜料才能达到的色彩效果，从而大大降低汽车漆的生产成本。

木器漆也是透明氧化铁的重要应用之一。不少可用于木器家具透明着色的材料要达到色彩典雅、透明度高、耐光的效果，只能使用透明氧化铁之黄、红、黑三种透明氧化铁的基本色，这三种基本色几乎可配制出所有名贵木材涂装所需的颜色，用多种颜色的透明氧化铁分散体配制成易于使用的色精来进行木器家具的透明着色是大势所趋。紫外线是破坏木质的元凶，而透明氧化铁颜料能强烈吸收紫外线辐射，从而保护木质，并使木质能起到着色效果，又能使木质保持天然纹理，因而非常适用于木器家具漆。

透明氧化铁可用于外墙涂料。经试验证明，透明氧化铁比普通氧化铁颜料在明度方面明显提高且具有吸收紫外光的能力，在上海地区大面积推广使用和长时间的试验表明透明氧化铁颜料用于外墙涂料确实有其独到之处[5, 6]。

利用透明氧化铁颜料的优良性能制造同质的彩色水泥瓦，能够代替彩色表面层水泥瓦，瓦质质感朴实自然，色泽亚光柔和，消除了国内多数彩色表面水泥瓦质量参差不齐的缺点，因此，透明氧化铁颜料适用于各种建筑结构和混凝土制品的着色。

调查数据显示，2013 年我国建材行业中行业用透明氧化铁市场规模约为 0.93 亿元，2014 年我国建材行业中行业用透明氧化铁市场规模约为 1.01 亿元，同比增长 8.10%；2015 年我国建材行业中行业用透明氧化铁市场规模约为 0.90 亿元，同比下降 10.24%；2016 年我国建材行业中行业用透明氧化铁市场规模约为 0.78 亿元，同比下降 13.33%；2017 年我国建材行业中行业用透明氧化铁市场规模约为 0.84 亿元，同比增长 7.17%[7]。根据市场结构，预计，2022 年建材行业用透明氧化铁市场规模 1.01 亿元。氧化铁作为颜料所带来的巨大商机不容小觑，图 1.3 展示了众多氧化铁系列颜料供应商。

1.1.1 氧化铁纳米材料在装饰材料中的应用

在中国，氧化铁颜料在混凝土中的应用虽然不足 30 年，但业界的有识之士根据我国国情，不断改革、创新，从而使以彩色混凝土砖、瓦为主导的各种混凝土制品不断涌现，使得氧化铁颜料在混凝土中的应用越来越广泛。

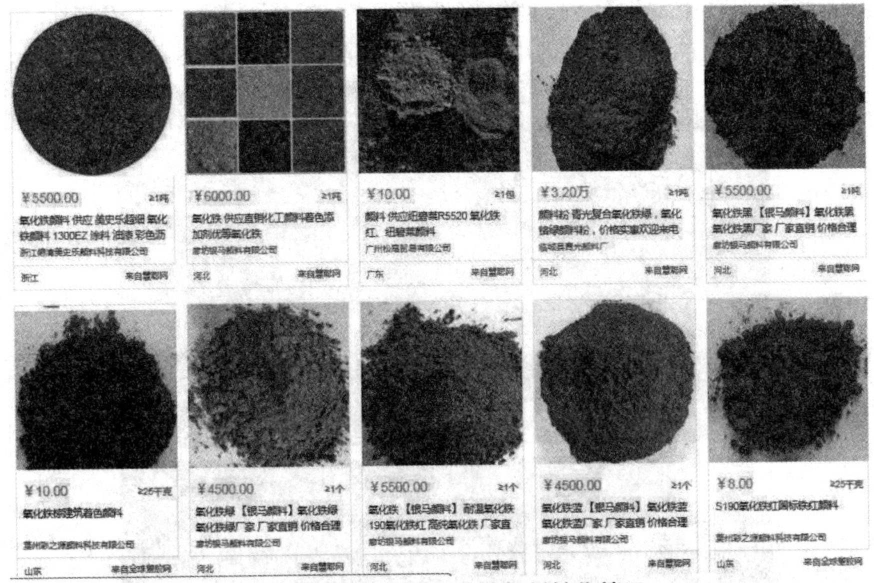

图1.3　购物网站氧化铁颜料销售情况

追溯至90年代以前，氧化铁颜料的应用非常单一，90%的氧化铁颜料应用于油漆工业，而只有不到8%应用于混凝土制品之中，其中的绝大部分只是局限于路面砖。

随着英国的英红及其带来的先进技术，使得中国员工迅速掌握了彩砖生产的设备操作和生产核心技术，这一大历史性的进展极大地推动了中国彩色混凝土的发展，同时也使得氧化铁颜料应用领域更加广泛。同时，中国加速城市基础设施建设，自2000年起，为了保护土地资源，在大城市逐步禁止使用粘土砖瓦，这些都极大地促进了中国彩色混凝土砖瓦的发展。优质的氧化铁颜料越来越受到厂商的欢迎，如作为全球领先的氧化铁颜料生产商，宇星拓展了其氧化铁红、黄、黑颜料产品线，其中氧化铁红110、130等，氧化铁黄920，氧化铁黑330等产品备受混凝土着色市场的青睐。新型氧化铁颜料产品不仅具备普通的混凝土颜料产品的优点，还具有更高的着色力，形成一种独特的色调，在标准氧化铁颜料中脱颖而出，不仅水溶性盐含量低，而且流动性好，不易起尘，是用于钢筋混凝土的理想颜料。

伴随我国建筑材料工业的快速发展，近年来，彩色水泥砖、彩色地砖、彩色墙面砖、路面彩色混凝土、彩色压膜，彩色耐磨地坪，环氧树脂地坪，外墙灰泥涂料等新型建材在各类建筑、广场、道路及市政建设等工程中被广泛采用，为美化城镇环境发挥了重要作用。在这些绚丽多彩的新型材料中，氧化铁颜料以优良的着色应用性能，同时又具有吸取紫外线而保护体系基料避免发生降解，且价格低廉等优点，受到彩色建材生产厂家的青睐。如图 1–4 所示是幼儿园彩色透水混凝土地面图案。

图 1.4　幼儿园彩色透水混凝土地面图案

国内彩色水泥瓦目前主要有同质的彩色水泥瓦和彩色表面水泥瓦两种。欧美国家的彩色水沿线瓦均是同质瓦，色彩处理采用混合型。颜料融入整片瓦体，质感朴实自然，色泽亚光柔和，有的在同质瓦的表面上再喷涂涂料。同质瓦彩色水泥瓦大多采用表层彩色层。国内彩色瓦生产线多采用上料、搅拌、辊压成型、切割着色处理、养护、脱模、包装等工序，在生产设备上有的采用国内半自动生产线，衬托模具的材质有钢板、铸铁和铝锌合金等。薄钢板易变形，铸铁太笨重，少数采用铝锌合金的衬托模具，但一次性投资较大，因此国内彩色瓦质量参差不齐，彩瓦着色用的颜料以价格较便宜的无机颜料为主，首先选用的即为各类氧化铁系颜料。如图 1–5 所示是彩色瓦和彩色水泥地砖。

图 1.5　彩色瓦和彩色水泥地砖

我国彩色瓦业自 90 年代初期发展以来，属于一个新兴行业，伴随人民生活水平的提高，彩色瓦从表面涂层向同质瓦发展，对氧化铁颜料的需求也会大大增加。彩色水泥地砖和彩色水泥瓦一样，也分同质的和表面彩色层两种。目前国内生产同质的彩砖厂不多，绝大多数采用彩色表面层制砖，模具有钢模和塑料模两种，其生产工艺流程和对氧化铁着色颜料的使用均与彩色水泥瓦一样的技术要求。彩色现浇水泥路面采用的工艺是浇注普通的水泥地面尚未干的情况下，即在表面撒上薄薄一层彩色水泥层，借助图案模具在路面上压出图纹，当路面完全干后喷上一层树脂，让路面亮堂、美观。

这种现浇路面的施工对氧化铁颜料的性能要求与彩色水泥瓦对氧化铁颜料的技术要求一样。氧化铁颜料及其多彩颜料是彩色水泥的主要着色剂，氧化铁颜料对水泥的拉折压强度影响很小，色彩鲜艳，价格也相对低廉。

水性色浆主要用于混凝土及砂浆制品着色和水性涂料的着色。国外建筑业为提高方法的简便性，将氧化铁颜料分散于混凝配料中，随着建筑应用朝着方便、高效、质优、价廉的趋势发展，氧化铁颜料水性色浆越来越多地进入建材市场。

1.1.2 氧化铁纳米材料在油墨材料中的应用

透铁黄可用于罐头外壁的涂装，纳米氧化铁红油墨为红金色，特别适合罐头内壁用，加之透铁红耐 300℃的高温，是油墨中难得的颜料珍品。为提高钞票的印制质量，往往在印钞油墨中加入纳米氧化铁颜料来保证钞票的色度和彩度等指标。

1.1.3 氧化铁纳米材料在着色剂中的应用

随着人们生活水平的提高，人们越来越重视医药、化妆品、食品中使用的着色剂，无毒着色剂成了人们关注的焦点。氧化铁纳米材料在严格控制砷和重金属含量的情况下，是良好的着色剂。氧化铁纳米材料可用于制造化妆品中的粉饼，若与珠光颜料并用可使珠光颜料着色，增添珠光粉的魅力，药用明胶胶囊、果冻和某些饮料等也都使用了透明氧化铁作为着色剂[8]（图 1.7）。

图 1.6　五颜六色的药物及化妆品

天然色素是一种代替品，但由于其稳定性差，在使用方面受到严格的限制。另一种代替品即氧化铁类，是全世界所承认的着色剂，但只有满足一定的条件，才能安全使用。

氧化铁颜料是无机颜料的一种，是铁系颜料的一部分，包括氧化铁红、氧化铁黄、氧化铁棕、氧化铁黑等。其共同点是不溶于水,与纤维素无亲和力,而是依靠矾土的作用固着在纤维表面而取得着色。氧化铁颜料耐光性较强,遮盖力较好,着色力强。氧化铁颜料在装饰原纸中即起填料的作用,可以部分取代昂贵的钦白粉;又起到颜料染色的作用,可以取代价高且污染严重的有机染料[8-10]。

刘钦敬等[11]将氧化铁颜料加入配浆池中,亦可加入浆盆等打浆设备中,但后者很少采用,尤其是用量较大时更宜加入配浆池中。虽然氧化铁颜料不溶于水,但使用时仍要用水配制成均匀的悬浊液,浓度15%左右。配制方法:可将氧化铁颜料加入到盛有适量水的溶解罐中,搅拌(搅拌速度不小于60 $r \cdot min^{-1}$)均匀即可配成悬浊液。将配制好的悬浊液过筛加入到配浆池中即可。另外氧化铁颜料亦可和钦白粉混合在一起配成悬浊液,再加入配浆池中。氧化铁颜料的用量视成纸颜色而定。

济南造纸厂在生产黄色系列、棕色系列、红色系列的装饰原纸时,使用了氧化铁颜料,取得了良好的效果。首先由于氧化铁颜料有较好的遮盖力,可以部分替代昂贵的钛白粉(吨价万元以上),而氧化铁颜料价格在4 000元/吨左右,其经济效益显著。以加入20%氧化铁颜料,替代15%的钛白粉为例,仅此一项吨纸可降低成本600元左右;其次,氧化铁颜料在纸张中的着色率明显高于有机染料,其废水较有机染料易处理,且处理成本低、污染轻。使用氧化铁颜料生产的装饰原纸,在浸渍加工时不掉色、不褪色,压板时不露底,做成的各种高档装饰板的耐光性、耐气候性、耐热性均较好,经久耐用[11-14]。

1.1.4 氧化铁纳米材料在陶瓷材料中的应用

氧化铁系统陶瓷以具有特殊磁性的间晶石型铁氧体而得到广泛的应用。目前用于氧化铁单元系统陶瓷的超细粉体多采用共沉淀法制备,此法制得的氧化铁粉体平均粒径一般为40 ~ 60 nm,比表面积为30 ~ 60 $m^2 \cdot g^{-1}$,用其制备的气敏陶瓷具有良好的灵敏度。但由于共沉淀法中各反应物水解后的沉淀速度不同,往往难以获得原子尺度的混合,以此烧结而成的陶瓷有可能存在微观结构上的不均匀,因此共沉淀法不能用于发展氧化铁多元系统陶瓷超微粉体的研究[15, 16]。

秦威等[16]认为,氧化铁红颜料在陶瓷色料配方中,主要以着色剂的形式引入。如釉用色料中的棕色系列、黑色系列;锆系色料中的锆铁红色料;坯体色料中的黑色、咖啡色和茶色系列等,陶瓷琉璃瓦等彩色水泥砖也大量应用氧化铁红原料。因此,氧化铁红颜料在陶瓷色料中的用量较大,估计每年用量在 10 000 t 以上。目前,陶瓷色料使用的氧化铁红颜料的生产方法主要分为硫酸法和混酸法(硝酸法),以薄铁板为原材料进行处理加工后得到外观鲜红光亮的氧化铁红颜料。通常使用硝酸法工艺生产的氧化铁红产品综合指标优于硫酸法生产的产品。

1.2 氧化铁纳米材料在磁性材料和磁记录材料中的应用

作为磁记录单位的磁性粒子的大小必须满足以下要求：颗粒的长度应小于记录波长；粒子的宽度(如可能长度也包括在内)应该远小于记录深度；一个单位的记录体积中，应尽可能有更多的磁性粒子。纳米 Fe_2O_3 具有良好磁性和很好的硬度。氧磁性材料主要包括软磁氧化铁($\alpha-Fe_2O_3$)和磁记录氧化铁($\gamma-Fe_2O_3$)。磁性纳米微粒由于尺寸小,具有单磁畴结构、矫顽力很高的特性,用它制作磁性记录材料可以提高信噪比,改善图像质量。目前,录像磁带使用的磁性超微粒一般为铁或氧化铁的针状粒子(如针状 $\gamma-Fe_2O_3$)。

软磁铁氧体材料用氧化铁,化学纯度高,晶型呈蜂窝状时较佳,化学活泼性强,固相反应完善,化学杂质及可溶性盐分少。它是用一种或多种金属元素的氧化物、氢氧化物、碳酸盐或草酸盐等以固相反应复合氧化物制成[17-20]。

磁性纳米粒子由于其特殊的超顺磁性,在巨磁电阻、磁性液体和磁记录、软磁、永磁、磁致冷、巨磁阻抗材料以及磁光器件、磁探测器等方面具有广阔的应用前景。氧化铁纳米材料是新型磁记录材料,在高磁记录密度方面有优异的性能,记录密度约为普通氧化铁的 10 倍。利用铁基纳米材料的巨磁阻抗效应制备的磁传感器已经问世。软磁铁氧体在无线电通讯、广播电视、自动控制宇宙航行、雷达导航、测量仪表、计算机、印刷、家用电器以及生物医学领域均得到了广泛应用。氧化铁与其他各种金属元素的氧化物采用不同的反应条件能制成不同结构,适用于各方面不同的应用要求,如软磁性铁氧体制品、永磁性铁氧体制品、旋磁性铁氧体制品、短磁性铁氧体制品及压磁性铁氧体制品等。

制备时是将氧化铁与一种或多种其他金属元素的氧化物、氢氧化物、碳酸盐、草酸盐等按照一定的配比置于球磨机中,混合磨细后取出烘干,然后在高温炉 700 ~ 900℃下加热预烧,再将预烧后的粉沫磨细放入压磨中成型,再移入 1 100 ~ 1 400℃焙烧和进行热处理等工序,待精致加工后即成铁氧体制品件。

氧化铁粉末颗粒细小、均匀,比表面积大,可达到 10 ~ 15 $m^2 \cdot g^{-1}$,具有化学活泼性强的特点,它是铁氧体磁性材料的重要原料之一,氧化铁颜料与锰、锌、镍、镁等金属元素结合组成的铁酸盐,具有尖晶型石结晶构造,广泛应用于各种磁铁和微波中。对于磁性氧化铁磁粉,具有较好的化学稳定性和热稳定性,已大量使用于各种类型的磁带、计算机、记忆材料、磁性塑料及探伤磁粉等制品件中。$\gamma-Fe_2O_3$ 是一种尖晶石型针状结晶构造的氧化铁,加上它的亚微米粒径,是制造录音、录像磁带的好材料。因具有针状粒子,在涂布过程中,施加磁场后能得到更好的取向,是磁性记录材料的关键材料,可用于录音、录像磁带、仪器磁带,其他如磁性塑料、电视机调音中心磁极片,会聚片等以及钢铁制件的表面探伤用。

对磁头主磁极材料的主要性能要求为:高的饱和磁化强度和磁导率(高频下),低的矫顽力和磁致伸缩系数以及优良的抗腐蚀和耐磨性。目前在商用硬盘驱动器中,磁记录介质的矫顽力已达到 143.3 $kA \cdot m^{-1}$,正在研究开发的超高密度驱动器,其记录介质的矫顽力甚至高达 238.7 $kA \cdot m^{-1}$。要在如此高的矫顽力的记录介质上实现信号写入,写入磁头的主磁极材料必须具有高的饱和磁化强度(2.0 T 左右)。老一代磁头材料,如 MnZn、NiZn、FeNi、FeSiAl 等由于饱和磁化强度不高,将逐渐被新一代软磁薄膜材料所代替[18]。

铁基薄膜材料是新一代高密度磁头薄膜材料的最佳选择,因为到目前为止,饱和磁化强度能达到 1.8 T 以上的只有纯铁和以铁为基的合金。虽然纯铁具有高达 2.16 T 的饱和磁化强度,但是其它方面的性能妨碍了它在磁记录领域中的直接使用。因此开发兼有高磁通密度和良软磁性能的铁基薄膜材料成为磁记录技术发展的关键问题之一。长期以来,人们认识到增加软磁材料的晶粒度,可以减小这些材料的矫顽力。但没有预料到,当晶粒尺寸大大减小,使其达 15 nm 左右或更小时,能通过减小磁晶各向异性而赋予材料很低的矫顽力(类似于无磁晶各向异性的非晶软磁材料)。

为使铁基材料具有极低的矫顽力,除了晶粒尺寸需达到纳米级外,其晶界(或晶界偏聚区)必须是铁磁性的,而且晶界厚度应小于临界中心尺寸。否则,当纳米铁晶粒孤立分布于非铁磁性基体中时,它们将表现出类似单畴颗粒的磁化行为,磁化反转机制与当晶界为铁磁性时截然不同,将会呈现高的矫顽力。当晶界为铁磁性,但晶界厚度超过钉扎畴壁运动的临界尺寸时,材料的矫顽力也会增加。铁基纳米晶软磁薄膜材料按照制备方法可分为两大类:①非晶晶化法。用该方法获得的薄膜可以通过调节退火工艺，根据需要控制纳米晶粒尺寸，使材料具有较好的软磁性能。为使溅射态薄膜成为非晶态，必须加入一定量的Ta、Zr、Nb、V、N等元素，而且N为必要元素。由于这些元素的原子结合力强，不但能使溅射态处于非晶态，同时可以增加薄膜材料的热稳定性（这对MIG磁头的金属层尤为重要），减低磁致伸缩系数，增加高频下的磁导率。但是大量非铁磁元素的加入，必将导致饱和磁化强度的减小（1.4 ~ 1.6 T）。这一类型的典型材料为FeTaN、FeZrN等系列。②直接溅射沉积法。这种方法制得的纳米晶尺寸受溅射工艺参数影响较大，随着膜厚的增大，一般纳米晶尺寸长大，晶粒尺寸不均匀。用该法制备的铁基纳米材料，由于不必加入大量难熔金属原子，因此具有很高的饱和磁化强度（2 T左右）。这类典型材料有FeAlN等系列。另外，Fe_6N_2是迄今为止发现具有最高饱和磁化强度（2. 85 T）的材料，然而这种材料的获得较困难，且矫顽力较高，热稳定性差，实用化还要走较长的路。为进一步降低铁基纳米材料矫顽力，获得均匀晶粒尺寸，增加高频磁导率，同时保持高的饱和磁化强度，目前主要的研究方向是多层纳米铁基薄膜，（中间层为铁磁性或非铁磁性材料），例如FeAlN/SiN，FeAlN/FeNi等[19-23]。

近年来，磁性纳米材料作为功能纳米材料的一个重要分支，由于其在纳米级有趣的磁学性质和潜在的应用而受到了广泛的关注和研究。根据矫顽力的大小，磁性材料可以分为硬磁材料和软磁材料。磁性纳米粒子具有许多不同于体相材料的特殊磁性质，例如，高矫顽力、超顺磁性、低居里温度等，这些性质主要是由表面效应和小尺寸效应决定的。此外，磁性纳米粒子的矫顽力和饱和磁化强度，不仅和纳米粒子本身的晶体结构有关，还和它的尺寸、形貌、化学组成和分散性有关。不同于块状磁体，磁性纳米粒子展现出独特的磁性，即能够通过系统的纳米工程调节磁性能。铁是一种质量磁化强度值非常高的重要铁磁材料，质量磁化强度能够达到220 emu·g^{-1}。铁纳米粒子在很多领域的应用已经被我们熟知和研究，包括作为早期的磁性录音带的记录介质。但是由于铁单质非常活泼，在制备和应用过程中很容易被氧化，所以很难实现尺寸和相纯度的控制，从而限制了纳米铁的应用。MPt（M=Fe，Co）合金纳米粒子作为铁磁纳米粒子，由于其独特的磁学性能，以及在磁记录、永磁体等方面的应用而受到了广泛研究，但是贵金属Pt的存在导致了生产成本的提高，所以不易于规模化和工业化生产。稀土－过度金属合金，例如SmCos具有最大的磁各向异性常数和高的居里温度（T_c=730℃），可用作高温永磁材料，目前市售的耐高温磁铁的主要组分都是SmCos；$Nd_2Fe_{14}B$是众所周知的永磁体，由于其非常高的磁晶各向异性，矫顽力较大，但由于稀土元素有限，而今能源资源困乏，在提倡可持续发展的前景下，其使用受到了一定限制。

磁性氧化铁纳米粒子，尤其是立方铁氧体，作为研究的一个热点，具有无毒、环境友好、抗腐蚀性能强、储存量丰富、多价态等特点。并且由于其可接受的磁学性能和高度的稳定性，已经有许多应用，例如数据存储、能量存储、催化剂、生物医学、电池等。常见的立方相的铁氧体有 Fe_3O_4、Fe_2O_3 和 MFe_2O_4（M=Co、Mn、Ni、Zn 等），立方相的铁氧体在结构上是各向同性的，表现出软磁性(磁晶各向异性常数和矫顽力较小)，并且目前制备的纳米氧化铁的矫顽力相对于稀土－过度金属合金的矫顽力低。因此，人们已经投入了大量的工作来最大限度地提升磁性氧化铁的矫顽力，以满足不断增长的科技应用需求[24-26]。

磁性纳米粒子的一个显著特征是尺寸效应。磁性纳米粒子表现出独特的尺寸依赖的磁学性能，当磁性纳米粒子的尺寸低于某一临界尺寸时，纳米粒子内部的自由电子通过铁磁作用旋转排列成一个方向，此时纳米粒子为单磁畴。多磁畴纳米粒子内部磁化方向的排列由各向异性和畴壁的移动控制，而单磁畴纳米粒子不存在畴壁的移动，磁化反转很大程度上依赖于各向异性。结果，单磁畴的纳米粒子比与之相对应的多磁畴纳米粒子有更大的矫顽力。随着粒子尺寸的减小，矫顽力先增大，当到达多磁畴与单磁畴的临界点时，矫顽力达到最大，尺寸再减小，矫顽力下降，直到到达另一个临界点，矫顽力变为零，粒子呈超顺磁[20, 27-35]。

1.3　氧化铁纳米材料在生物方面的应用

近年来，磁性纳米颗粒的研究在各个学科领域都引起了人们的广泛兴趣，主要包括磁流体、催化剂、生物工艺 / 生物医药、核磁共振成像、数据存储等领域。磁性纳米颗粒具有许多不同于体相材料的特殊磁性质，例如，超顺磁性、高矫顽力、低居里温度等，这主要是由小尺寸效应和表面效应决定的。目前，合成不同组分的磁性纳米材料的方法有很多，但是，如果要成功地运用在上述的各个领域，还要看纳米颗粒本身在应用环境下的稳定性。因为对于纳米颗粒而言，它具有很高的表面能，容易团聚，使颗粒的尺寸增大，影响自身的磁性质；另外，由于表面效应的影响，表面原子数增多，使纳米颗粒具有很高的化学活性，在空气中容易氧化，导致其磁性降低。所以，在合成磁性纳米颗粒的过程中或者合成之后，需要对颗粒进行保护，避免团聚或氧化。磁性纳米颗粒的保护主要采用包埋法，通过形成壳核结构对磁性纳米颗粒进行保护。这不仅防止了磁性纳米颗粒的氧化和团聚，而且为磁性纳米颗粒的进一步功能化提供了可能。功能化的磁性纳米颗粒具有广阔的应用前景，特别是在液相催化、生物医药等领域[36, 37]。

磁性纳米粒子主要包括 Fe、Co、Ni 以及它们的氧化物。其中，Co 和 Ni 具有毒性，这就限制了它们在生物医学领域的应用。氧化铁作为一种重要的磁性材料，具有很好的生物相容性，除了在磁流体、催化剂和磁记录材料方面的应用，在生物分离、检测、靶向药物和医学成像方面也具有广泛的用途。所以，对氧化铁磁性纳米材料的研究成为各个学科领域的一大热点[38-41]。

随着微纳载体材料的不断发展，磁性纳米颗粒和微气泡已分别发展成为有效的医学影像造影剂和药物输送载体系统。融合两者的优点制备的携带磁性纳米颗粒的磁性微气泡载体材料，由于兼具优良的磁学特性和声学特性，在生物医学应用领域得到了较广泛的关注和研究。而将磁性微气泡与药物、抗体、多肽或多糖结合起来，形成集早期诊断与精确靶向治疗于一体的多模式、多功能造影剂，更是目前生物医疗造影材料的一个发展趋势。

超顺磁性氧化铁（SPIO）的主要有效成分为纳米级的四氧化三铁（Fe_3O_4）、三氧化二铁（$\alpha-Fe_2O_3$）晶体核心，外层包被葡聚糖、多肽、脂肪酸、聚合物等高分子化合物后，使其具有良好的水溶性和生物相容性。SPIO 成为以钆为基础的 MRI 对比剂后备受关注的，主要由于：①每一单位的铁在 T2 加权序列上能够提供更加明显的信号变化；② 由生物降解性能良好的铁构成，能被机体细胞通过正常的代谢途径而再利用；③其表面包被物可能直接连接其他功能基团和配体；④可以通过光电显微镜检测；⑤粒径的变化可引起磁化效能的改变。SPIO 纳米分子探针因其良好的生物相容性和磁共振信号敏感性而成为分子影像学研究热点。粒子具有可控的从数纳米到数十纳米的体积，因为它们的体积较小，容易附着在细胞、病毒、基因等这些实体上，因而可以对细胞进行标记；磁性纳米粒子具有顺磁性，可以被外界磁场所调控，进而可以对磁性纳米粒子标记的癌细胞与正常细胞进行分离 ；再次，由于磁性氧化铁纳米粒子（MIONs）可以在外磁场作用下进行定位能量传递，故在癌组织高热疗法等方面也具有应用潜能[42-48]。

2009 年 IBM 公司和美国斯坦福大学合作将核磁共振成像分辨率提高到 10 nm 以内，这一研究成果表明以核磁共振为核心，发展肿瘤等重大疾病的分子影像技术方法具有积极的意义。如前所述，由于MRI存在敏感性低的缺点，MRI造影剂在临床诊断中变得不可或缺，基于磁性氧化铁纳米颗粒的磁共振造影剂是人工合成纳米材料在疾病诊断中得到实际应用的最为成功的案例，现已有多种商品化的磁性氧化铁纳米颗粒造影剂，例如Feridex和Combidex. 为了进一步以磁性纳米颗粒为核心构建分子影像探针实现磁共振分子成像，需要在磁性氧化铁纳米颗粒表面修饰可反应官能基团，如—COOH、—NH_2、琥珀酰亚胺等，这些官能基团可以将靶向分子通过共价键耦联于纳米颗粒表面，进而获得可通过靶向分子与靶点间特异性识别作用进行病灶部位成像的分子影像探针。这种探针可通过高通透性和滞留效应（enhanced permeability and retention effect, EPR）进入肿瘤组织，再通过其靶向分子与靶标细胞或受体特异性结合而在肿瘤区域富集，达到对肿瘤的MR造影增强。2005—2006年，Cheon团队和Gao团队分别率先报道了用抗体靶向的磁性纳米颗粒在荷瘤鼠模型上进行的恶性肿瘤诊断，通过共价耦联肿瘤特异性识别抗体，得到了可以对肿瘤进行活体生物靶向的磁共振分子影像探针。这两个独立完成的研究工作证明了除被动靶向方式之外，还可以利用纳米材料表面耦联的肿瘤靶向分子与肿瘤靶点的特异性结合实现对肿瘤病灶的主动靶向，从而催生并推动了磁共振分子影像方法的建立和发展。

目前为止与磁性氧化铁纳米颗粒进行耦联的靶向因子主要包括抗体（全抗及基因工程单链抗体）、多肽及叶酸等。2005年，Cheon等报道了采用Herceptin标记的超顺磁Fe_3O_4纳米颗粒对小鼠体内乳腺癌肿瘤的活体检测；2009年，Liu等通过对Fe_3O_4纳米晶体表面修饰结构的优化，得到具有更长血液循环时间的生物相容性Fe_3O_4纳米颗粒。

以胃癌荷瘤裸鼠为动物模型，以胃癌单克隆抗体3H11为肿瘤靶向分子构建了MR分子影像探针，该探针在静脉注射24 h后使得肿瘤部位的T值下降高达30%；以整合素作为靶点的精氨酸-甘氨酸-天冬氨酸RGD多肽（arginine-glycine-aspartic acid, RGD）也被用于与磁性氧化铁纳米颗粒耦联来构建肿瘤的活体分子探针，Zhengyang Ji等构建了RGD修饰的超小磁性Fe_3O_4纳米探针，验证了RGD修饰的超小磁性Fe_3O_4纳米探针在小鼠体内不易被MPS所截留，拥有长循环特性的同时，能够实现对肝脏肿瘤的主动靶向MRI T1加权成像，相较于传统的肝肿瘤MRI T2加权造影模式，这种创新的造影模式能够更加有效、更加准确地对更加微小的肝肿瘤（直径约为2.2 nm）进行诊断，这不仅大大提升了肝脏肿瘤磁共振诊断的准确度和灵敏度，同时有效地降低了由注射纳米探针所带来的潜在金属毒性风险，因此其将在肝肿瘤的早期诊断中表现出巨大的优势。

磁性氧化铁纳米颗粒因其大的比表面积、低毒性及超顺磁性在生物医用领域有着极大的应用前景。研究学者通过带有巯基的亲水性聚合物PTMP-PVP作为稳定剂，制备得到水溶性的、稳定均一的磁性氧化铁纳米颗粒MIONs @PTMP-PVP，测试了该颗粒的粒径、形貌、稳定性及饱和磁化强度。细胞活性测试结果表明，该颗粒在同类型的细胞体内有良好的生物适应性。体外弛豫表明，r_2/r_1 是42.5，该颗粒可用作为T2造影剂。体内活体成像结果表明该纳米颗粒能够在小鼠肝脏部位有效富集，之后通过体内代谢逐渐排除体外，显示出该颗粒作为T2造影剂的潜能。

人们利用纳米级粒子可使药物在人体内的传输更为方便这一特点，将磁性 Fe_2O_3 纳米粒子制成药物载体，通过静脉注射到动物体内，在外加磁场作用下通过纳米微粒的磁性导航，使其移动到病变部位达到定向治疗的目的，德国柏林沙里特临床医院的专家们利用癌细胞耐热性差，加热至43℃以上就死亡的特点，将氧化铁纳米材料微粒注入肿瘤内，并将患者置于交变磁场中，受磁场影响，肿瘤内的纳米氧化铁微粒升温至45~47℃，杀死癌细胞且不会伤及周围的正常组织。此外，纳米氧化铁在药用胶囊、药物合成、生物医学技术等领域也发挥着重要的作用，磁性纳米粒子在生物体内应用还有很多尚待解决的问题，如降低毒性、提高生物相容性、减少免疫原性及炎性反应。除了通过优化设计纳米粒子大小、形状、表面积、表面电荷、聚集状态和结晶状态等来解决纳米粒子现存的这些问题外，适当的表征手段对于确定纳米粒子的理化特征也是非常必要。所幸的是纳米技术表征实验室（NCL）已经开发出了标准化的纳米材料临床前评价体系，着手引导纳米材料加速从研究阶段进入临床。20年前脂质体包裹多柔比星的配方（DOXIL）被批准用来治疗卡波西肉瘤，现在也适用于治疗乳腺癌和卵巢癌。Abrax-ane是紫杉醇与白蛋白结合的制剂，于2005年被美国食品药品管理局（FDA）批准用于治疗转移性乳腺癌。尽管纳米技术在癌症治疗中已经取得了一些进展，但要加速纳米技术从研究走向临床应用，还需要解决很多问题，如纳米粒子的毒性问题、体内代谢途径、生物降解性、标记细胞的技术和方法及进入机体后的长期生物效应等，无疑解决诸多问题需要生物学、化学、物理学、工程学、医学等多个学科和跨专业人员的共同合作、共同努力[49-54]。

定向药物是目前药物技术研究的热点之一。在外加磁场的作用下，通过载体－纳米微粒的磁性导航，使药物移向病变部位，达到定向治疗的目的。这样不但可以极大地提高药物的效率，还能减少药物在人体其他器官上的含量，从而有效避免药物在对病灶作用的同时伤害人体其他器官。磁性氧化铁生物纳米颗粒具有比表面效应和磁效应，易定向，对人体无副作用，可作为药物定向的有效载体。据报道，磁性氧化铁外包葡聚糖生物纳米颗粒，可作为基因载体，在酸性条件下，该纳米颗粒表现出DNA结合力及抵抗DNASE-I消化的作用。10 ~ 50 nm的Fe_3O_4的磁性粒子表面包覆甲基丙烯酸，尺寸为200 nm，这种亚微米级的粒子携带蛋白、抗体和药物，可以用于癌症的诊断和治疗。这种局部治疗效果好，副作用少，很可能成为癌症的治疗方向。

常规化学治疗药物大部分都是非选择性药物，体内分布广泛，缺乏对肿瘤的特异性，很大剂量的化疗药物才能在肿瘤组织产生一个较高的浓度，在杀死肿瘤细胞同时，也损伤正常组织细胞，具有很强的毒副作用，因此限制了其临床应用。但是通过靶向纳米药物就可以将载药主要或被动靶向肿瘤部位，特异性地与肿瘤组织结合，从而降低化学治疗的副作用。

利用磁性纳米颗粒制备靶向输送药物是目前医药学研究的重点。靶向性载体是运用载体对机体组织或病变部位的亲和力不同，或将单克隆抗体与载体结合，使药物能够输送到靶向的治疗部位。磁性纳米材料通常是指铁氧体材料，将生物高分子，例如小分子多肽、蛋白质、氨基酸等包覆磁性纳米颗粒载体，再将包裹好的磁性载体与药物结合，将这种载药物分子的磁性纳米粒注射到生物体内，通过磁性导向系统控制使药物能够更准确地移向病变部位，增强其对病变组织的靶向性，有利于提高药物效果，降低药物对正常组织的杀伤性。贝伐珠单抗是重组人源化单克隆抗体，主要是抑制血管生成VEGFR-A（vascular endothelial growthfactor A）靶点。VEGFR-A能够刺激血管生成，尤其是在肿瘤中表达较为广泛。随着单克隆抗体技术的不断发展，单克隆抗体成为目前临床肿瘤以及免疫治疗的常用手段，单克隆抗体可以高特异性地杀伤肿瘤细胞，将载药纳米粒的特殊功能基团与单克隆抗体相连接，不仅可以提供药物的靶向性，而且单克隆抗体与化疗药物组成的联合治疗可以大大提高肿瘤的疗效。Zolata等使用超顺磁性氧化铁纳米粒将阿霉素包埋于聚乙二醇表面修饰层下，将In标记的曲妥珠单抗与之连接，成功地将放射免疫治疗、磁性热疗、化学治疗3种治疗方式相结合；结果显示在48 h内放射性核素标记的超顺磁性氧化铁载药颗粒对SKBR3乳腺癌细胞的杀伤率可达到80%，并且在28 d的治疗过程中肿瘤体积抑制率达到85%。本实验中合成的贝伐珠单抗载紫杉醇超顺磁性氧化铁纳米粒不仅可以实现磁性材料的治疗作用，并且贝伐珠单抗的靶向作用可以提高对肿瘤的杀伤作用[55-60]。

焦庆嵩等[40]通过热分解法、旋转蒸发法等合成的贝伐珠靶向载紫杉醇超顺磁性氧化铁纳米粒具有良好的载药特性。制备贝伐珠单抗靶向载紫杉醇超顺磁性氧化铁纳米粒，以期靶向治疗肿瘤。通过热分解法制备超顺磁性氧化铁纳米粒，以载紫杉醇超顺磁性氧化铁纳米粒为原料合成 Bevacizumab 靶向载紫杉醇超顺磁性氧化铁纳米粒，电镜下观察其形态特征。结果：①超顺磁性氧化铁纳米粒平均粒径大小约为 9. 5 nm，其饱和磁化强度为 53.32 emu · g^{-1}。②载紫杉醇超顺磁性氧化铁纳米粒的粒径约为 18. 89 nm，有效载药量为 0.2 mg ·（mg · Fe）$^{-1}$，包封率约为（97.34 ± 1.58）%。③贝伐珠单抗靶向载紫杉醇超顺磁性氧化铁纳米粒的形态特征结果显示，纳米粒粒径 120 ~ 200 nm，粒径大小均匀，部分呈融合[40]。

林晓芬等认为，磁性纳米颗粒（主要是 Fe_3O_4，γ -Fe_2O_3）在生物科技领域中的应用前景广泛，具有粒径小、比表面积高、磁敏等特性，磁性纳米颗粒具备独特的理化性质，因此在进入临床试验阶段前对其进行生物相容性研究很有必要。近年来，磁性纳米颗粒已经在肿瘤定位、靶向给药等方面表现出应用潜力，其生物相容性决定了磁性纳米介质的实际使用范围和应用前景[41]。

1.4 氧化铁纳米材料在催化剂中的应用

氧化铁纳米材料比表面积大，具有显著表面效应，是一种良好的催化剂。纳米粒子由于尺寸小，表面所占的体积百分数大，表面键态与电子态和颗粒内部不同，且表面原子配位不全，这些因素均导致其表面的活性位增加，采用纳米粒子作为催化剂应用范围广泛[61-69]。

α -Fe_2O_3 纳米材料禁带宽度窄、价格低廉、性能稳定、对环境无公害，可对紫外光、可见光均表现出良好的光电化学响应，因此太阳光利用效率高，广泛用于降解环境污染物、废气以及光解水制氢、制氧等领域，是一种极具前途的可见光催化剂，成为近年来光催化领域中的研究热点之一[64]。

空气、水源的污染引起人们对环境问题的重视，科学家亦热衷于研发有效的改善环境问题的试剂，如减少污染气体 CO 主要采用 CO 催化氧化法。而根据是否含有贵金属，催化剂又分为含贵金属催化剂和不含贵金属催化剂。众所周知，含有贵金属的催化剂在CO催化氧化时反应效率高，但成本太高，故而研发出成本低廉、催化效率高的催化剂成为该领域待攻克的技术难点及目标。氧化铁纳米材料由于具有尺寸小、比表面积大、耐腐蚀、对环境无公害等受到研究学者的青睐[65]。如 Yuanhui Zheng[65] 等用溶剂热法分别合成出立方块 α-Fe_2O_3 纳米颗粒及花状 α-Fe_2O_3 纳米颗粒，所得产物的电镜图片如图 1.7 所示。

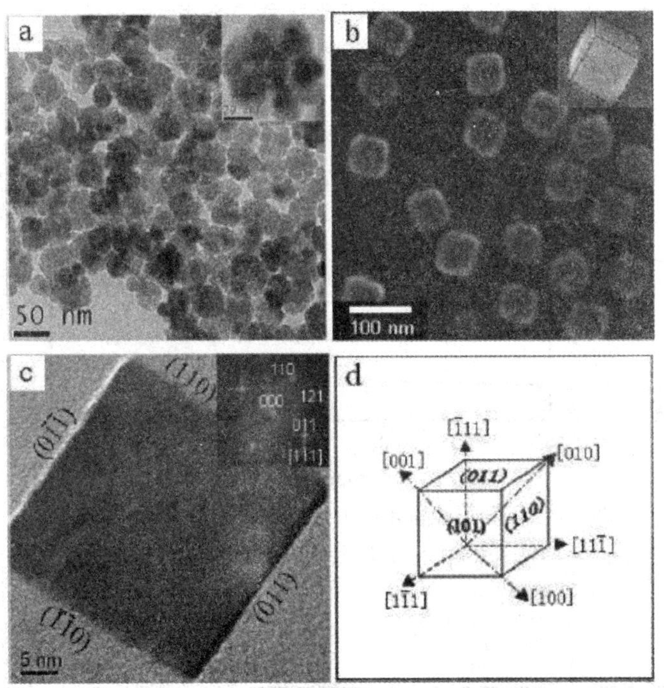

图 1.7 立方块 α-Fe_2O_3 纳米颗粒及花状 α-Fe_2O_3 纳米颗粒电镜图

a 为花状结构 α-Fe_2O_3 纳米颗粒的 TEM 图片；b 为类立方体 α-Fe_2O_3 纳米颗粒的 SEM 图片；c 为单个类立方体纳米颗粒的 HRTEM 图片及转化点阵图样；d 为类立方体 α-Fe_2O_3 纳米颗粒的结构示意图[65]

不同形貌的 α-Fe_2O_3 纳米颗粒对 CO 催化氧化效率亦不同，所得结果如图 1.8 所示，100 mg 的立方块 α-Fe_2O_3 纳米颗粒在 230℃下可以催化 CO 完全转化为 CO_2，转化率高达 100%。而花状 α-Fe_2O_3 纳米颗粒想要达到 100% 转化率，反应温度需提升至 250℃，即该形貌的氧化铁纳米颗粒对反应条件要求更高。图 1.9 是立方块 α-Fe_2O_3 纳米颗粒热稳定性测试图，当催化剂经第一轮催化反应冷却后又重复进行了第二、三轮催化反应，当达到 100% 催化效率时，催化剂在第二、三轮反应中仅分别提高 5℃及 15℃，结果证明了立方块 α-Fe_2O_3 纳米颗粒具有良好的热稳定性及循环性。

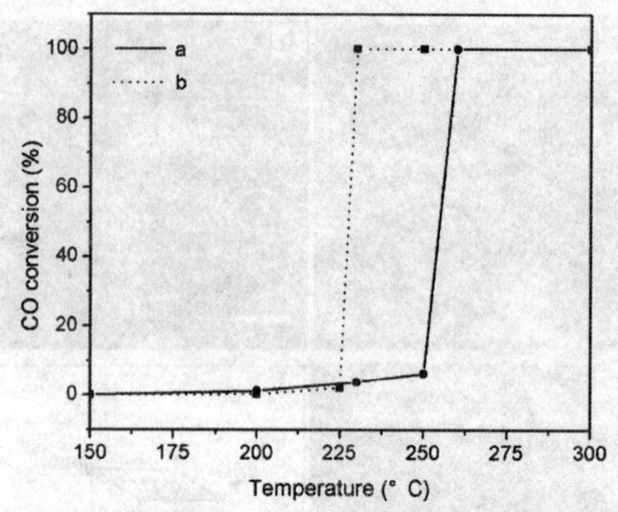

图 1.8　不同形貌氧化铁纳米颗粒转化 CO 的转化效率

a 为花状 $\alpha-Fe_2O_3$ 纳米颗粒；b 为类立方体状 $\alpha-Fe_2O_3$ 纳米颗粒[65]

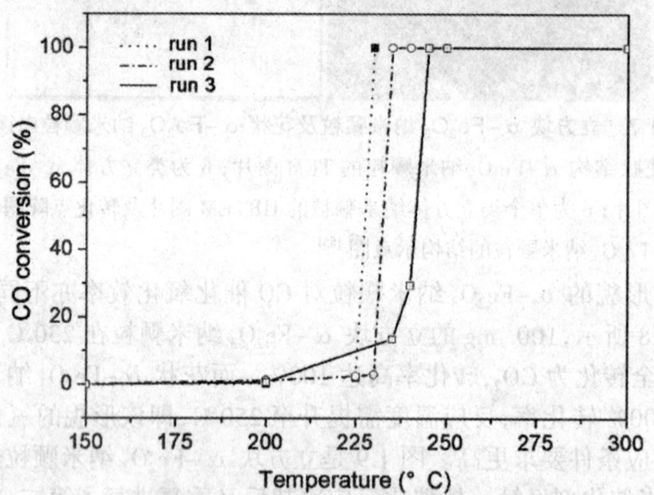

图 1.9　立方块 $\alpha-Fe_2O_3$ 纳米颗粒热稳定性测试图[65]

Jin Han[66] 等制备出多面体型 Fe_2O_3/CeO_2-NP、棒状 Fe_2O_3/CeO_2-NR 两款不同形貌催化剂,所得产物电镜图片如图 1.10 所示。

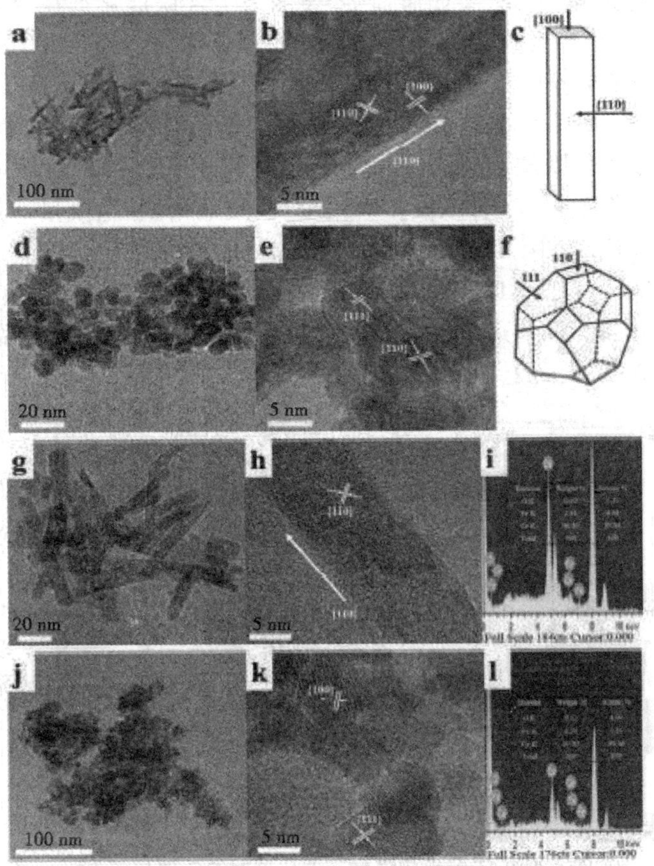

图 1.10　不同样品的 TEM 及 HRTEM 图片

a, b 为 CeO_2–NR; d, e 为 CeO_2–NP; g, h 为 Fe_2O_3/CeO_2–NR; j, k 为 Fe_2O_3/CeO_2–NP;

不同样品的晶体结构模型: c 为 CeO_2–NR; f 为 CeO_2–NP;

不同样品的 EDS 能谱谱图: i 为 Fe_2O_3/CeO_2–NR; l 为 Fe_2O_3/CeO_2–NP[66]

经透射电镜条纹分析结果得知 Fe_2O_3/CeO_2–NR 型催化剂暴露更多的 {110}、{100} 晶面，而多面体型 Fe_2O_3/CeO_2–NP 型催化剂暴露更多的 {111} 晶面。DFT 模拟计算显示 NO 或 NH_3 分子对 Fe_2O_3/CeO_2 的 {110} 晶面反应活性更高，因此暴露 {110} 晶面更多的棒状 Fe_2O_3/CeO_2–NR 型催化剂对 NO 催化转化效率更高，催化结果如图 1.11 所示。

张雪峥[67]等制备了一系列 SBA–15 负载 Fe_2O_3 催化剂。研究了负载量、预还原温度和反应温度对乙酸选择加氢制乙醛反应的活性和选择性的影响。将氧化铁负载于 SBA–15 介孔分子筛载体上，选择合适的负载量、预还原温度和反应温度，可以进一步提高催化剂的反应活性和选择性。当氧化铁负载量为 60%，预还原温度为 823 K，反应温度为 623 K 时，乙醛产率达到42.7%。又如唐琦等[70]探索了含铁催化剂在合成氨工艺中的应用,并指出含铁催化剂具有特殊的催化作用。在合成氨工艺中的各个工段含铁催化剂也有着广泛的应用。在脱硫、变换、合成等工段,含铁催化剂都有着不同的组成、性质与作用。靳海波等[71]采用超声波方法制备的纳米氧化铁催化剂,分别以叔丁基过氧化氢和异丁醛为引发剂,考察了温和条件下操作条件、催化剂用量、引发剂用量、空气量对环己烷的催化氧化反应。图1.12为纳米氧化铁催化剂浓度对环己烷氧化反应转化率的影响。从图1.12可以看出,随着催化剂浓度的增大,环己烷的转化率逐渐升高。催化剂浓度的增大为反应提供了更多的反应相界面,加快了反应速率,提高了环己烷的转化率[71]。

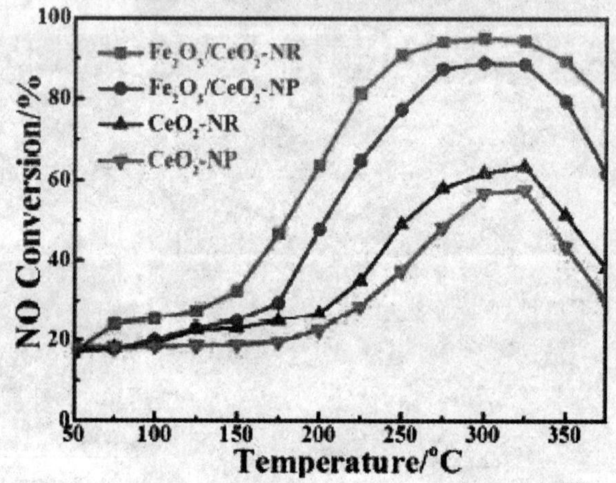

图1.11 不同反应温度下催化剂对CO催化率[66]

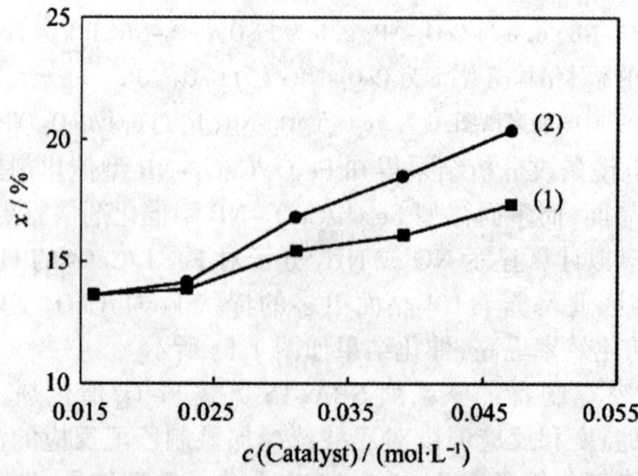

图1.12 纳米氧化铁催化剂浓度对环己烷氧化反应转化率的影响[73]

娄向东等[73]采用均相沉淀法制备了半导体纳米材料 α-Fe_2O_3,研究了烧结温度、光催化剂的用量、光照等因素对催化剂光催化降解活性染料的影响。不同用量催化剂 A 对活性染料 B- RN 蓝和艳蓝 K- NR 的降解率与时间的关系分别如图 1.13 和图 1.14 所示。由图可以看出，催化剂 A 对这两种染料的降解速度都较快。用量为 100 mg、光照 20 min 时降解率均可达到 90% 以上。说明氧化铁对这两种活性染料具有较高的催化活性。通过对 $\alpha-Fe_2O_3$ 用量、光照和烧结温度等因素的分析，得出 $\alpha-Fe_2O_3$ 在紫外光照射下，在适当的用量和 350 ℃烧结时，对活性染料 K- NR 蓝和活性染料 B- RN 蓝有着极高的催化活性。故 $\alpha-Fe_2O_3$ 是一种极有发展价值和前途的半导体光催化剂[74-78]。

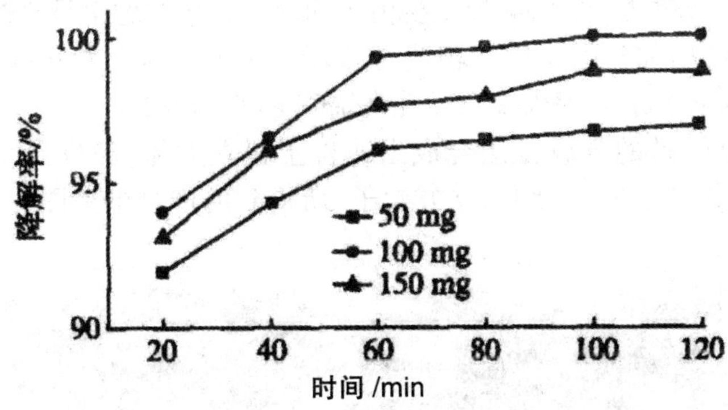

图 1.13　催化剂 A 对活性染料 B-RN 蓝的降解率与光照时间的关系[73]

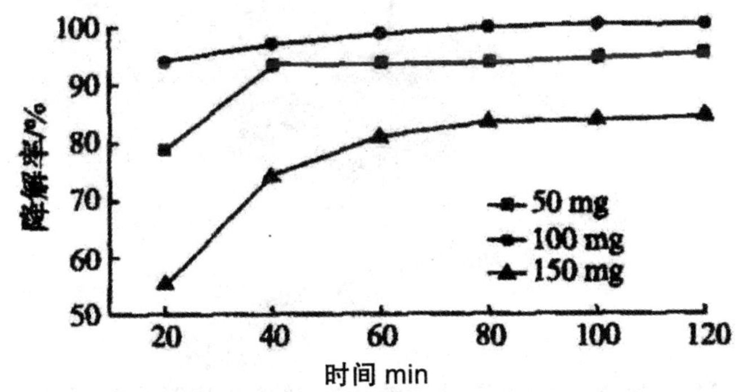

图 1.14　催化剂 A 对活性艳蓝 K-NR 降解率与光照时间的关系[73]

纳米材料是近年来受到广泛重视的一种新兴功能材料，由于其表面原子周围缺少相邻的原子，具有高度的不饱和性，因此纳米材料对许多金属离子具有很强的吸附能力，并且在较短的时间内即可达到吸附平衡；同时，由于其比表面积非常大，因而相对于一般的吸附材料有更大的吸附容量，是一种较为理想的金属离子分离富集材料。有研究表明[79-83]，氧化铁纳米材料对金属离子表现出较好的吸附性能，是一种颇有发展潜力的纳米氧化物吸附材料。李广川等探究了氧化铁纳米颗粒应用于水中吸附重金属离子 Cd^{2+} 的吸附效果，结果表明，在 pH 为 8.0~9.0 范围内，纳米 Fe_2O_3 对 Cd^{2+} 具有较好的吸附效果，吸附率可达 96% 以上。将纳米 Fe_2O_3 用于自来水样中低浓度隔的加标回收，结果较好。氧化铁薄膜具有更大的表面积，解决了普通氧化铁纳米材料易团聚、易流失的缺点，能更好地吸附重金属和有机污染物，因此纳米氧化铁薄膜材料具有更好的应用价值和开发前景[84-88]。

纳米 Fe_2O_3 是含有一定量氧空位的 N 型半导体材料，环境中的氧分子易俘获材料导带中的电子而吸附在晶粒表面，吸附氧的产生使晶界附近形成电子缺失层，材料电导主要由表面电子缺失层的电导贡献，即与其表面的氧解离和吸附是密切相关的，因此 Fe_2O_3 纳米材料可作为气敏材料。如 Kuan Tian[89] 等以聚乙烯吡咯烷酮 PVP 和 $K_4Fe(CN)_6 \cdot 3H_2O$ 为原料，通过简易的合成方法合成出普鲁士蓝立方体，经进一步处理、煅烧即制备出空心 Fe_2O_3 纳米立方盒子，所得到的产物电镜图片如图 1.15 所示。

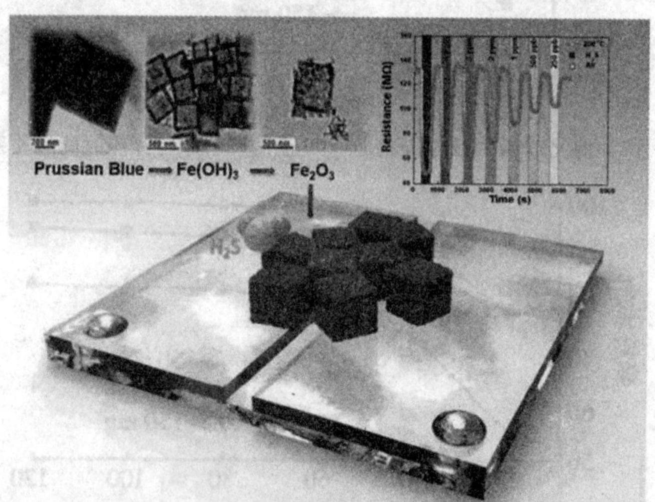

图 1.15　由 MOF 材料制得 Fe_2O_3 中空纳米材料的扫描电镜图片、透射电镜图片及作为传感器对 H_2S 催化示意图[89]

作为气敏材料对 ppb 级 H_2S 进行测试时，在 200℃条件下灵敏度为 1.23，响应时间为 145 s，恢复时间为 134 s，且在室温下显示可逆响应。该材料展示出杰出的灵敏性、可重复性良好、选择性高、稳定性好等一系列优点。优异的性能得益于其良好的中空结构，具有高达 113 $m^2 \cdot g^{-1}$ 的比表面积，且盒子表面存在大量孔隙，是极具前景的 H_2S 气敏响应材料。

1.5　氧化铁纳米材料在储能材料中的应用

能源是整个世界发展和经济增长的最基本的驱动力。随着人类社会的不断发展,传统能源煤、石油、天然气等矿石燃料资源日益枯竭,而且这些能源已经造成了大量的环境污染,严重影响了人类的健康生存。化石能源的利用,也是造成环境变化与污染的关键因素。大量的化石能源消费,引起温室气体排放,使大气中温室气体浓度增加、温室效应增强,导致全球气候变暖。化石能源,特别是煤炭的使用带来大量的二氧化硫和烟尘排放,也是造成我国大气污染的主要来源。尽管应对措施初步遏制了酸雨范围逐步扩大的趋势,但酸雨仍在局部地区加重。机动车尾气污染等问题日益严重,特别是在大城市,煤烟型空气污染已开始转向煤烟与尾气排放的混合型污染。随着化石能源储量的逐步降低,全球能源危机也日益迫近。以化石能源为主的能源结构,具有明显的不可持续性。

世界各国已逐渐将能源发展战略的重心由传统能源转移到了对可再生新能源的开发和利用上。可再生能源,是指在自然界中可以不断再生、永续利用、取之不尽、用之不竭的能源资源总称。可再生能源的特点,恰恰是可再生性和环境友好性。按照技术种类,可再生能源可分为太阳能、风能、水能、生物质能、地热能、海洋能等。科技的进步和各国在勘探领域投入的增加,促使不断有新的煤田和油气田被发现,化石能源预测储量有所增长。例如,自20世纪70年代中期以来,世界天然气预测储量一直处于上升趋势。但是,一个不能忽视的事实是,化石能源具有天然的不可再生性。因此,如果不转变能源利用方式,继续大规模开采化石能源,化石能源的枯竭迟早都要到来。目前,开发利用可再生能源,已成为国际上大多数国家的战略选择。许多国家把发展可再生能源作为缓解能源供应矛盾、应对气候变化的重要措施。

风能和太阳能对于地球来说是取之不尽、用之不竭的健康能源,但风能能源的利用受以下几个因素的限制:①风速不稳定,产生的能量大小不稳定;②风能利用受地理位置限制严重;③风能的转换效率低;④风能是新型能源,相应的使用设备也不是很成熟,故制约了该种清洁能源的利用。而太阳能又受以下几个因素的影响:①分散性:到达地球表面的太阳辐射的总量尽管很大,但是能流密度很低。平均说来,北回归线附近,夏季在天气较为晴朗的情况下,正午时太阳辐射的辐照度最大,在垂直于太阳光方向 1 m^2 面积上接收到的太阳能平均有 1 000 W 左右；若按全年日夜平均，则只有 200 W 左右。而在冬季大致只有一半，阴天一般只有 1/5 左右，这样的能流密度是很低的。因此，在利用太阳能时，想要得到一定的转换功率，往往需要面积相当大的一套收集和转换设备，造价较高。②不稳定性：由于受到昼夜、季节、地理纬度和海拔高度等自然条件的限制以及晴、阴、云、雨等随机因素的影响，所以，到达某一地面的太阳辐照度既是间断的，又是极不稳定的，这给太阳能的大规模应用增加了难度。为了使太阳能成为连续、稳定的能源，从而最终成为能够与常规能源相竞争的替代能源，就必须很好地解决蓄能问题，即把晴朗白天的太阳辐射能尽量贮存起来，以供夜间或阴雨天使用，但目前蓄能也是太阳能利用中较为薄弱的环节之一。③效率低和成本高：目前太阳能利用的发展水平，有些方面在理论上是可行的，技术上也是成熟的。但有的太阳能利用装置，因为效率偏低，成本较高，总的来说，经济性还不能与常规能源相竞争。在今后相当长一段时期内，太阳能利用的进一步发展，主要受到经济性的制约。

通常这些新能源有极大的空间限制，很难成为移动能源等。但是随着 19 世纪末 20 世纪初电池技术的发展，可储存的电能走入人们的视线，成为移动能源的新可能。储电设备作为移动能源的最大优势是使用过程中不会对环境产生污染，电转机械能的效率（电动机）比热转机械能（内燃机）的效率更高。移动能源 2.0 时代即以电池为代表的储电设备代替传统的内燃机成为主要移动能源。与二次电池领域传统的铅酸电池相比，锂离子电池使用寿命长，比体积能量密度与比重量能量密度都优于铅酸电池。更为重要的是，锂离子电池是绿色环保电池，对环境基本无污染[90-92]。锂离子电池由正极、负极、电解液和隔膜等组成。常用的正极材料由含锂的过渡金属氧化物组成，如钴酸锂、锰酸锂、三元材料和磷酸铁锂。常用的负极材料有石墨、石墨化碳材料、改性石墨、石墨化中间相碳微粒等。常用的电解液是一种有机电解液，大部分是由六氟磷酸锂（$LiPF_6$）加上有机溶剂配成（六氟磷酸锂由五氯化磷和溶解在无水氟化氢中的氟化锂反应结晶而成）。电池隔膜是一种特殊的复合膜，它的功能是隔离正负极，阻止电子穿过，同时能够允许锂离子通过，从而完成在电化学充放电过程中锂离子在正负极之间的快速传输。目前电池隔膜主要是聚乙烯（PE）或者聚丙烯（PP）微孔膜。铁氧化物负极材料具有理论容量高、放电平台低、合成方法简单、对环境友好等特点，受到研究者的关注。过渡金属氧化物中，氧化铁相比 CoO、MoO、Cu_2O 而言，原料价格低、制备方法简单易行、理论比容量较高（800 ~ 1 000 mAh · g^{-1}），而且铁氧化物对环境无污染，属于环境友好型材料，因此，铁氧化物的市场前景较好，作为锂离子电池负极材料具有较高的研究价值[93-95]。

氧化铁的控制合成可提高该材料在电极材料中的用途，多壳层空心球材料具有更多的壳层，提供更大的比表面积，使电解液与电极材料充分接触，从而提供更多的氧化物活性位点、缩短离子和电子的传输路径，应用于电化学电极材料，性能更加优异[96-99]。如 Simeng Xu 等合成出多层中空结构纳米氧化铁材料[96]。广阔的孔洞为锂电池电极反应提供了充裕的活性位点，作为锂离子电池负极材料，该材料亦展现出优异的性能，如图 1.16 所示，在电流密度为 50 mA · g^{-1} 时获得了高达 1 702 mAh · g^{-1} 的放电比容量。球状的刚性结构能够使该材料在锂离子电池电极反应前后结构保持稳定，这也是该材料具有较高比容量的原因。

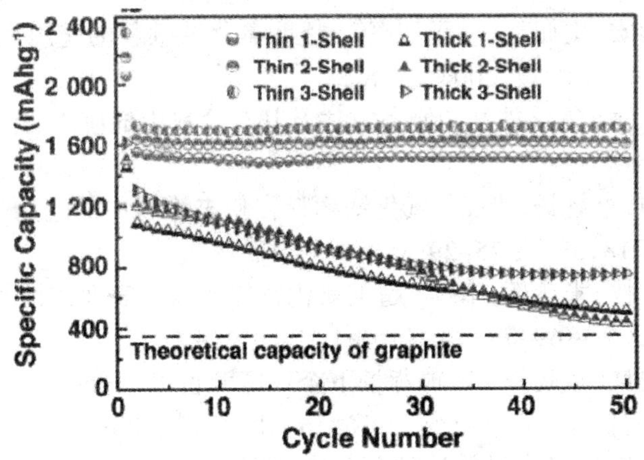

图 1.16　不同层数中空 Fe_2O_3 纳米材料作为锂离子电池电极材料时的循环稳定性

超级电容器作为一种介于传统电容器和锂离子电池之间的新型储能体系，其功率密度显著高于锂离子电池，能量密度是传统电容器的10~100 倍。同时还具有快速充放电、循环寿命长、库仑效率高及瞬时大电流充放电等特性[100-105]。鉴于其诸多性能优势，超级电容器可广泛应用于汽车工业、航空航天、国防科技、信息技术、电子工业等多个领域，属于标准的全系列低碳经济核心产品[106-110]。

参考文献

[1]Zboril R, Mashlan M, Petridis D. Iron oxides from thermal processes-synthesis, structural and magnetic properties, moessbauer spectroscopy characterization, and applications[J]. chemistry of materials, 2002, 14(3): 969-982

[2]Weckler B, Lutz H D. Lattice vibration spectra. Part XCV. spectroscopic studies on the iron oxide goethite, akaganeite, lepidocrocite, and feroxyhite[J]. European of Solid State&Inorganic Chemistry, 1998, 35: 531-544

[3] 杨学宏,史佩红,马子川,等 . 透明氧化铁颜料的应用及发展现状 [J]. 河北师范大学学报,2004,28,5

[4] 章志海 . 氧化铁红的制备方法及其在涂料中的应用 [J]. 工程与施工,2018,79

[5] 蔡帅,李辉扬,李豪 . 氧化铁颜料在粉末涂料中的应用与发展 [J]. 中国涂料,2018,33,7: 25-29

[6] 郑水林,张清辉,李杨 . 超细氧化铁红颜料的表面改性研究 [J]. 矿冶,2003,12(2): 69-73

[7] 金友良,童晓姣 . 低碳背景下企业能源价值流分析——以氧化铁红生产为例 [J]. 科技管理研究,2016,36(12): 235-239

[8] 功能性粉末涂料的种类及其广泛用途 [J]. 化工文摘,2002(2): 40

[9] 中国涂料工业协会氧化铁系行业协作组办公室,蒋伟 . 化妆品用氧化铁颜料的选用 [J]. 香料香精化妆品,1999,(1): 42-43

[10] 林治华 . 氧化铁颜料在着色应用方面的特性介绍 [J]. 上海涂料,2001: 22-23

[11] 刘钦敬,郝国龙,陈增文 . 氧化铁颜料在装饰性原纸中的应用 [J]. 中华纸业, 2001,22,5: 48-49

[12]孙德四,张清辉 . 超细氧化铁红颜料粉体的表面改性机理研究[J]. 化工矿物与加工,2005,2: 10-13

[13] 黄平峰 . 我国合成氧化铁颜料生产现状及发展方向 [J]. 无机盐工业,1996(6): 13-16

[14] 周宏民，刘跃进，熊双喜．国内合成氧化铁颜料生产技术概况及发展趋势 [J]. 化学世界，2000，41（8）：395–398

[15] 林治画．氧化铁颜料性能和应用介绍 [J]. 上海涂料，1997，17，4：209

[16] 秦威．浅谈氧化铁红颜料在陶瓷行业中的应用 [J]. 佛山陶瓷，2011，7：9–12

[17] 张莉莉，蒋惠亮，陈明清．纳米技术与纳米材料 [J]. 日用化学工业，2004，34（2）：123–126

[18] 黄开金．纳米材料的制备及应用 [M]. 冶金工业出版社，2009

[19] 严东生，冯端．纳米材料科学 [M]. 湖南科学技术出版社，1998

[20] 孙涛，王光辉，陆安慧，等．磁性氧化铁纳米颗粒的研究进展 [J]. 化工进展，2010，29，7：1241–1250

[21]Woo K，Lee H J. Sol–gel mediate synthesis of Fe_2O_3 nanorods[J]. Advanced Materials，2003，15：1761–1765

[22]Pu Z，Cao M，Yang J. Controlled synthesis and growth mechanism of hematite nanorhombohedra，nanorods and nanocubes[J]. Nanotechnology，2006，17：799–804

[23]Jia B，Gao L. Growth of well–defined cubic hematite single crystals：oriented aggregation and ostwald ripening[J]. Crystal Growth &Design，2008，8：1372–1376

[24]Hu X L，Yu J C. Continuous aspect–ratio tuning and fine shape control of monodisperse alpha–Fe_2O_3 nanocrystals by a programmed microwave–hydrothermal method[J]. Advanced Functional Materials，2008，18：880–887

[25]Cornell R M，Schwertmann U，Cornell R. The iron oxides：structure，properties reactions，occurrences and uses[J]. Mineralogical Magazine，2003，34（408）：740–741

[26]Weiren Cheng，Jingfu He，Tao Yao，et al. Half–Unit–Cell α–Fe_2O_3 semiconductor nanosheets with intrinsic and robust ferromagnetism[J]. J. Am. Chem. Soc.，2014，136（29）：10393 – 10398

[27] 毕玉水，张晓晓．磁性氧化铁纳米微粒的制备与应用 [J]. 材料导报，2014（S1）：50–52

[28] 鲁秀国，黄林长，杨凌焱，等．纳米氧化铁制备方法的研究进展 [J]. 应用化工，2017，46，4

[29]Chengzhen Wei, Lanfang Wang, Liyun Dang, et al. Bottom-up-then-up-down route for multi-level construction of hierarchical Bi_2S_3 superstructures with magnetism alteration[J]. Scientific Reports, 2015, 5: 10599

[30]Liyun Dang, Yubin Hou, Chuang Song, et al. Space-confined growth of novel self-supporting carbon-based nanotube array composites[J]. Composites Part: B Engineering,2018,10(47)

[31]Yue Pan, Xuewen Du, An Zhao, et al. Magnetic nanoparticles for the manipulation of proteins and cells[J]. Chem. Soc. Rev., 2012, 41: 2912-2942

[32]Jih Jen Wu, Ya Lien Lee, Hsuen Han Chiang, et al. Growth and magnetic properties of oriented α-Fe_2O_3 nanorods[J]. J. Phys. Chem. B, 2006, 110, 37: 18108-18111

[33]蔡炳初.磁记录技术中的薄膜磁性材料[J].金属热处理学报,1996,17

[34]S. Hisano, K. Saito. Research and development of metal powder for magnetic recording[J]. Journal of Magnetism&Magnetic Materials, 1998, 190: 71-381

[35]D. Weller, O. Mosendz, G. Parker. FePtX-Y media for heat-assisted magnetic recording[J]. Physica Status Solidi Applications&Materials, 2013, 210: 1245-1260

[36]H. Zeng, J.Li, J. P Liu, et al.Exchange-coupled nanocomposite magnets by nanoparticle self-assembly[J].ChemInform, 2003, 34: 395-398.

[37]J. Coey. Hard magnetic materials: a perspective[J]. IEEE Transactions onMagnetics, 2011, 47: 4671-4681

[38]王巧英,祝青,周丽蓉,等.磁性氧化铁纳米粒子在生物医学应用中的研究进展[J].山西医药杂志,2016,45,3: 272-275

[39]严微,郭娇娇,向晨阳,等.聚合物配体修饰的磁性氧化铁纳米颗粒作为MRI造影剂的研究[J].2017全国高分子学术论文报告会,2017,1

[40]焦庆嵩,李占峰,季发全,等.贝伐珠单抗靶向载紫杉醇超顺磁性氧化铁纳米粒制备的初步研究[J].现代医学,45,11: 1544-1547

[41]林晓芬,陈爱政,王士斌.磁性氧化铁纳米颗粒的生物相容性研究进展[J].科学通报,2011,56,26: 2223-2228

[42]Widder K J, Senyei A E, Ranney D F. In vitro release of

biologically active adriamycin by magnetically responsive albumin microspheres[J]. Cancer Res，1980，40：3512－3517

[43]Jain T K，Richey J，Strand I. Magnetic nanoparticles with dual functional properties drug delivery and magnetic resonance imaging[J]. Biomaterials，2008，29：4012－4021

[44]郑元青，童春义，王贝，等．叶酸－磁性淀粉纳米颗粒的研制及其肿瘤靶向磁热疗效应分析[J]. 科学通报，2009，54：2065－2070

[45]Díaz B，Sánchez-Espinel C，Arruebo M. Assessing methods for blood cell cytotoxic responses to inorganic nanoparticles and nanoparticle aggregates[J]. Small，2008，11：2025－2034

[46]Chen A Z，Kang Y Q，Pu X M. Development of Fe_3O_4-poly（L-lactide）magnetic microparticles in supercritical CO_2[J]. J Colloid Interface Sci，2009，330：317－322

[47]Pfaller T，Renato C，Inge N. The suitability of different cellular in vitro immunotoxicity and genotoxicity methods for the analysis of nanoparticle-induced events[J]. Nanotoxicology，2010，4：52-72

[48]Colombo M，Carregal-Romero S，Casula MF. Biological applications of magnetic nanopartides[J]. Chem Soc Rev，2012，41（11）：4306-4334

[49]Kobayashi H，Longmire MR，Ogawa M. Rational chemical design of the next generation of molecular imaging probes based on physics and biology：mixing modalities，colors and signals[J]. Cheln Soc Rev，2011，40（9）：4626-4648

[50]Harries M ，Ellis P，Harper P. Nanoparticle albumi n-bound pacli-taxel for metastatic breast cancer[J]. J Clin Oncol，2005，23（31）：7768-7771

[51]柯兴发，邓莉，陈建明．超顺磁氧化铁纳米粒在药物传递系统中的研究进展[J]. 药物与临床研究，2011，257-261

[52]Rockenberger J，Scher EC，Alivisatos AP. A new nonhydrolytic single-precursor approach to surfactant-capped nanocrystals of transition metal oxides [J]. J. Am. Chem. Soc.，1999，121（19）：11595

[53]Sun C，Veiseh O，Gunn J. In vivo MRI detectionof gliomas by chlorotoxin-conjugated superparamagnetic nanoprobes[J]. Small，2008，4（3）：372

[54]Gao J，Liang G，Cheung J S. Multifunctional yolk-shell

nanoparticles: a potential MRI contrast and anticancer agent [J]. J. Am. Chem. Soc., 2008, 130(35): 11828

[55]Guo S, Li D, Zhang L. Monodisperse mesoporous superparamagnetic single-crystal magnetite nanoparticles for drug delivery[J]. Biomaterials, 2009, 30 (10): 1881

[56] 赵雪伶，朱志刚，李崭虹，等．铁氧化物磁性纳米材料模拟酶的应用研究进展 [J]. 上海第二工业大学学报，2016，33，3：181-187

[57]Gao L Z, Zhuang J, Nie L. Intrinsic peroxidaselike activity of ferromagnetic nanoparticles [J]. Nat Nanotechnol, 2007, 2 (9): 577-583

[58]Yu F Q, Huang Y Z, Cole A J. The artificial peroxidaseactivity of magnetic iron oxide nanoparticles and its application to glucose detection [J]. Biomaterials, 2009, 30 (27): 4716-4722

[59]Liu Y P, Yu F Q. Substrate-specific modifications on magnetic iron oxide nanoparticles as an artificial peroxidase for improving sensitivity in glucose detection [J]. Nanotechnology, 2011, 22 (14): 145704-145712

[60]Hongda Chen, Fuyao Liu, Zhen Lei, et al. Fe_2O_3@Au core@shell nanoparticle-graphene nanocomposites as theranostic agents for bioimaging and chemo-photothermal synergistic therapy[J]. RSC Adv., 2015, 5: 84980-84987

[61]Xia Wang, Jianqiang Wang, Zhentao Cui, et al. Facet effect of α-Fe_2O_3 crystals on photocatalytic performance in the photo-Fenton reaction[J]. RSC Adv., 2014, 4: 34387-34394

[62] 陈喜娣，蔡启舟，尹荔松，等．纳米 α-Fe_2O_3 光催化剂的研究与应用进展 [J]. 材料导报，2011，24，11：118-124

[63]George K. Larsen, Will Farr, Simona E. Hunyadi Murph. Multifunctional Fe_2O_3-Au nanoparticles with different shapes: enhanced catalysis, photothermal effects, and magnetic recyclability[J]. J. Phys. Chem. C, 2016, 120, 28: 15162-15172

[64]Zehai Xu, Cheng Huang, Ling Wang, et al. Sulfate functionalized Fe_2O_3 nanoparticles on TiO_2 nanotube as efficient visible light-active photo-fenton catalyst[J]. Ind. Eng. Chem. Res., 2015, 54(16): 4593 - 4602

[65]Yuanhui Zheng, Yao Cheng, Yuansheng Wang, et al. Quasicubic α-Fe_2O_3 nanoparticles with excellent catalytic performance[J], J. Phys. Chem. B 2006, 110: 3093-3097

[66]Jin Han, Jittima Meeprasert, Phornphimon Maitarad, et al.

Investigation of the facet-dependent catalytic performance of Fe_2O_3/CeO_2 for the selective catalytic reduction of NO with NH_3[J], J. Phys. Chem. C, 2016, 120, 3: 1523-1533

[67] 张雪峥，乐英红，高滋．SBA-15 负载氧化铁催化剂上乙酸选择加氢制乙醛 [J]. 高等学校化学学报，2003，24，1：121-124

[68]R. Wojcieszak, M. N. Ghazzal, E. M. Gaigneaux, et al. Low temperature oxidation of methanol to methyl formate over Pd nanoparticles supported on γ-Fe_2O_3[J]. Catal. Sci. Technol., 2014, 4: 38-745

[69]S. Jafar Hoseini, Mehrangiz Bahrami, Mahmoud Roushani. High CO tolerance of Pt/Fe/Fe_2O_3 nanohybrid thin film suitable for methanol oxidation in alkaline medium[J]. RSC Adv., 2014，4: 46992-46999

[70] 席琦．含铁催化剂在合成氨工艺中的应用探析 [J]. 应用技术研究，2010，11：71-74

[71] 靳海波，原伟伟，郭志武，等．温和条件下纳米氧化铁催化剂催化氧化环己烷的反应性能 [J]. 石油学报，2011，27，2：263-268

[72] 黄艳玲．纳米氧化铁一催化剂的研制及应用 [J]. 材料科学与工程，2000，18：546-549

[73] 娄向东，刘双枝，王天喜，等．氧化铁纳米棒的制备及其在光催化降解 [J]. 工业水处理，2006，26，1

[74]Gurunathan K, Maruthamuthu P. Photogeneration of hydrogen using visible light with undoped/doped α-Fe_2O_3 in the presence of methyl viologen [J]. Hydrogen Energy, 1995, 20(4): 287 - 295

[75] 葛秀涛，刘杏芹．α-Fe_2O_3 掺杂对 In_2O_3 电导和气敏性能的影响 [J]. 物理化学学报，2001，17（10）：887-891

[76]Han Js, Davey D E, Mulcahy D E. An investigation of gas response of α-Fe_2O_3 (Sn) based gas sensor[J]. Journal of Materials Science Letters, 1999, 18 (12): 975-977

[77]Qin H, Chen G, Bao J. Structure and mass spectrometry study of Nano-meter Sn-α-Fe_2O_3 carbon monoxide sensor materials[J].Chemical Sensors, 2004, 20: 716 - 717

[78]Litter M I. Heterogeneous photocatalysis: transition metal ions in photocatalytic systems[J]. Appl. Catal. B, 1999, 23: 89 - 114

[79] 王继科，王巧，陈金芳，等．沼气常温氧化铁脱硫催化剂的研制 [J]. 武汉工程大学学报，32，7：5-8

[80] 任爱玲，阮宜纶．以工业废物制备高效氧化铁脱硫剂的研究 [J].

环境工程,2000,18（4）: 40-43

[81] 李广川,胡军,周跃明,等．纳米氧化铁应用于水中镉(Ⅱ)的吸附 [J]. 广东化工,2011,38,7: 263-264

[82]Hu J, Chen G H, Irene M C. Removal and recovery of Cr(Ⅵ) from waste water by maghemite nanoparticles[J]. Water Research, 2005, 39（18）: 4528-4536

[83]Afkhami A, Norooz A R. Removal, preconcentration and determination of Mo（Ⅵ）from water and waste water samples using maghemite nanoparticles[J]. Colloids and Surfaces A: Physicochem. Eng. Aspects, 2009, 346

[84] 王静,朱艳,马轲,等．纳米氧化铁薄膜的制备及在水处理中的应用研究．化工技术与开发 [J],2012,41,7: 36-39

[85] 徐莉英,邢光熹．铁氧化物和层状硅酸盐矿物在土壤中吸附重金属离子中的作用 [J]. 土壤学报,1995,32（s1）: 201-208

[86] 刘旭辉,谢巍,宋辉．化学气相沉积法制备纳米铁薄膜的实验研究 [J]. 沈阳航空工业学院学报,2007,24（4）: 92-94

[87] 万丽娟,王治强,杨再三．氧化铁薄膜水热合成及光电转换性能 [J]. 无机化学学报,2011,27（4）: 747-751

[88]Fabrizio C, Dino F, Alberto F. Magnetite nanoparticles anchored to crystalline silicon surfaces[J].Chem Mater, 2005, 17（12）: 3311

[89]Kuan Tian, Xiao Xue Wang, Zhu Ying Yu, et al. Hierarchical and hollow Fe_2O_3 nano-boxes derived frommetal-organic frameworks with excellent sensitivity to H_2S. ACS Appl. Mater. Interfaces, 2017, 9(35): 29669 - 29676

[90]Huabin Kong, Chade Lv, Chunshuang Yan, ea al. Engineering mesoporous single crystals Co-Doped Fe_2O_3 for high-performance lithium ion batteries[J]. Inorg. Chem., 2017, 56(14): 7642 - 7649

[91]Shijin Yu, Vincent Ming Hong Ng, Fajun Wang, et al. Synthesis and application of iron-based nanomaterials as anodes of lithium-ion batteries and supercapacitors[J]. J. Mater. Chem. A, 2018, 6: 9332-9367

[92]Deming Yang, Shanshan Xu, Shuilang Dong, et al. Facile synthesis of free-standing Fe_2O_3/carbon nanotube composite films as high-performance anodes for lithium-ion batteries[J]. RSC Adv., 2015, 5: 106298-106306

[93]Md Mokhlesur Rahman, Alexey M. Glushenkov, Thrinathreddy

Ramireddy, et al. Enhanced lithium storage in Fe_2O_3–SnO_2–C nanocomposite anode with a breathable structure[J]. Nanoscale, 2013, 5: 4910–4916

[94]Yuta Kobayashi, Jyunichiro Abe, Koki Kawase, et al. Enhanced stability of smoothly electrodeposited amorphous Fe_2O_3@electrospun carbon nanofibers as self–standing anodes for lithium ion batteries[J]. New J. Chem., 2018, 42: 1867–1878

[95]Haojie Song, Tao Chen, Xueqiang Zhang, et al. Electrode activation via vesiculation: improved reversible capacity of γ–Fe_2O_3@C/MWNT composite anodes for lithium–ion batteries[J]. J. Mater. Chem. A, 2015, 3: 9682–9688

[96]Simeng Xu, Colin M. Hessel, Hao Ren, et al. α–Fe_2O_3 multi–shelled hollow microspheres for lithium ion battery anodes with superior capacity and charge retention[J]. Energy Environ. Sci., 2014, 7: 632

[97]Zahra Padashbarmchi, Amir Hossein Hamidian, Hongwei Zhang, et al. systematic study on the synthesis of α–Fe_2O_3 multi–shelled hollow spheres[J]. RSC Adv., 2015, 5: 10304

[98]Zhenguo Wu, Yanjun Zhong, Juntao Li, et al. L–Histidine–assisted template–free hydrothermal synthesis of α–Fe_2O_3 porous multi–shelled hollow spheres with enhanced lithium storage properties[J]. J. Mater. Chem. A, 2014, 2: 12361

[99]Zhenuo Wu, Yan–jun Zhong, Jie Liu, et al. Subunits controlled synthesis of α–Fe_2O_3 multishelled core – shell microspheres and their effects on lithium/sodium ion battery performances[J]. J. Mater. Chem. A, 2015, 3: 10092

[100] Wang Kang, Yu Aimei, Zheng Huajun. Electrode materials for super–capacitor[J]. Zhejiang Chemical Industry, 2010, 41 (4): 18–22

[101]Xiao Chao, Tang Bin, Wu Mengqiang, et al. Research progress of supercapacitor electrode materials[J]. Insulating Materials , 2007, 40 (1): 44–47

[102]Yuan Lei, Wang Zhaoyang, Fu Zhibing, et al. Research progress in electrode materials for supercapacitor[J]. Materials Review, 2010, 24 (9): 11–14

[103]Wang Xingyan, Wang Xianyou, Huang Weiguo. Research on the electrode materials for supercapacitor[J]. Battery, 2004, 34 (3): 192–193

[104]Zhu Xiufeng, Jing Xiaoyan, Zhang Milin. Progress on metal

oxides-based supercapacitors and their applications[J]. Journal of Functional Materials and Devices，2002，8（3）：25-330

[105]Service R F. New supercapacitor promises to pack more electrical punch[J]. Science，2006，313（5789）：902-902

[106]Burke A. Ultracapacitors：why，how，and where is the technology[J]. Journal of Power Sources，2000，91：37-50

[107] 张浩，曹高萍，杨裕生 . 电化学双电层电容器用新型炭材料及其应用前景 [J]. 化学进展，2008，20（10）：1495

[108] 杨红生，周啸，冯天富 . 电化学电容器最新研究进展——双电层电容器 [J]. 电子元件与材料，2003，22（2）：16 -19

[109] Shijin Yu，Vincent Ming Hong Ng，Fajun Wang，et al. Synthesis and application of iron-based nanomaterials as anode of lithium-ion batteries and supercapacitors[J]. J. Mater. Chem. A，2018，6：9332-9367

[110] Ruyue Jia，Feng Zhu，Shuo Sun，et al. Dual support ensuring high-energy supercapacitors via high-performance $NiCo_2S_4$@Fe_2O_3 anode and working potential enlarged MnO_2 cathode[J]. Journal of Power Sources，2017，341：427-434

第 2 章　纳米氧化铁的制备方法

纳米氧化铁具有良好的光学性质、磁性、催化性能等，是一种多功能材料，广泛应用于涂料、磁性材料、催化剂行业、医学、陶瓷、新型储能器件等诸多领域中，由于其低毒性、原料廉价易得、无污染等优点，在众多行业中展现出了极高利用价值。制备方法决定了产物的微观形貌，纳米粒子的微观结构又决定其性能表现，因此研究纳米材料的制备方法至关重要，探究氧化铁纳米颗粒的制备方法意义重大。

2.1　沉淀法

2.1.1 共沉淀法

共沉淀法是指在溶液中含有两种或多种阳离子，它们以均相存在于溶液中，加入沉淀剂，经沉淀反应后，可得到各种成分的均一的沉淀，它是制备含有两种或两种以上金属元素的复合氧化物超细粉体的重要方法。该种方法的优点如下：①能够通过溶液中的各种化学反应直接得到化学成分均一的纳米粉体材料；②容易制备粒度小而且分布均匀的纳米粉体材料[1-4]。如 Cecilia 等[1]在制备颗粒过中加入了一定量的葡聚糖，制备出粒子粒径为 8 nm、分散稳定性良好的葡聚糖包覆氧化铁纳米颗粒。制备过程如下：先将壳聚糖的溶液和铁盐与亚铁盐溶液在剧烈搅拌下均匀混合（反应过程需通氮气保护），加 $NH_3 \cdot H_2O$ 溶液后在 40℃加热条件下反应 20 min，充分洗涤后干燥，经测试分析得 7 nm 且粒度分布较窄的纳米微球。又如 Li 等[2]将 Fe^{3+} 和 Fe^{2+} 盐溶液加入到葡聚糖水溶液中，加热至 60℃，加入沉淀剂 $NH_3 \cdot H_2O$ 后溶液发生共沉淀反应。离心洗涤，经检测分析后得到葡萄聚糖包覆的磁性纳米 Fe_3O_4 微球，该粒子可用于免疫测定。

采用共沉淀法合成纳米氧化铁颗粒的优点是制备方法简单，在氧化铁成核过程中能有效地隔离和分散磁性粒子，有利于防止磁性粒子的团聚、沉积，且制得的磁性微球粒径较小，从几纳米到几百个纳米，比表面积大。缺点是磁性微球尺寸大小不均、磁响应性能较差，操作时需要施加较强的外加磁场。

邹海平等[3]对氧化铁纳米颗粒的沉淀法制备进行诸多调研，认为此法是目前最普遍使用的方法，其反应原理如下：

$$Fe^{2+} + 2Fe^{3+} + 8OH^- \rightarrow Fe_3O_4 + 4H_2O$$

通常是把Fe（Ⅲ）和Fe（Ⅱ）盐溶液以物质的量比为2∶1或更大的比例进行混合，在某一温度下加入过量（2 ~ 3倍）的碱（如NH_4OH或NaOH），在高速搅拌下进行沉淀反应，将所得沉淀洗涤、过滤、干燥，制得尺寸为8 ~ 10 nm的Fe_3O_4微粒。共沉淀法制备Fe_3O_4超微粉具有以下特点：原料价格低廉、反应条件温和、设备简单、工艺流程短、易于实现工业化生产，且反应过程中容易控制成核、产物纯度高等。使用共沉淀法制备纳米氧化铁颗粒最大的难题是如何使纳米Fe_3O_4粒子分散而不团聚。为此诸多学者研究了通过加入表面活性剂的方法包覆微粒表面等手段对共沉淀法进行改进，以期达到减少团聚的目的。未经表面处理的纳米Fe_3O_4粒子极不稳定，其稳定性与pH值成反比，在强碱性介质中静置时迅速发生聚沉，随着pH降低，稳定性有所提高，但静置几分钟后都会析出沉淀。

2.1.2 均匀沉淀法

均匀沉淀法是利用某一化学反应使溶液中的构晶离子由溶液中缓慢均匀地释放出来，通过控制溶液中沉淀剂浓度，保证溶液中的沉淀处于一种平衡状态，从而均匀地析出。通常加入的沉淀剂，不立刻与被沉淀组分发生反应，而是通过化学反应使沉淀剂在整个溶液中缓慢生成，克服了由外部向溶液中直接加入沉淀剂而造成沉淀剂的局部不均匀性。

在使用均匀沉淀法制备氧化铁纳米颗粒时，在铁盐溶液中加入某种物质，使Fe^{3+}通过溶液中的沉淀反应缓慢地生成沉淀。通过控制生成沉淀剂的生成速度，可以避免浓度不均匀现象，使过饱和度掌控在适当的范围内，从而控制粒子的生长速度，获得粒度均匀、纯度高的超细氧化铁粒子。常用的试剂是尿素，其在70℃水溶液中发生的分解反应如下。

$$CO(NH_2)_2 + 3H_2O \rightarrow 2NH_4OH + CO_2 \uparrow$$

加热时水解产生的产物包括NH_4^+、OH^-及CO_2，它们促进和控制Fe^{3+}水解，从而达到快速均匀成核的目的。其特点是利用温度、酸度等条件影响金属盐离子水解反应，在一定的条件下制得前驱体，通过迅速改变溶液的酸度、温度，使颗粒迅速大量生成，借助表面活性剂防止颗粒团聚，从而获得均匀分散的纳米颗粒[5]。

2.1.3 水解沉淀法

金属盐类和水发生分解反应，生成氢氧化物（或碱式盐）沉淀，是湿法冶金的分离方法之一，在有色金属生产过程中常用于提取有价金属和除去杂质元素。水解沉淀的工业应用必须要选择廉价、有效的沉淀剂，以保证沉淀纯净；形成的沉淀应是难溶的，以达到定量回收；沉淀物应是易过滤、易洗涤的粗颗粒晶体，以达到完全除去其他组分的目的。

通常以铁盐，如硝酸铁、硫酸铁和氯化铁等为原料，水解后得到 γ-FeOOH，经高温处理得到氧化铁粉体，粉体平均粒径在 40 ~ 60 nm。但该方法只适用于单元系统，对多元系统而言，由于各反应物水解后沉淀的速度不一样，难以获得原子尺度的均匀混合[3]。

2.1.4 还原沉淀法

陈雷等[7]采用还原沉淀法，将 Fe^{3+} 与高分子介质聚 4- 乙烯吡啶均聚物（P4VP）和衣康酸 - 丙烯酸共聚物（PIAA）在一定条件下进行交联反应，制得配合物，经进一步处理制成薄膜状，使用联氨 NH_2-NH_2 将薄膜还原后，滴加一定浓度的 NaOH 溶液调节溶液 pH 值，再升温反应一段时间即得到产物 Fe_3O_4 微粒，经检测后得知产物粒径约为 20 ~ 200 nm。还原沉淀法优势体现在能够精确控制还原剂的释放量，即准确控制反应进度，从而控制反应的进行，实现形貌的可控。

2.1.5 超声沉淀法

Vijayakumar R 等[6]在 25℃、0.15 MPa 氩气环境下，采用高强度超声波辐射，用乙酸铁盐水溶液制得粒径为 10 nm 的纳米 Fe_3O_4 颗粒，经磁性分析颗粒是超顺磁性的，在室温下它的磁化强度很低。利用超声波与均匀沉淀相结合的方法，以硝酸铁和尿素为原料在烧瓶中混合均匀后，加入适量的十二烷基苯磺酸钠，置于超声波清洗器内，在 80℃条件下超声振荡 15 min，恒温反应 1 h，进行离心分离。将产物用去离子水超声清洗，然后用无水乙醇洗涤，所得沉淀即为氧化铁前驱体。将所制得的氧化铁前驱体在烘箱中于 110℃干燥 2 h，置于马弗炉中，500℃灼烧 1 h 即可得 α-

Fe_2O_3 粒子。

2.1.6 交流电沉淀法

交流电沉淀法最大的优点是可以轻易地实现纳米粒子的可控合成，可制得具有与常规方法不同形貌的纳米粒子，尤其是纳米棒和纳米管的制备研究充分，研究意义深远。

各种沉淀法各有优势，但是主要存在以下问题：沉淀物通常为胶状物，后期处理洗涤过程繁琐，过滤水洗较困难；沉淀剂容易作为杂质残留，不容易除掉；沉淀过程中各种成分易发生变化，目标产品难以均一存在，且水洗时部分沉淀物易发生溶解，损失产物产量；粒子易团聚、处理温度高、难以均匀分散等。只有解决了这些问题才可以真正实现沉淀法的广泛应用，才能保证纳米氧化铁材料的工业化大批量合成[3-6]。

2.2 固液气相法

2.2.1 固相法

纳米氧化物的固相制备方法有机械粉碎法和固相化学反应法。机械粉碎法是采用超微粉碎机制备超微粒，其原理是利用介质和物料间相互研磨和冲击，以达到超细化，但很难使粒径小于 100 nm。固相化学反应法合成纳米氧化物是近年来发展起来的一种新方法。固相反应法将金属盐或金属氧化物按一定比例充分混合，研磨后进行煅烧，通过发生固相反应直接制备纳米级微粒，或再次研磨粉碎得到纳米级粉体。在聚乙二醇（PEG2400）存在下，于室温下研磨适量 $FeCl_3$ 与 NaOH 的混合物制备了 Fe_2O_3 纳米粒子。所得各样品用 XRD、TEM、TG-DTA 和 FTIR 等手段进行测试。固相法与其它方法相比，合成工艺简单、成本低，并能减少因中间步骤及高温反应引起的诸如粒子团聚、所需晶化时间长等问题。但该方法存在纯度不高、产率低、有副产品等缺点[7]。

2.2.2 气相法－激光加热法

作为一种光学加热方法，激光在许多方面得到应用。激光的利用可以说是纳米微粒制备中的一种很有特点的方法，它具有如下的优点：

①加热源可以放在系统外,所以它不受蒸发室的影响。

②不论是金属、化合物,还是矿物都可以用它进行熔融和蒸发。

③加热源(激光器)不会受蒸发物质的污染等。

用 CO_2 激光热解法连续合成 $\gamma-Fe_2O_3$ 超微粒子,并用 XRD 和 TEM 图对其进行了表征,证明粒子呈球形,团聚很少,平均粒子尺寸为 5 nm,矫顽力 Hc 比球形单畴粒子的高 100 多倍。采用激光气相反应法,以脉冲 CO_2 激光器为光源, $Fe(CO)_5/O_2$ 为反应物,,合成了晶形和无定形的 Fe_2O_3 超细粉。晶形超细粉 $\gamma-Fe_2O_3$ 呈多边形,粒径为 12.5 ~ 100 nm。无定形 $\gamma-Fe_2O_3$ 细粉为球形,粒径在 5 ~ 12 nm 之间。$\gamma-Fe_2O_3$ 纳米粉末在形貌上呈链状,单个颗粒基本呈球形;纳米粉末的粒度均匀,平均粒径约为 19 nm,而且基本不存在硬团聚。

2.2.3 液相法

液相法是在铁盐溶液中加入适当的沉淀剂来得到前驱体沉淀物,再将此沉淀物煅烧形成相应的氧化铁陶瓷粉体。沉淀法分为铁盐的直接沉淀法和亚铁盐的氧化沉淀法。直接沉淀法由于反应速度快,所得的沉淀往往含大量的包含水,在干燥的过程中易引起颗粒间的硬团聚。而氧化沉淀法则是由氧化过程来决定结晶速度,反应较慢,因而制得的粉体的粒径和气敏性较直接沉淀法好。用 Na_2CO_3 代替 NaOH 作沉淀剂,制备了纺锤形纳米 $\gamma-Fe_2O_3$,并采用 XRD 和 TEM 对材料进行了表征,纳米 Fe_2O_3 的制备方法及进展温度下 LPG 有选择性检测能力(对 H_2 的选择系数为 4),并具有相当的气敏稳定性[8]。

2.3 水热法

2.3.1 水热合成法

水热合成法是指在密闭体系中,以水为溶剂,在一定温度和水的自生压强下,使原始混合物进行反应的一种合成方法。1982 年,用水热反应制备超微粉引起了国内外的重视。由于反应在高温高压的水溶液中进行,故为一定形式的前驱物溶解、再结晶形成的良好微晶材料提供了适宜的物理化学条件。水热法制备的粒子纯度高、分散性好、晶型好且大小可控,反应在压热釜中进行,设备投资较大,操作费用较高[9]。

水热反应是高温高压下在水（水溶液）或水蒸气等流体中进行有关化学反应的总称，根据反应类型不同可分为水热氧化、还原、沉淀、合成、水解、结晶等。水热法多以 $Fe(NO_3)_3$ 或 $FeCl_3$ 为原料，在稳定剂（如 $SnCl_4$）的存在下，加热至一定温度，固液分离，$Fe(OH)_3$ 沉淀经洗涤重新分散于水中，调节 pH 值后加入反应釜，升温反应一段时间，冷却出釜后处理即得产物。

如 Liyun Dang 等 [10] 以氯化铁为原料，以蒸馏水、乙醇为溶剂，甘氨酸为结构导向剂合成出以小颗粒组装形成的三维核壳结构 Fe_2O_3 纳米材料。作为锂离子电池电极材料，进行测试时，该材料展现出优异的储能性能。采用该方法简便、易行，对研究反应机理的反应亦能够准确控制。反应机理的研究有利于反应产物的更精确控制。

2.3.2 强迫水解法

该法多以 $FeCl_3$ 或 $Fe(NO_3)_3$ 为原料，在 HCl 或 HNO_3 存在下，在沸腾密闭静态或沸腾回流动态环境下进行强迫水解制备纳米氧化铁超细粒子 [11, 12]。制备过程中加一些晶体助长剂（如 NaH_2PO_4），可降低水解沉淀和结晶生长速度，粒子生长完整、均匀。李巧玲等 [13] 借助微波加热，采用沸腾回流的强迫水解法，用三价铁盐直接合成了球形、椭球形、纺锤形、立方形等不同形状、表面光滑、均匀的 $\alpha-Fe_2O_3$ 纳米胶粒。魏雨等 [14] 用强迫水解法制备了单分散、均匀且粒径小于 25 nm 的球形 $\alpha-Fe_2O_3$ 粒子。

强迫水解法能够制备出不同形貌的氧化铁纳米粒子，但水解浓度较低（一般小于 0.2 $mol \cdot L^{-1}$）。水解在沸腾条件下进行，因此能耗较高。

2.4 其他方法

2.4.1 空气氧化法

空气氧化法是制备超细氧化铁的最常见方法，此法可分为酸法和碱法，其具体工艺流程各异。酸法大致可分为如下两个阶段：①用低于理论量的碱将亚铁离子沉淀为 $Fe(OH)_2$，通气（如空气）氧化制得晶种；② 引入亚铁盐，继续通气氧化。碱法是用高于理论量的碱将亚铁离子全部沉淀为 $Fe(OH)_2$，然后通入空气至反应结束。产品质量与沉淀粒子 $Fe(OH)_2$ 质量及氧化转化情况密切相关。而粒子大小取决于加料速度、搅拌状况、溶液初始浓度、反应温度、添加剂等。在碱法制备情况下，$FeSO_4$ 质量分数通常为 5% ~ 25%，碱量多高于理论量的 50%，温度以 20 ~ 40℃为宜。所得 $Fe(OH)_2$ 在 20 ~ 40℃下氧化，使之转变成 α-FeOOH 微晶。悬浮液在较高温度（如 80℃）下进一步氧化、熟化。$Fe(OH)_2$ 氧化过程中，用控制空气量和气体通入方式来控制 α-FeOOH 的粒度，也可向亚铁盐中加入诸如硅酸盐、磷酸盐、柠檬酸盐、酒石酸、聚乙烯醇（质量分数 0.5%）、丙三醇、丁烯醇等添加剂，使结晶成核中心增多，从而使生成的 α-FeOOH 的粒子微细、均匀。空气氧化法是制备氧化铁的重要方法[15-17]。

2.4.2 溶胶 - 凝胶法

凝胶 - 溶胶法是以醇盐为原料，在一定温度下进行水解和缩聚反应，随着缩聚反应的进行以及溶剂的蒸发，具有流动性的溶胶逐渐变为略显弹性的固体凝胶，然后再在较低的温度下烧结成为所要合成的材料。马振叶等人[18]用相转移法与溶胶 - 凝胶法结合，以 $FeCl_3$ 溶液和 NaOH 溶液为原料，并添加一定量的油酸和甲苯，制备出平均粒径为 12 nm 的纳米 Fe_2O_3 粉末。曹维良等人[19]将制得的前驱体氢氧化铁醇凝胶移至高压釜，程序升温，使体系达到超临界状态，利用超临界干燥技术[20]制得几十纳米大小的氧化铁粉体，并讨论了煅烧温度对粒径的影响。

凝胶 - 溶胶法反应温度低，产物粒径小，可控制在几十纳米范围，为高密度记录打下良好的基础，其合成工艺的可操作性，与大规模工业生产发展的要求相适应；但反应时间较长，且成本高，干燥时易开裂。

溶胶 - 凝胶法是近几年发展起来的，主要以醇盐为原料，在一定的温度和条件下进行水解和缩聚反应，而随着缩聚反应的进行以及溶剂的蒸发，具有流动性的溶胶逐渐变为略显弹性的固体凝胶，然后再在比较低的温度下烧结成为所要合成的材料。凝胶的结构和性质在很大程度上决定了其后的干燥、致密程度，并最终决定材料的性能。除了通过对反应过程工艺的控制来对材料进行设计外，各种化学添加剂（如 SDS，SDBS）往往被引入到 sol-gel 反应过程中，这些添剂可以改变水解、缩聚反应，改变凝胶结构均匀性，同时也能够控制其干燥行为。以 $Fe(NO_3)_3 \cdot 9H_2O$ 和 $Si(C_2H_5O)_4$ 为初始物制备了 γ-Fe_2O_3，生成的凝胶在一周之内慢慢升温到 100℃，为了避免生成 α-Fe_2O_3 相还要在 150℃保温 24 h。然后以每次升高 50℃并保温 30 min 的速度升温到 500 ℃进行煅烧。XRD 观察表明其粒径为 3 ~ 4 nm。把 $FeCl_2$ 和 $FeCl_3$ 混合物加到碱中，然后用

$HClO_4$ 处理沉淀物而得到 $\gamma-Fe_2O_3$。用聚乙烯磺酸树脂与氯化亚铁盐溶液反应并在 NaOH 和 H_2O_2 的存在下合成了 $\gamma-Fe_2O_3$。在硝酸铁乙二醇甲醚溶液体系中加入硅酸乙酯，用溶胶－凝胶法制备 $\gamma-Fe_2O_3$ 纳米晶粉体，硅酸乙酯的加入不但加速凝胶化过程，而且有效抑制氧化铁晶粒的生长，提高 $\gamma-Fe_2O_3$ 向 $\alpha-Fe_2O_3$ 转变的相变温度[21]。

胶体化学法是将金属醇盐或无机盐经水解直接形成溶胶或经解凝形成溶胶，然后使溶质聚合凝胶化，再将凝胶干燥、焙烧除去有机成分，最后制得纳米材料。以高价铁盐为初始原料，在一定温度下，用低于理论量的碱（如氢氧化钠）与之反应制备出粒子表面带正电的溶胶；引入阴离子表面活性剂如十二烷基苯磺酸钠（DBS），由于表面活性剂在水溶液中电离，产生的负离子团与带正电的胶体粒子发生电中和，使得胶体粒子表面形成有机薄层，从而使之具有亲油憎水性，再加入氯仿或甲苯等有机溶剂，将其萃取入有机相，经减压蒸馏出有机溶剂可循环再利用。残留物经加热处理即得纳米氧化铁。杨隽等[22]用该法制备出了粒径为 4 ~ 6 nm 的球形氧化铁超微粉体粒子。

胶体化学法能够制备出超细、均匀、球形的氧化铁，但该法涉及大量的有机物，对操作环境要求严格。

2.4.3 微乳法

微乳液是两种不互溶液体形成的热力学稳定的、各向同性的、外观透明或半透明的分散体系，微观上由表面活性剂界面膜所稳定的一种或两种液体的微滴所构成。它的特点是使不相混溶的油、水两相在表面活性剂（有时还要有助表面活性剂）存在下，可以形成稳定均匀的混合物。因而在医药、农药、化妆品、洗涤剂、燃料等方面得到了广泛的应用。微乳可将类型广泛的物质增溶在一相中，已被作为反应介质用于无机、有机各类反应。当在微乳中聚合时，可得到纳米级的热力学稳定的胶乳，微乳质点的纳米级范围使得能够利用微乳技术制备所要求的大小和形状的超细粒子。实验装置简单、操作容易，已引起人们的重视[22]。

微乳胶束的结构处于动态平衡中，胶束间不断碰撞而聚集成二聚体、三聚体。这些聚集体的形成会影响胶束直径的单分散性，进而影响合成微粒粒径的单分散性。同时，通过控制胶束及“水池”的形态、结构、极性、疏水性等，有望用分子规模控制纳米粒子的大小、形态、结构及物性的特异性。用该法制备纳米粒子的实验装置简单、能耗低、操作容易，具有以下明显的特点：①粒径分布较窄，粒径可以控制；②选择不同的表面活性剂修饰微粒子表面,可获得特殊性质的纳米微粒;③粒子的表面包覆一层(或几层)表面活性剂,粒子间不易聚结,稳定性好;④粒子表层类似于“活性膜”,该层基团可被相应的有机基团所取代,从而制得特殊的纳米功能材料;⑤表面活性剂对纳米微粒表面的包覆改善了纳米材料的界面性质,显著地改善了其光学、催化及电流变等性质。

在制备过程中受到以下因素的影响:

1. 含水量的影响

W/O 型微乳液中水核的大小和水与表面活性剂的比例密切相关,水核的大小限制了纳米粒子的生长,决定了纳米微粒的尺寸。因此,纳米粒子的粒径可通过调节水量进行控制。在 W/O 型微乳液中,研究了水与表面活性剂摩尔比对纳米 TiO_2 粒径和性能的影响。结果表明,TiO_2 的晶粒粒径和性能受控于水与表面活性剂摩尔比的大小。当增加水的摩尔分数时,TiO_2 的粒径在 8 ~ 18 nm 内逐渐增大,光催化活性也随之降低,但其催化性能仍远高于普通粒径的 TiO_2。对 AOT 微乳体系的大量研究表明,该体系中水核的半径和水与表面活性剂的摩尔比呈线性关系。当水量较低时,水与表面活性剂极性基团的作用很强,形成结合水;随着水量的增加,胶团中出现自由水。结合水使表面活性剂极性头排列紧密,界面强度增强,纳米粒径减小;自由水的作用则相反。微乳液中适宜的水与表面活性剂的摩尔比为 10 ~ 15。

2. 溶剂的影响

溶剂对纳米粒子尺寸的影响主要表现为影响纳米晶粒的生成速率。当分别用异辛烷或环己烷与 AOT 组成微乳体系制备纳米 Cu 粒子时,由于环己烷更容易插入胶束的尾区,使胶束的界面膜强度增强,减少了胶束之间的碰撞次数,粒子的生长速率放慢,制得的粒子粒径减小且分布均匀。考察 O/W 型微乳液中不同添加量的石油醚对羟基磷灰石(HA)粉比表面积的影响。实验发现,在一定范围内,随着石油醚质量分数的增加,随之增大的液滴尺寸有助于纳米 HA 微晶的形成。

3. 表面活性剂的影响

表面活性剂的亲水亲油平衡(HLB)值与体系中油相的 HLB 值接近时,具备合适的成膜性能,形成的纳米粒子吸附在粒子的表面而成膜,既可防止生成的粒子之间黏结,使纳米粒子均匀细小,又可修饰粒子表面的缺陷,使纳米粒子十分稳定。否则,在纳米粒子碰撞时表面活性剂膜易被打开,晶粒继续生长,则难以控制粒子的粒径。表面活性剂具有双亲结构而产生吸附性能，能显著降低纳米微粒的表面张力，防止原生粒子的团聚；其结构不仅影响胶束的半径和胶束界面强度，而且还影响纳米粒子的晶型。对于O/W型微乳液，表面活性剂要相对过量，使胶束表面富集反应离子，增加胶束表面区域反应物的浓度，加快反应速率。由于富集的离子与胶束表面活性剂的配位非常稳定，从而形成有序的微晶，粒径分布较窄而且均匀。

4. 表面活性剂自组装模板效应的影响

不同的表面活性剂具有不同的结构和荷电性质，其浓度不同，在水溶液中的存在形态也不相同，可在溶液中形成胶团、液晶和囊泡等自组装体，因此，可作为纳米材料合成的理想模板，甚至这些团簇自身就是纳米粒子的原型。有人认为随着表面活性剂浓度的增加，胶束形态的变化存在一个势垒，在低浓度时为球形胶束；当增加浓度使之跨越势垒达到一个新的稳定区域时，胶束的形态也随之发生改变，即存在第二临界胶团浓度（CMC）。当分散相质量分数达到40% ~ 50%时，微乳液的胶束转变为棒状或圆柱状，进而形成层状或六方液晶。

5. 助表面活性剂的影响

在一定范围内，随着助表面活性剂用量的增加，W/O型微乳液法制得的粒子粒径逐渐减小。因为助表面活性剂分子插入到油－水界面膜的表面活性剂分子之间，削弱了离子型表面活性剂离子头之间的静电斥力，降低了界面张力，调节了乳液的HLB值，增强了界面膜的稳定性和强度。文献报道，在利用微乳液法原位合成铁钴镍/聚苯胺核－壳型纳米复合材料时，助表面活性剂异戊醇的用量对纳米粒径有影响，随着异戊醇含量的增加，铁钴镍纳米粒子的粒径逐渐减小，但助表面活性剂对粒径变化的影响较为缓和。

6. 反应物相对浓度的影响

适当调节反应物的浓度，可在一定程度上控制纳米粒子的尺寸。在W/O型微乳液中制备镍纳米粒子时发现，镍离子浓度对纳米粒子的粒径有影响，当镍离子浓度增加时，每个水核内存在较多的镍离子，加快成核速率，形成粒子的粒径减小。利用聚乙二醇辛基苯基醚（OP）－正庚烷－正己醇－水溶液和吐温-60-溴代十六烷基吡啶－二甲苯－正戊醇－水溶液两体系制备ZnO及其掺杂纳米粒子，通过选择反应途径及调节反应物浓度可控制ZnO纳米粒子的粒径在10 ~ 200 nm之间[23]。

微乳液是被表面活性剂稳定了的热力学体系。W/O微乳液是由水、油(有机溶剂)、表面活性剂和助表面活性剂组成的,其中的水相是一个个微小的反应场,能够制备各种纳米粒子。取辛烷基苯酚聚氯乙烯醚和正己醇的混合液(3∶2)50 ml,加入一定量定浓度(2%～20%)硝酸铁溶液,振荡均匀,然后加入200 ml环已烷,振荡使其成为均匀透明的微乳液,再在搅拌下慢慢滴入被氨饱和的环已烷,使沉淀反应进行完全,继续搅拌数分钟,高速离心分离沉淀物,用乙醇洗涤三次,再用水多次洗涤,制得粒径为4 nm左右的 $\alpha-Fe_2O_3$ 超细微粒。以正己醇为辅助表面活性剂,适当比例的水-Triton X-100-环已烷体系可构成W/O型微乳液,再加入 $Fe(NO_3)_3$ 或 NH_4OH 溶液,最后制备出平均粒径在20 nm左右的 $\alpha-Fe_2O_3$ 粉体[24]。

2.4.4 共混包埋法

混包埋法是将磁性超微顺粒均匀分散在表面活性剂或聚合物中,通过交联、絮凝、雾化、脱水等手段使修饰剂包扭在磁性顺粒表面,形成核-壳结构的磁性微球,是目前常用的制备方法之一,共混包埋法制备磁性微球主要是通过范德华力、氢健、配位键和共价健等作用将水溶性高分子物质缠绕在无机磁性颗粒表面,形成聚合物包覆的磁性微球[25-29]。

2.4.5 单体聚合法

单体聚合法是将磁性粒子均匀分散到含有单体的溶液或乳掖中,利用引发剂引发单体进行聚合反应,从而生成内为磁核外为聚合物的磁性高分子微球。用单体聚合法制备磁性高分子微球的方法主要有悬浮聚合、乳液聚合、分散聚合法等。利用反相微乳液法在正己烷反相胶束的水核中制备出改性的产物,粒径分布较窄,合成的纳米粒子表现出高的稳定性和超顺磁性,且无毒,可用于药物传输等生物医学应用。采用分散聚合法,在醇/水体系和 Fe_3O_4 磁流体存在的情况下,通过苯乙烯(St)与*N*-异丙基丙烯酰胺(NIPAM)共聚,合成出 Fe_3O_4/P(St-NIPAM)热敏性磁性微球。该微球在水溶液中具有明显的热敏特性,有望在生物大分子如蛋白质分离中应用。Shan等利用共聚合法合成了聚丙烯酸包覆的SPION,通过引入羧基官能团,可用于DNA的纯化和分离。该法的优点是制得的磁性粒子磁响应性强,形状较规则,大部分成圆球状,且粒度分布较均匀;缺点是其粒径较大,疏水性单体聚合生成的磁性微球表面一般不含功能活性基团,要通过表面化学改性才能带上活性基团[30-32]。

用硫酸渣制取：用选矿方法将硫酸渣提纯，使其含铁量达到65%～66%，将该精矿与稀硫酸一起加热反应，直到反应膨胀，出现白色的 $CaSO_4$ 为止，冷却后过滤，得到较浑的浅红色液体。将边脚料加入到滤液中，略加搅拌后静止，待溶液中的 Fe^{3+} 转变成 Fe^{2+}，溶液成蓝绿色，捞出铁皮残渣（可继续使用）并往溶液中加入载体进行除杂。将载体滤出后得到蓝色透明溶液。将透明溶液置于 1 000 mL 的中和氧化器上，加入乳化剂乳化，本次试验乳化剂用量为 2 000 $g \cdot t^{-1}$，在充分乳化后，逐滴加入氨水直到反应至终点，此时 pH=7 ～ 7.5。生成物为浅黄色粉体 FeOOH，经静止沉降，反复洗涤得到纯净的 FeOOH，再经过滤、烘干、粉碎、煅烧，即得到超细粉体纳米氧化铁，颜色为棕红色，产物为球状。

试验中新得的氧化铁粉体的粒径不均匀，大的近 120 nm，小的不足 40 nm，说明反应条件控制不理想，尚须进一步研究找到使其粒度基本均匀的相关条件[33]。

参考文献

[1] 王世敏，许祖勋，傅晶．纳米材料制备技术 [J]. 化学工业出版社，2002

[2] 牛新书，徐荭，徐甲强．纳米 $\gamma-Fe_2O_3$ 的合成及气敏性能 [J]. 材料研究学报，2001，5（15）：593–598

[3] 邹海平，邱祖民，高长华，等．沉淀法制备纳米氧化铁的研究进展 [J]，2007，39，4：12–14

[4] 王光信，陈宗淇．均分散 Fe_2O_3 粒子的制备 [J]. 物理化学报，1991，7（6）：699–702

[5] 缪应菊，刘潍涓，刘刚，等．纳米氧化铁的制备工艺综述 [J]. 材料开发与应用，2009：71–76

[6]Vijayakumar R，Koltyp in Y，Felner Z. Sonochemical synthesis and characterization of pure nanometer-sized Fe_3O_4 particles[J]. Materials Science and Engineering，2000，286：101 – 105

[7]陈雷，杨文军，黄程．以高分子材料为介质制备纳米氧化铁颗粒[J]. 高分子材料科学与工程，1998，14（4）：53 – 55

[8]曹建新，张煜，聂登攀．磁性氧化铁纳米粒子制备技术最新进展[J]. 现代机械，2003（4）：80–82

[9] 陈兴，邓兆祥，李宇鹏．水热法制备超顺磁性铁氧体纳米微粒 [J]. 无机化学学报，2002，(5)：460-464

[10]Liyun Dang，Haifeng Ma，Jiaying Xu，et al. Hollow α-Fe_2O_3 core - shell colloidosomes：facile one-pot synthesis and high lithium anodic performances[J]. CrystEngComm，2016，18，544-549

[11] 康晓红，王兴尧，谢惠琴，等．用水热反萃法制备氧化铁粉末 [J]. 材料研究学报，2003，17（5）：466-470

[12] 景志红，王燕，吴世华．不同形态的 α-Fe_2O_3 纳米粉体的水热合成、表征及其磁性研究 [J]. 无机化学学报，2005，21（1）：145-149

[13] 李巧玲，魏雨，李琳．微波诱导异形均匀 α-Fe_2O_3 纳米胶粒的制备 [J]. 材料导报，2000，14（4）：69-70

[14]魏雨，郑学忠，赵建录．凝胶－溶胶法制备针状和纺锤状 α-Fe_2O_3 [J]. 功能材料与器件学报，1997，3（4）：267-270

[15] 沙菲，宋宏昌．纳米 α-Fe_2O_3 的制备方法及应用概况 [J]. 江苏化工，2003，31（5）：12-15

[16] 邵梅珍．纳米氧化铁的制备与展望 [J]. 衡水师专学报，2001，3（4）：57-59

[17] 孟哲，魏雨，贾振斌．非晶态液相合成纳米级粉体历程研究 [J]. 化学学报，2004，62（5）：485-488

[18] 马振叶，李凤生，崔平，等．纳米 Fe_2O_3 的制备及其对高氯酸铵热分解的催化性能 [J]. 催化学报，2003，24（10）：795-798

[19] 曹维良，张敬畅 石锦华，等．超微粒子氧化铁的制备研究 [J]. 应用科学学报，2000，18（2）：171-174

[20] 粱燕波，童景山．超临界干燥工艺以及干燥机理的研究 [J]. 中国矿业大学学报，1995，24（4）：97-100

[21] 赵纯寅，宋红艳．超细透明氧化铁黄颜料的制法 [J]. 涂料工业，1996（4）：26-27

[22] 杨隽，张启超．胶体化学法制备氧化铁超微粉体 [J]. 无机盐工业，2000，32（1）：16

[23] 张启超，游波．超微粒子氧化铁的制备 [J]. 重庆大学学报，1987（3）：81-88

[24] 徐甲强，侯振雨，田孟魁．用溶胶法和微乳液法制备纳米级氧化铁材料 [J]．郑州轻工业学院学报，1998，13（45）：27-30

[25] 高志华，李春虎．纳米粒子 α-FeOOH/α-Fe_2O_3 样品的制备与表征 [J]. 化工冶金，2000，4（21）：341-345

[26]汪信，陆路德.纳米金属氧化物的制备与应用研究的若干进展[J].无机化学学报，2000，16（2）：213-217

[27]景苏，鲁新宁.室温固相法合成纳米 FeOOH 及 Fe_2O_3[J].南京工业大学学报，2002，24（6）：52-54

[28]Cheon J，Kang N J，L ee S M. Shape evolution of single-crystalline iron oxide nanocrystals[J]. J. Am. Chem. Soc.，2004，126：1950-1951

[29]Grimm S，SchultzM，Ba rth S. Flam e pyrolysis-aprepa ration route for ultrafine pure- Fe_2O_3 powders and the control of their particle size and properties[J]. Materials Science，1997，32（4）：1080~ 1092

[30]Mat sunaga T，O kamura Y，Tanaka T. Biotechnological application of nano-scale engineered bacterial magnetic particles[J]. J. Mater . Chem，2004，14：2099-2105

[31]严新.均匀纺锤形 α - Fe_2O_3 的制备及其等电性研究[J].华东理工大学学报，2004，30（5）：536 - 538

[32]胡兵，龙化云，黄光斗.均匀沉淀法制备超细透明氧化铁黄颜料[J].湖北工学院报，2003，18（1）：53 - 55

[33]钱军民，李旭祥，黄海燕.纳米材料的性质及其制备方法[J].化工新型材料，2001，29（7）：1 - 5

第 3 章　氧化铁纳米材料的性能与表征

材料对人类社会有重要意义，材料是人类制成用于生活和生产的物品、器件、物件、机器和其他产品的物质。

从古至今，材料与人类生活密切相关，是人类生存和发展、征服自然和改造自然的物质基础，也是人类社会现代文明的重要支柱。

纵观人类利用材料的历史可以清楚地看到每一种重要的新材料的发现和应用，都把人类支配自然的能力提高到一个新的水平，材料科学技术的每一次重大突破，都会引起生产技术的革命，大大加快社会发展的进程，并给社会生产和人们生活带来巨大的变化。因此，材料也成为人类历史发展过程的重要标志之一。

材料的性能是由其成分和结构决定的，总的来说一种材料或一种物质其性能取决于它本身的两个属性。一个是其化学成分，另一个是内部的组织结构。对材料成分和结构进行精确表征是材料研究的基本要求，也是实现性能控制的前提。本章我们列举了部分纳米材料常用的表征方法及相关测试仪器的原理，分析了相关表征数据，供读者参考。

3.1　X 射线仪（XRD）

X 射线是一种电磁波，其波长范围在 0.001 ~ 10 nm，常用波段为 0.01 ~ 2 nm。它是原子内层电子在高速运动电子的冲击下产生跃迁而发射的辐射。当 X 射线与晶面所呈的入射角为 θ 时，则与该晶面平行的晶体内的原子排列面的反射会受到干涉，因此，只有符合所规定的入射角 θ 的方向，才能看到 X 射线衍射。晶体内原子的排列，随着物质种类不同，可以具有各种不同的待征。

晶体的基本特点与概念：①质点（结构单元）沿三维空间周期性排列（晶体定义），并有对称性。②空间点阵：实际晶体中的几何点，其所处几何环境和物质环境均相同，这些“点集”称空间点阵。③晶体结构 = 空间

点阵 + 结构单元。非晶部分主要为无定形态区域，其内部原子不形成排列整齐有规律的晶格。

对于大多数晶体化合物来说，其晶体在冷却结晶过程中受环境应力或晶核数目、成核方式等条件的影响，晶格易发生畸变。分子链段的排列与缠绕受结晶条件的影响易发生改变。晶体的形成过程可分为以下几步：初级成核、分子链段的表面延伸、链松弛、链的重吸收结晶、表面成核、分子间成核、晶体生长、晶体生长完善。Bravais 提出了点阵空间这一概念，将其解释为点阵中选取能反映空间点阵周期性与对称性的单胞，并要求单胞相等棱与角数最多。

晶体内分子的排列方式使晶体具有不同的晶型。通常在结晶完成后的晶体中，不止含有一种晶型的晶体，因此为多晶化合物。反之，若严格控制结晶条件可得单一晶型的晶体，则为单晶。X 射线是电磁波，入射晶体时基于晶体结构的周期性，晶体中各个电子的散射波可相互干涉。散射波周期一致相互加强的方向称衍射方向。衍射方向取决于晶体的周期或晶胞的大小，衍射强度是由晶胞中各个原子及其位置决定的。由倒易点阵概念导入 X 射线衍射理论，倒易点落在 Ewald 球上是产生衍射必要条件。

1912 年劳埃等人根据理论预见，并用实验证实了 X 射线与晶体相遇时能发生衍射现象，证明了 X 射线具有电磁波的性质，成为 X 射线衍射学的第一个里程碑。当一束单色 X 射线入射到晶体时，由于晶体是由原子规则排列成的晶胞组成，这些规则排列的原子间距离与入射 X 射线波长有相同数量级，故由不同原子散射的 X 射线相互干涉，在某些特殊方向上产生强 X 射线衍射，衍射线在空间分布的方位和强度，与晶体结构密切相关。这就是 X 射线衍射的基本原理。衍射线空间方位与晶体结构的关系可用布拉格方程表示：

$$2d\sin\theta=n\lambda$$

式中，d 为晶面间距；n 为反射级数；θ 为掠射角；λ 为 X 射线的波长。布拉格方程是 X 射线衍射分析的根本依据。

X 射线衍射仪（XRD）是所有物质，包括从流体、粉末到完整晶体，重要的无损分析工具。对材料学、物理学、化学、地质、环境、纳米材料、生物等领域来说，X 射线衍射是物质结构表征，以性能为导向研制与开发新材料，宏观表象转移至微观认识，建立新理论和质量控制不可缺少的方法。其主要分析对象包括：物相分析（物相鉴定与定量相分析）、晶体学（晶粒大小、指标化、点参测定、解结构等）、薄膜分析（薄膜的厚度、密度、表面与界面粗糙度与层序分析，高分辨衍射测定单晶外延膜结构特征）、织构分析、残余应力分析、不同温度与气氛条件与压力下的结构变化的原位动态分析研究、微量样品和微区试样分析、实验室及过程自动化、组合化学、纳米材料分析等。

每种物质都有其特定的晶格类型、晶胞尺寸，晶胞中的原子数及各原子的位置也是一定的，因而任何多晶体物质都有其特定的X射线衍射谱。X射线衍射图谱中各线条的角度位置所确定的晶面间距以及它们的相对强度 I/I_1（I_1 是最强线的强度）是该多晶体的固有特性，即使该物质处在混合物中也不会改变。这就是X光能作物相分析的依据。物相分析按作用目的不同分为定性相分析和定量相分析。前者确定试样中不同组成相分，后者在确定相成分的基础上再计算各相的相对含量。

物相鉴定的依据是衍射线方向和衍射强度，在衍射图谱上即为衍射峰的位置及峰高，利用X衍射仪可以直接测定和记录晶体所产生衍射线的方向 θ 和强度 I。通常用 d（晶面间距表征衍射线位置）和 I（衍射线相对强度）的数据代表衍射花样。用 d–I 数据作为定性相分析的基本判据。定性相分析方法是将由试样测得的 d–I 数据组与已知结构物质的标准 d–I 数据组（PDF卡片）进行对比，以鉴定出试样中存在的物相。通常我们只要辨认出样品的粉末衍射图谱分别和哪些已知晶体的粉末衍射图“相关”，就可以判定该样品是由哪些晶体混和组成的。

1.X射线仪（XRD）

当高速电子撞击靶原子时，电子能将原子核内K层上一个电子击出并产生空穴，此时具有较高能量的外层电子跃迁到K层，其释放的能量以X射线的形式（K 是射线，电子从L层跃迁到K层称为 $K\alpha$）发射出去。X射线是一种波长很短的电磁波，波长范围在0.05 ~ 0.25 nm之间。常用的铜靶的波长为0.152 nm。它具有很强的穿透力。X射线仪主要由X光管、样品台、测角仪和检测器等部件组成。

2.XRD物相定性分析

物相定性分析的目的是利用XRD衍射角位置以及强度鉴定未知样品是由哪些物相组成。它的原理是：由各衍射峰的角度位置所确定的晶面间距 d 以及它们的相对强度 I/I_1 是物质的固有特性。每种物质都有其特定的晶体结构和晶胞尺寸，而这些又与衍射角和衍射强度有着对应关系，因此，可以根据衍射数据来鉴别物质结构。通过将未知物相的衍射花样与已知物质的衍射花样相比较，逐一鉴定出样品中的各种物相。目前，可以利用粉末衍射卡片进行直接比对，也可以以计算机数据库直接进行检索。

3.XRD 粒度分析

纳米材料的晶粒尺寸大小直接影响到材料的性能。XRD 可以很方便地提供纳米材料晶粒度的数据。测定的原理基于样品衍射线的宽度和材料晶粒大小有关这一现象。当晶粒小于 100 nm 时，其衍射峰随晶粒尺寸的变大而宽化。当晶粒大于 100 nm 时，宽化效应则不明显。晶粒大小可采用 Scherrel 公式进行计算

$$D = K\lambda / B_{1/2}\cos\theta$$

式中，D 是沿晶面垂直方向的厚度，也可以认为是晶粒的大小；K 为衍射峰 Scherrel 常数，一般取 0.89；λ 为 X 射线的波长；$B_{1/2}$ 为衍射峰的半高宽，单位为弧度；θ 为布拉格衍射角。此外，根据晶粒大小还可以计算晶胞的堆垛层数

$$N = D_{\mathrm{hkl}} / d_{\mathrm{hkl}}$$

和纳米粉体的比表面积

$$s = 6 / \rho D$$

式中，N 为堆垛层数；D_{hkl} 表示垂直于晶面(hkl)的厚度；d_{hkl} 为晶面间距；s 为比表面积；ρ 为纳米材料的晶体密度。

Bruker 公司的 X 射线多晶衍射仪如图 3.1 所示，测试时将待测样品铺装于图 3.2 样品池正中央的凹槽内。X 射线粉末衍射的测试数据包含 raw 文件、xrdml 文件、txt 文件等，对 XRD 测试结果的分析软件有 MDI jade 软件、X' Pert-High Score 软件等。MDI jade 软件可以打开 raw 文件并对结果进行分析，X' Pert-High Score 软件可以打开 xrdml 文件并对结果进行分析。无论采用哪种软件分析，基本步骤类似，打开测试数据后在软件中选出样品中可能含有的元素，以此打开软件库中存有的标准卡片，再逐一比对样品测试数据与标准卡片的匹配度，当样品中的所有衍射峰都与标准卡片的所有衍射峰基本对应便可确定为该标准物质。若一个标准卡片全部对应上后，产物中还存在其他衍射峰，则应推断还存在其他物相。具体操作方法见附录。

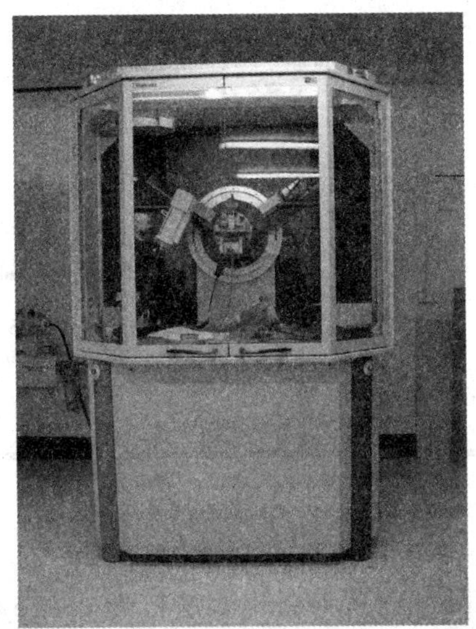

图 3.1 德国 Bruker 公司的 D8-Advance 型 X 射线多晶衍射仪

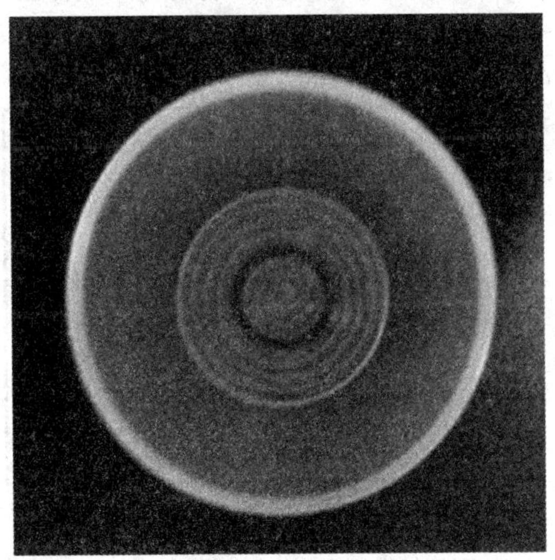

图 3.2 样品池

Zhen-guo Wu 等[1]制备出多层中空 $\alpha-Fe_2O_3$ 多孔纳米材料后（$\alpha-Fe_2O_3$ PMSHSs），采用 XRD 粉末衍射分析该物质的物相，结果证明如图 3.3 所示，图中绘制出实验产物的衍射峰及 $\alpha-Fe_2O_3$ 标准物质的衍射峰。从图中能够看出，实验产物的衍射峰分别对应于 $\alpha-Fe_2O_3$ 标准物质中的（012）、（104）、（110）、（113）、（024）、（116）等晶面，最终分析得到如下结果：多层中空 $\alpha-Fe_2O_3$ 多孔纳米材料的所有衍射峰都和标准卡号为 01-089-0598 的 $\alpha-Fe_2O_3$ 标准图谱相对应，即所得实验产物为 $\alpha-Fe_2O_3$。

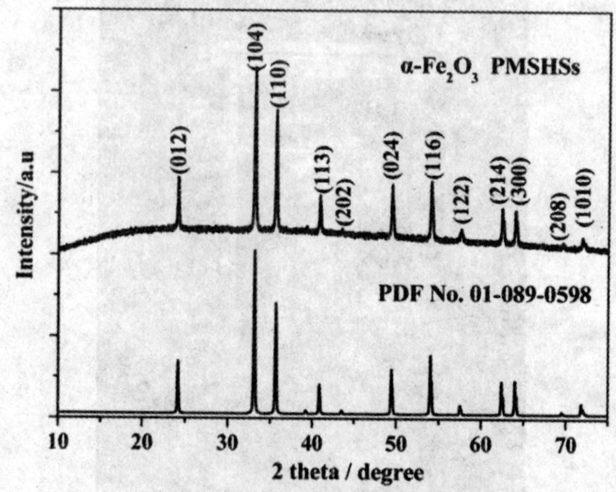

图 3.3　产物 XRD 粉末衍射图谱 [1]

Zahra Padashbarmchi[2] 等制备出多层核壳 α-Fe_2O_3 产物，产物 XRD 分析结果如图 3.4 所示，从结果中得知产物为斜六面体型 α-Fe_2O_3（PDF 标准卡片为 33-0664，晶胞参数为 a=0.5035 nm，c=1.3748 nm），XRD 峰型略宽，说明样品的结晶度不够高。

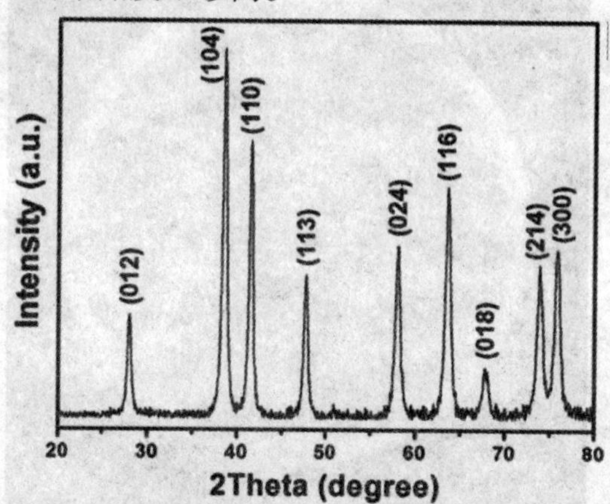

图 3.4　多层核壳结构产物的 XRD 粉末衍射图谱 [2]

Zhen-guo Wu 等 [3] 制备出 W-Fe_2O_3 和 E-Fe_2O_3 两种产物，所得产物的 XRD 粉末衍射图谱如图 3.5 所示。结果表明，样品具有尖锐的衍射峰，表明产物结晶度良好，两个样品的衍射峰位置相同，且无杂质出现，两者峰强度也类似。衍射峰中位于 24.14°，33.14°，35.61°，40.83°，49.41°，54.00°，57.49°，62.38°，63.96°，69.49°和 71.80°角度处的衍射峰分别对应于标准卡片为 01-089-0598 的 α-Fe_2O_3 的（012），（104），（110），（113），（024），（116），（122），（214），（300），（208）和（1010）晶面，空间结构正如 3.5b 所示，为 R3c 对称结构。

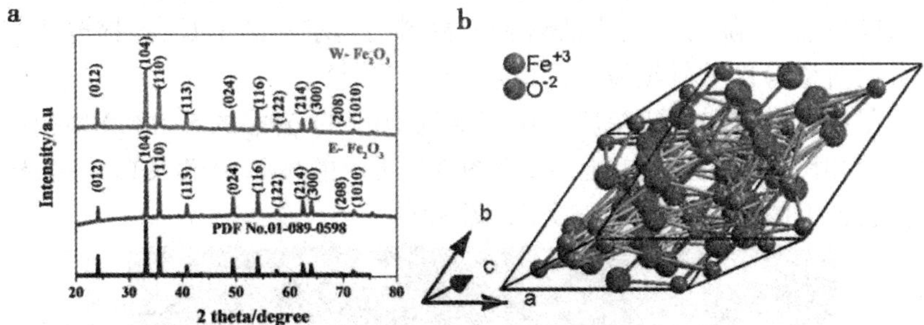

图 3.5　a 为 W-Fe_2O_3 和 E-Fe_2O_3 的 XRD 粉末衍射图谱；b 为 W-Fe_2O_3 和 E-Fe_2O_3 的空间点阵结构 [1]

Simeng Xu 等 [4] 合成多层中空球状产物后，测试的 XRD 粉末衍射图谱如图 3.6 所示，从图谱中得知产物与标准卡片为 33-0664 的 α-Fe_2O_3 完好对应，所有的衍射峰都能够对应上，且无杂质存在。表明产物中合成出的单层薄壁中空球、双层薄壁中空球、三层薄壁中空球、单层厚壁中空球、双层厚壁中空球、三层厚壁中空球均是结晶良好的 α-Fe_2O_3。

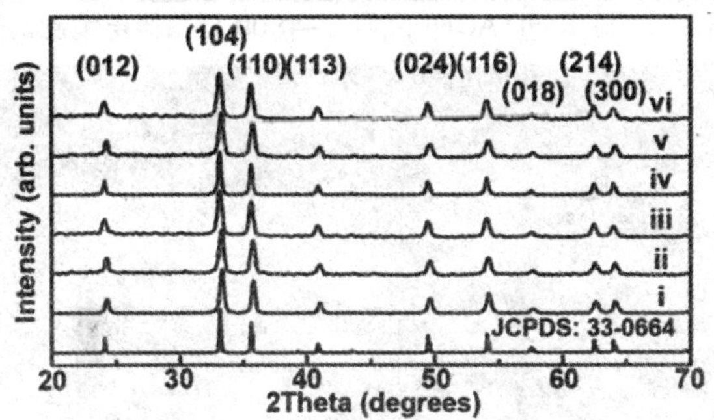

图 3.6　从ⅰ至ⅵ分别为单层薄壁中空球、双层薄壁中空球、三层薄壁中空球、单层厚壁中空球、双层厚壁中空球、三层厚壁中空球的 X 射线粉末衍射图谱 [4]

实验结果证明，X 射线粉末衍射的分析，可以确定产物的物相，分析产物的晶体结构、晶胞参数、晶粒尺寸，还能得到其他的一些详细信息，如样品是否含有杂质，样品的结晶度如何，在研究反应机理时通过不同反应条件下反应产物的 XRD 结果分析亦能推断可能的反应路径、反应机理。

3.2　SEM 扫描电子显微镜

扫描电子显微镜作为一种有效的显微结构分析工具，可以对各种材料进行多种形式的表面的观察与分析。它具有分辨率高、景深长、成像富有立体感等优点。利用扫描电镜的图像研究法分析显微结构,其内容丰富、方法直观。随着现代生活对新型材料的需求不断增长,扫描电镜测试技术在新型材料学科领域中的应用也日益广泛。

在各大高校和科研院所应用广泛的 Hitachi 公司的 S-4800 型扫描电镜图片如图 3.7 所示,在测试时将图 3.8 所示的样品台送入真空腔,样品在样品台上的铺设由导电胶实现(图 3.9)。

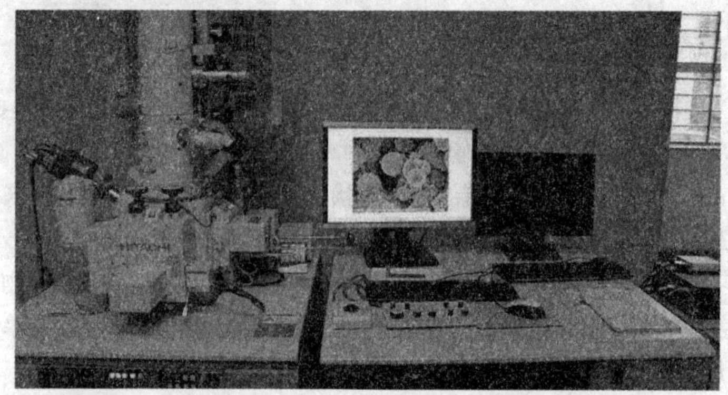

图 3.7　日本 HITACHI 公司 S-4800 型扫描电镜测试仪

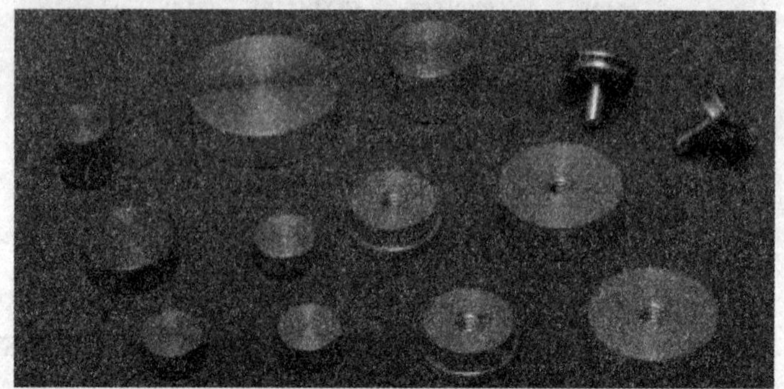

图 3.8　型号、规格不同的样品台

图 3.9　电镜测试导电胶带

显微镜的特点：

（1）能直接观察大尺寸试样的原始表面。其能够直接观察尺寸可大到直径为 100 mm，高 50 mm，或更大尺寸的试样，对试样的形状没有任何限制，粗糙表面也能观察，这便免除了制备样品的麻烦，而且能真实观察试样本身物质成分不同的衬度。

（2）试样在样品室中可动的自由度非常大。其它方式显微镜的工作距离通常只有 2 ~ 3 mm，故实际上只允许试样在两度空间内运动。但在扫描电镜中则不同，由于工作距离大（可大于 15 mm），焦深大（比透射电子显微镜大 10 倍），样品室的空间也大。

（3）焦深大，图像富立体感。扫描电镜的焦深比透射电子显微镜大 10 倍，比光学显微镜大几百倍。由于图像景深大，故所得扫描电子像富有立体感，并很容易获得一对同样清晰聚焦的立体对照片，以便进行立体观察和立体分析。

（4）放大倍数的可变范围很宽，且不用经常对焦。扫描电镜的放大倍数范围很宽（从 5 到 20 万倍连续可调），基本包括了从金相显微镜到电子显微镜的放大倍数范围，且一次聚焦好后即可从低倍到高倍，或低倍到高倍连续观察，不用重新聚焦，这对进行样品分析特别方便。

（5）在观察厚块试样中，它能得到最真实形貌。扫描电镜的分辨率是介于光学显微镜和透射电子显微镜之间。在对厚块试样进行观察比较时，因为在透射电子显微镜镜中要采用复膜方法，而复膜的分辨率通常只能达 10 nm，且观察并不是试样本身。因此，用扫描电镜观察厚块试样更有利，更能得到真实的试样表面资料。

（6）因电子照射而发生试样的损伤和污染程度很小。同其它方式的电子显微镜比较，因为观察时所用的电子探针电流小（一般约为 10^{-10} ~ 10^{-12} A），电子探针的束斑尺寸小（通常是 5 nm 到几十纳米），电子探针的能量也比较小（加速电压可以小到 2 kV），而且不是固定一点照射试样，而是以光栅状扫描方式照射试样，因此，由于电子照射而发生试样的损伤和污染程度很小，这点对观察一些生物试样特别重要。

（7）能进行动态观察。在扫描电镜中，成像的信息主要是电子信息。根据近代的电子工业技术水平，即使高速变化的电子信息，也能毫不困难地及时接收，处理和储存，故可进行一些动态过程的观察。如果在样品室内安装有加热、冷却、弯曲、拉伸和离子刻蚀等附件，则可以通过连接电视装置，观察相变、断裂等动态的变化过程。

（8）它可以从试样表面形貌获得多方面资料。在扫描电镜中，因为可以利用入射电子和试样相互作用所产生各种信息来成像，而且可以通过信号处理方法,获得多种图像的特殊显示方法,可以从试样的表面形貌获得多方面资料。

(9)扫描电子显微镜的制造依据是电子与物质的相互作用。扫描电镜从原理上讲就是利用聚焦得非常细的高能电子束在试样上扫描,激发出各种物理信息。通过对这些信息的接受、放大和显示成像,获得测试试样表面形貌的观察。

(10)当一束极细的高能入射电子轰击扫描样品表面时,被激发的区域将产生二次电子、俄歇电子、特征X射线和连续谱X射线、背散射电子、透射电子,以及在可见、紫外、红外光区域产生的电磁辐射。同时可产生电子-空穴对、晶格振动(声子)、电子振荡(等离子体)。

S4800 Ⅱ型扫描电子显微镜(scanning electron microscope, SEM)的结构如图3.10所示,它的工作原理与电视相似。它采用场发射钨丝电子枪,电子枪发出的电子束,电子束经加速电压加速后,通过三组电子透镜,使束斑缩小并形成聚焦良好的电子束,在扫描线圈的磁场作用下,入射到试样表面并在表面按一定的时间-空间顺序作光栅式二维逐点扫描,入射电子与固体表面相互作用产生的二次电子等信号,由放在试样旁边的检测器接收,所带信息送入视频放大器放大,然后加到显像管的栅极上,以控制显像管的亮度。由于显像管的偏转线圈和电镜镜筒中扫描线圈的扫描电流是严格同步的,所以由检测器对样品表面逐点检测的信号与显像管上相应点的亮度是一一对应的,从而在荧光屏上产生放大了的试徉表面的图像,供观察研究或照相记录用。

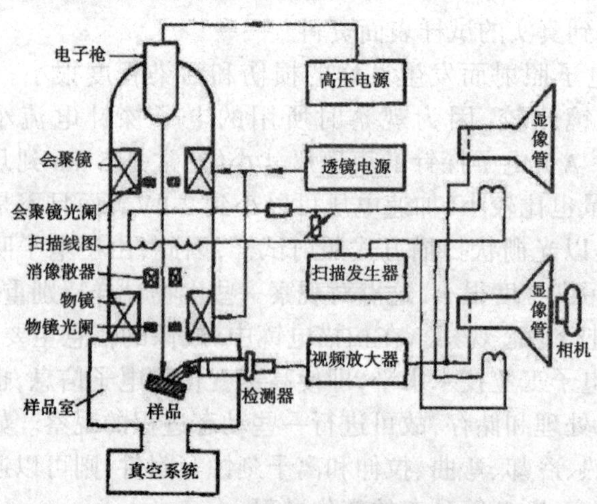

图3.10 S4800型扫描电镜结构原理图

扫描电镜在材料科学特别是纳米科学技术上的地位日益重要。稳定性、操作性的改善使得电镜不再是少数专家使用的高级仪器,而变成普及性的工具；更高分辨率依旧是电镜发展的最主要方向；扫描电镜的应用已经从表征和分析发展到原位实验和纳米可视加工；SEM 双束电镜是目前集纳米表征、纳米分析、纳米加工、纳米原型设计的最强大工具。

Liyun Dang 等[5]采用水热法制备出 α-Fe_2O_3 纳米核壳结构，在不同实验条件下所得产物的电镜扫描图片如图 3.11 所示，在反应的初始阶段（0.25 h），得到的产物是表面光滑的实心球体。对应相应的 XRD 图谱中并没有观察到衍射峰出现，证明了产物是无定形的结构，表明 Fe^{3+} 和甘氨酸在反应初始阶段可能形成了无定形配合物。随着反应时间的延长，无定形配合物慢慢发生转化。SEM 照片证明随反应时间延长至 1 h，依旧光滑的球体表面出现一些纳米盘，此时纳米盘较薄，且没有完全把球体表面覆盖。当反应时间延长至 2 h，纳米盘逐渐生长变多、变厚，最终实心球表面形成了由纳米盘组成的球壳，光滑的核收缩变小，形成核壳结构的产物。随反应时间的延长，所得样品对应的 XRD 图谱中能观察到一些弱小的衍射峰显现，即 α-Fe_2O_3 的物相开始形成。当反应时间延长至 3 h 或更长，光滑的核发生类似的反应，也转变成纳米盘构成的核，最终由纳米盘组装形成的核壳结构 α-Fe_2O_3 胶体生成，相对应的 XRD 图谱也证明反应 3 h 所得产物（α-Fe_2O_3）衍射峰结晶逐渐完善。

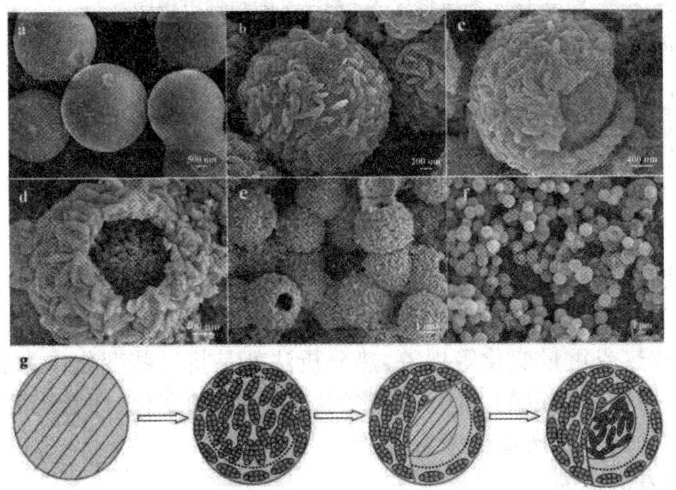

图3.11 不同反应时间得到反应产物：a ~ h分别为反应时长是15 min，1.5 h，2 h，3 h，6 h，12 h；g 为反应机理图[5]

以反应时间的不同所造成的形貌变化为实验基础，作者推测了其反应机理，如图 3.11g 所示，该图描述了 α-Fe_2O_3 胶体的生长过程，其中柯肯达尔效应是形成核壳结构的重要原因。在反应的初始阶段，Fe^{3+} 和甘氨酸首先形成无定形实心球。因为在水热条件下无定形实心球不稳定，它们会随着反应的进行水解转化为 α-Fe_2O_3 晶体。转变过程从无定形实心球的表面开始，继而形成具有无定形核的核壳结构。随着反应过程的继续，无定形核也转化为 α-Fe_2O_3，最终反应时间延长至 16 h 后，无定形核全部转化，结晶完好的核壳结构 α-Fe_2O_3 胶体形成。

Zhenguo Wu 等 [1] 制备出的多层核壳 α-Fe_2O_3 纳米颗粒的扫描电镜图片如图 3.12 所示，从图 3.12a 中可观察到样品为均匀的球状，平均尺寸直径为 3 μm。从图 3.12b 中破口的球状产物可看出样品由四层多孔薄壁组成，组成单层薄壁的纳米棒直径约为 50 nm，尺寸约为 250 nm。

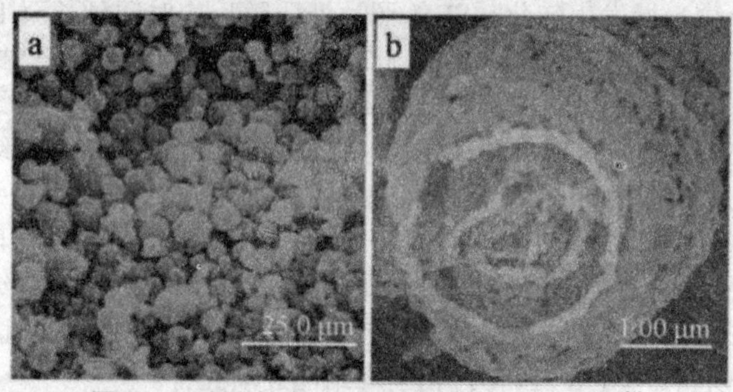

图 3.12　多层核壳 α-Fe_2O_3 的扫描电镜图片 [1]

Hitachi 公司 S-4800 型扫描电镜的操作步骤见附录。

3.3　热分析表征

物质在加热或冷却过程中会发生一定的物理化学变化，如融化、凝固、氧化、分解、化合、吸附和脱吸附等，在这些变化过程中必然会伴有一些吸热、放热或重量变化等现象，热分析法就是将这些变化作为温度的函数来进行研究和测定的方法。物质的物理性质的变化，即状态的变化，总是用温度 T 这个状态函数来量度的。

数学表达式为：

$$F=f(T)$$

其中，F 是一个物理量，T 是物质的温度。

所谓程序控制温度，就是把温度看着是时间的函数。取

$$T=\varphi(\tau)$$

其中，τ 是时间，则

$$F=f(T)\text{或}f(\tau)$$

常用的热分析法有以下三种：

差热分析法（DTA）、差示扫描量热法（DSC）、.热重法（TG或TGA），图3.13为德国NETZSCH STA449热分析仪照片。

图3.13 德国NETZSCH STA449热分析仪图片

3.3.1 差热分析法（DTA）

差热分析法（DTA）是在相同的温度环境中，按一定的升温或降温速度对样品和参比物进行加热或冷却，记录样品及参比物之间的温差（ΔT）与时间或温度的变化关系的方法。将样品与参比物（惰性，即对热稳定）一同放入可按规定的速度升温或降温的电炉中，然后分别记录参比物的温度以及样品与参比物的温差，以T、ΔT对t作图，即可得到差热图（或称热图谱）[5]。

差热曲线直接提供的信息主要有峰的位置、峰的面积、峰的形状和个数。峰的位置是由导致热效应变化的温度和热效应种类（吸热或放热）决定的；前者体现在峰的起始浓度上，后者体现在峰的方向上。

数学表达式为：

$$\Delta T = Ts - Tr = (T\text{或}t)$$

其中，Ts，Tr分别代表试样及参比物温度；T是程序温度；t是时间。

记录的曲线叫差热曲线或DTA曲线。

基准的参比物质：a-Al_2O_3、MgO、石英粉。

影响DTA曲线的主要因素：差热分析曲线的峰形、出峰位置和峰面积等，大体可分为仪器因素和操作因素。

（1）仪器因素是指与差热分析仪有关的影响因素，主要包括炉子的结构与尺寸、坩埚材料与形状、热电偶性能等。

(2)操作因素是指操作者对样品与仪器操作条件选取不同而对分析结果的影响。

样品粒度:影响峰形和峰值,尤其是有气相参与的反应;

参比物与样品的对称性:包括用量、密度、粒度、比热容及热传导等,两者都应尽可能一致,否则可能出现基线偏移、弯曲,甚至造成缓慢变化的假峰;

记录纸速:不同的纸速使 DTA 峰形不同;

升温速率:影响峰形与峰位;

样品用量:过多则会影响热效应温度的准确测量,妨碍两相邻热效应峰的分离等。

3.3.2 差示扫描量热法(DSC)

差示扫描量热法(DSC)是在相同的温度环境中,按一定的升温或降温速度对样品和参比物进行加热或冷却,记录样品及参比物之间在 $\Delta T=0$ 时所需的能量差 ΔH 与时间或温度的变化关系的方法。本法不但能用于定性,而且能用于定量。操作方法与 DTA 相似,获得的能量差–时间(或温度)曲线称差示扫描量热曲线(DSC 曲线)。影响本法的因素主要是样品、实验条件和仪器因素,样品的因素主要是试样的性质、粒度及参比物性质;实验条件的影响主要是升温速率。该法的优缺点基本与差热法相同,但灵敏度更高。

样品真实的热量变化与曲线峰面积的关系为

$$m \cdot \Delta H=K \cdot A$$

式中,m 为样品质量;ΔH 为单位质量样品的焓变;A 为与 ΔH 相应的曲线峰面积;K 为修正系数,称仪器常数。

3.3.3 热重法(TG 或 TGA)

与其他分析方法相比,热分析方法研究的历史较为久远,1887 年,勒夏特利埃(Le Chatelier)就着手研究差热分析,1915 年,日本的本多光太郎开创了热重分析(热天平)。之后,随着电气、电子技术、机械技术的发展,热分析仪器迅速地得到了普及,加之,由于最近该仪器的自动化、计算机化程度的〝断提高,热分析技术已作为通用的分析技术之一被广泛应用。

热分析技术涉及众多领域，以化学领域为首，热分析技术已广泛应用于物理学、地球科学、生物化学、药学等领域。起初，在这些领域中，热分析主要用于基础性研究。随着研究成果的不断积累、扩大，现已被用于应用开发、材料设计，以及制造工序中的各种条件的研究等生产技术方面。近年来，在日本工业标准/JIS等的试验标准、日本药典等的法定分析法中有些也采用了热分析技术。同时，在产品的出厂检验、产品的验收检查等质量管理、工艺管理领域，热分析也已成为最重要的分析方法之一。

热重法（TG或TGA）是在程序控温下，测量物质的质量与温度或时间的关系的方法，通常是测量试样的质量变化与温度的关系。热重法得到以温度为横坐标，以失重百分数为纵坐标的曲线即热重曲线（或TG曲线）。从热重曲线可以得到物质的组成、热稳定性、热分解及生成的产物等与质量相关的信息，也可得到分解温度和热稳定的温度范围等信息。将热重曲线对时间求一阶导数即得到微商热重法（DTC）曲线，它反映了试样质量的变化率和时间的关系。

其数学表达式为：

$$\Delta W=f(T)或(\tau)$$

式中，ΔW为重量变化；T是绝对温度；τ是时间。

随着电子技术和机械工艺的进一步发展，未来的热分析仪器必然会朝着高精度、高灵敏度，全自动化、外观美观和结构紧凑型的方向发展[6-8]。

Zhenguo Wu等[1]制备的多层多孔中空$\alpha-Fe_2O_3$纳米颗粒的TG-DTG曲线如图3.14所示，测试条件为空气气氛，以10℃·min^{-1}的升温速率升至1 000℃，从图中可以看出样品从387℃开始分解。考虑到反应动力学的因素，为了保证短时间内前驱物分解完全，设置在600℃灼烧2 h。

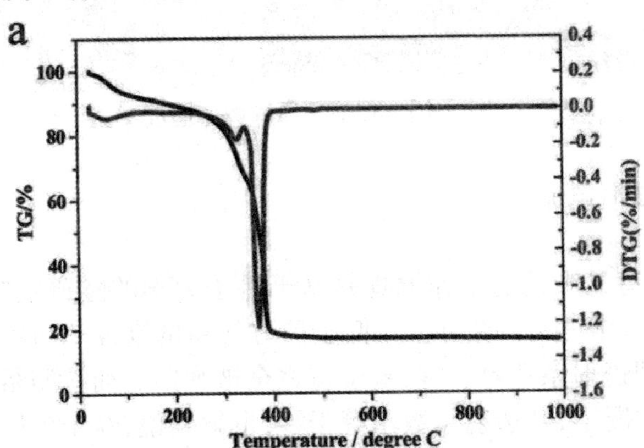

图3.14　多层多孔中空$\alpha-Fe_2O_3$纳米颗粒的TG and DTG测试曲线[1]

德国NETZSCH STA449热分析仪操作流程见附件。

3.4 STM 扫描隧道显微术

扫描隧道显微镜有原子量级的高分辨率，其平行和垂直于表面方向的分辨率分别为 0.1 nm 和 0.01 nm，即能够分辨出单个原子，因此可直接观察晶体表面的近原子像；其次是能得到表面的三维图像，可用于测量具有周期性或不具备周期性的表面结构。通过探针可以操纵和移动单个分子或原子，按照人们的意愿排布分子和原子，以及实现对表面进行纳米尺度的微加工，同时，在测量样品表面形貌时，可以得到表面的扫描隧道谱，用以研究表面电子结构 [9]，扫描隧道显微镜图片如图 3.15 所示。测试样品的制备：将所制的纳米 Fe_2O_3 粉末分散在乙醇溶液中，超声分散 30 min 得红色悬浊液，用滴管吸取悬浊液滴在微栅膜上，干燥，在离子溅射仪上喷金处理。采用 JSM-6700E 场发射扫描电子显微镜分析样品形貌和粒径，加速电压为 5.0 kV。

图 3.15　扫描隧道显微镜图片

3.4.1 隧道电流

扫描隧道显微镜的工作原理是基于量子力学的隧道效应，对于经典物理学来说，当一粒子的动能 E 低于前方势垒的高度 V_0 时，它不可能越过此势垒，即透射系数等于零，粒子将完全被弹回。而按照量子力学的计算，在一般情况下，其透射系数不等于零，也就是说，粒子可以穿过比它的能量更高的势垒，这个现象称为隧道效应，它是由于粒子的波动性而引起的，只有在一定的条件下，这种效应才会显著。

在量子力学理论中，电子具有波动性，其位置是弥散的，在 $V(r)>E$ 的区域，薛定谔方程：$[-(h^2/2m)V^2+V(r)]\Psi(r)=e^{\Psi(r)}$的解不一定是零（如果 V 不是无限大的话）。因此一个入射粒子穿透一个 $V(r)>E$ 的有限区域的几率是非零的，所以物质表面上的一些电子会散逸出来，在样品四周形成电子云。在导体表面上之外空间的某一位置发现电子的几率会随这个位置与表面距离的增大而呈现指数形式的衰减。

隧道效应的物理意义：STM 的工作原理来源于量子力学的隧道效应贯穿原理。其核心是一个能在样品表面上扫描，并与样品间有一定的偏置电压，其镇静为原子尺度的针尖，由于电子隧穿的几率与势垒 $V(r)$ 的宽度呈现负指数关系，当针尖和样品的距离非常接近时，其间的电势变得很薄，电子云相互重叠，在针尖和样品之间施加一电压，电子就可以通过隧道效应由针尖移到样品或从样品移到针尖，形成隧道电流。通过记录针尖和样品间的隧道电流的变化就可以得到样品表面行貌的信息。STM 针尖和样品之间构成势垒的间隙 S 约为 1~10 nm。

公式中给出了隧道电流 I 与两电极间的距离 S 的负指数关系，$K=\sqrt{(2m\Phi/h)}$。其中，m 为自由电子的质量，Φ 为有效平均势垒高度，V 为针尖与样品间的偏置电压。从图 3.16 可以看出，粗略的来说，S 每改变 0.1 nm，隧道电流 I 就会改变一个数量级，因此可以知道隧道电流几乎总是集中在间隙最小的区域。

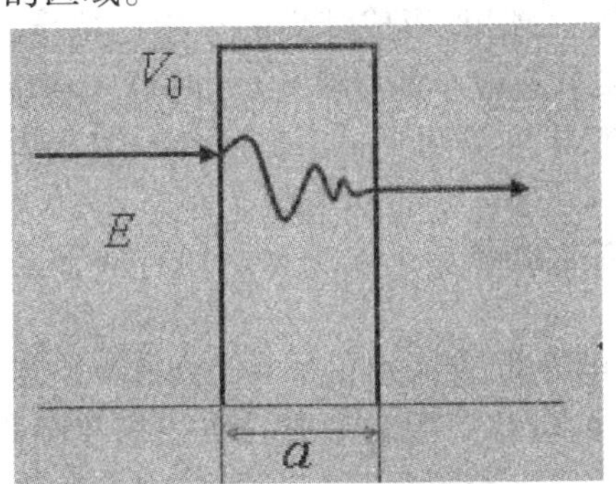

图 3.16　量子力学中的隧道效应

$$I\propto V\exp(-KS)$$

扫描探针一般采用直径小于 1 mm 的细金属丝，如钨丝、铂－铱丝等，被观测样品应具有一定导电性才可以产生隧道电流。

3.4.2 隧道针尖

隧道针尖的结构是扫描隧道显微技术要解决的主要问题之一。针尖的大小、形状和化学同一性不仅影响着扫描隧道显微镜图像的分辨率和图像的形状，而且也影响着测定的电子态。

针尖的宏观结构应使得针尖具有高的弯曲共振频率，从而可以减少相位滞后，提高采集速度。如果针尖的尖端只有一个稳定的原子而不是有多重针尖，那么隧道电流就会很稳定，而且能够获得原子级分辨的图像。针尖的化学纯度高，就不会涉及系列势垒。例如，针尖表面若有氧化层，则其电阻可能会高于隧道间隙的阻值，从而导致针尖和样品间产生隧道电流之前，二者就发生碰撞。

目前制备针尖的方法主要有电化学腐蚀法、机械成型法等。

制备针尖的材料主要有金属钨丝、铂－铱合金丝等。钨针尖的制备常用电化学腐蚀法。如果针尖上只有一个或两个原子的突出，原则上就能获得原子级的分辨率，因为隧穿几率随后迅速衰减，所以针尖的锐度、形状和化学纯度直接影响着 STM 的扫描效果和分辨率。实验时采用直径为 0.5 mm 的钨丝通过电化学腐蚀的方法制备 STM 针尖。U 型管中装有 NaOH 水溶液，U 型管一端插入要溶解的钨丝作为阳极，另一端插入阴极，材料也是钨丝。当在阳极上加约 5~40 mA 的电流时，阴极便有气泡放出。

制备过程中，钨丝的一端插入到电解液时，溶液表面由于表面张力使得钨丝周围形成一个弯曲的液面，此处的钨丝溶解的较快，逐步细化，最终形成针尖，弯曲液面越短，形成针尖的纵横比越小，要注意控制弯曲液面的变化，使得针尖具有较小的纵横比，此时插入到液面以下的钨丝长度约为 0.5~1 mm 为宜，本实验用 3 mol·L^{-1} 的 NaOH 为电解液，温度为室温。

3.4.3 三维扫描控制器

压电陶瓷有压电性质，能将 1 mV ～ 1 000 V 电压信号转换成十几分之一纳米到几微米的位移。用它制成三维扫描控制器，控制针尖的微小移动。

减震系统：任何微小的震动都会对仪器的稳定产生影响，隔绝震动的方法：提高固有频率和使用震动阻尼系统。底座结构图：降低大幅度震动带来的影响，另外仪器中对探测部分采用弹簧悬吊的模式，提高固有频率。

3.4.4 STM的结构和工作模式

STM仪器由具有减振系统的STM头部、电子学控制系统和包括A/D多功能卡的计算机组成(图3.17)。头部的主要部件是用压电陶瓷做成的微位移扫描器,在*x*–*y*方向扫描电压的作用下,扫描器驱动探针在导电样品表面附近作*x*–*y*方向的扫描运动。与此同时,由差动放大器来检测探针与样品间的隧道电流,并把它转换成电压,反馈到扫描器,作为探针*z*方向的部分驱动电压,以控制探针作扫描运动时离样品表面的高度。

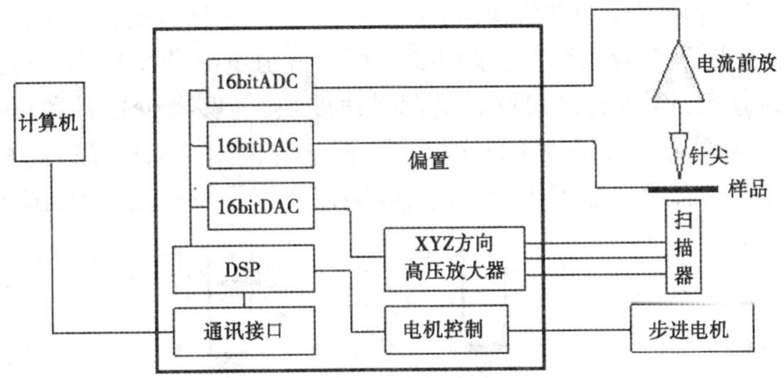

图3.17　扫描隧道显微镜结构框图

STM常用的工作模式主要有以下两种:

1. 恒流模式

利用压电陶瓷控制针尖在样品表面*x*–*y*方向扫描,而*z*方向的反馈回路控制隧道电流的恒定,当样品表面凸起时,针尖就会向后退,以保持隧道电流的值不变,当样品表面凹进时,反馈系统将使得针尖向前移动,则探针在垂直于样品方向上高低的变化就反映出了样品表面的起伏,将针尖在样品表面扫描时运动的轨迹记录并显示出来,就得到了样品表面态密度的分布或原子排列的图像。这种工作模式可用于观察表面形貌起伏较大的样品,且可通过加在*z*方向的驱动电压值推算表面起伏高度的数值(图3.18)。恒流模式是一种常用的工作模式,在这种工作模式中,要注意正确选择反馈回路的时间常数和扫描频率。

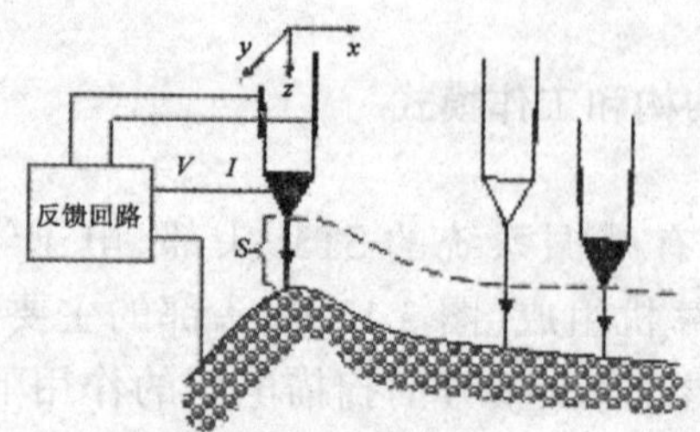

图 3.18 恒电流模式

2. 恒高模式

针尖的 x–y 方向仍起着扫描的作用，而 z 方向则保持绝对高度不变，由于针尖与样品表面的局域高度会随时发生变化，因而隧道电流的大小也会随之明显变化，通过记录扫描过程中隧道电流的变化亦可得到表面态密度的分布，恒高模式的特点是扫描速度快，能够减少噪音和热漂移对信号的影响，实现表面形貌的实时显示，但这种模式要求样品表面相当平坦，样品表面的起伏一般不大于 1 nm，否则探针容易与样品相撞（图 3.19）。

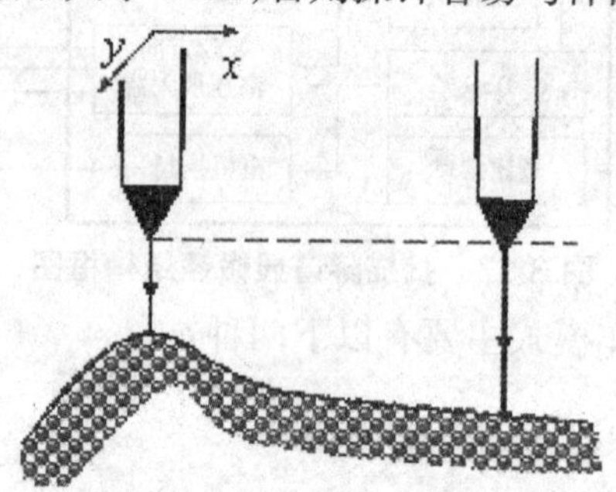

图 3.19 恒高度模式

武晓忠等使用扫描隧道显微镜对石墨进行测试，得到如下的扫描图片（图 3.20）。

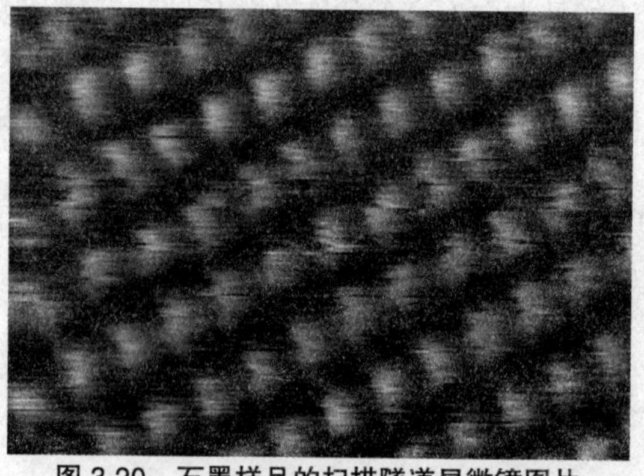
图 3.20 石墨样品的扫描隧道显微镜图片

由于石墨碳原子的六角网格第一层与第二层错开六角形对角线的1/2而平行叠合，第一层与第三层位置重复，属于ABAB型序列。又由于STM的局限性，只能在所拍得图片中显示空间原子较密的部分原子。所以我们看到的原子结构实际上只保留了AB两层重叠的相邻原子，而错开的部分原子并未在图像中显示（图3.21）。我们看到的原子间距为2.46 Å，经分析，所得数据与如下的石墨结构相对应。

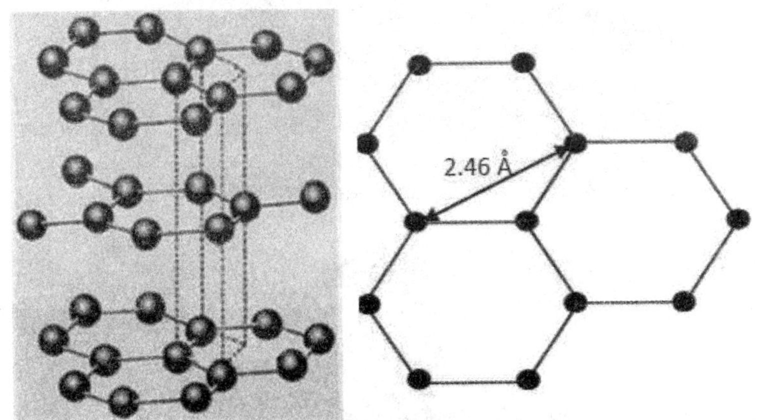

图3.21 石墨样品的结构示意图

3.5 TEM透射电子显微术

3.5.1 透射电子显微镜简介

透射电子显微镜是一种具有高分辨率、高放大倍数的电子光学仪器，被广泛应用于材料科学等研究领域。透射电子显微镜的主要特点是可以进行组织形貌与晶体结构同位分析、晶体缺陷分析和晶体结构测定。透射电子显微镜按加速电压分类，通常可分为常规电镜、高压电镜和超高压电镜。提高加速电压，可缩短入射电子的波长，一方面有利于提高电镜的分辨率，同时又可以提高对试样的穿透能力。图3.22为透射电子显微镜的图片及内部构造示意图。

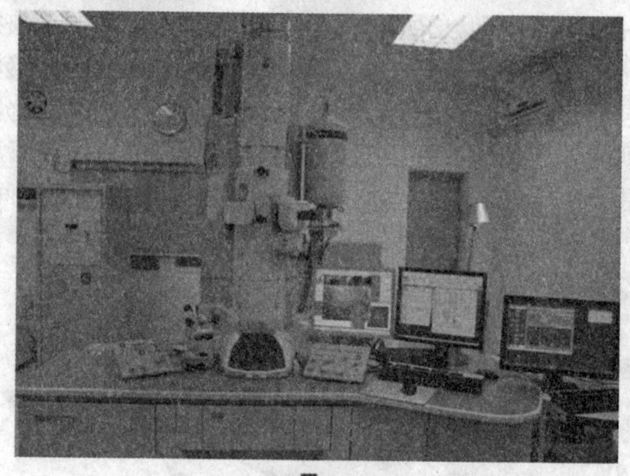

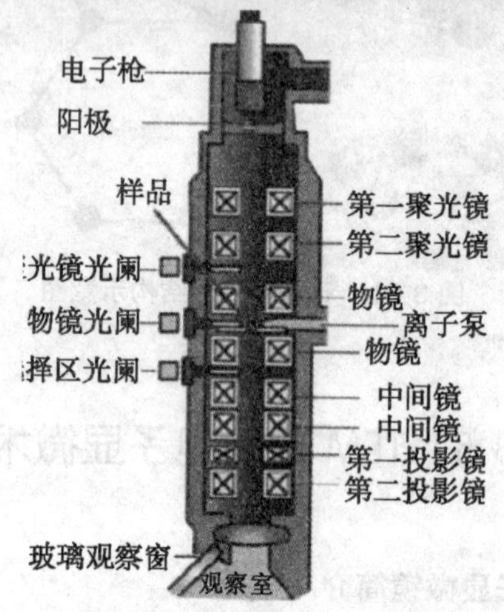

图 3.22　透射电子显微镜

3.5.2 透射电子显微镜结构

透射电子显微镜由电子光学系统、真空系统、电源与控制系统三部分组成，电子光学系统通常称为镜筒，是投射电子显微镜的核心部分。电子光学系统由照明系统、成像系统和观察记录系统组成，如图 3.22 所示。

（1）照明系统由电子枪、聚光镜和相应的平移对中、倾斜调节装置组成。

①电子枪是投射电子显微镜的电子源。常用的是热阴极三极电子枪，而在高性能分析性透射电镜中多采用场发射电子枪，它分为冷阴极 FEG 和热阴极 FEG，冷阴极在室温下使用，而热阴极需加热到比热发射低的温度使用。

②聚光镜用来会聚电子枪射出的电子束,以最小的损失照明样品,调节照明强度、孔径角和束斑大小,一般采用双聚光系统。

(2)成像系统主要由物镜、中间镜和投影镜组成。

①物镜是用来形成第一幅高分辨率电子显微图像或电子衍射花样的透镜。透射电子显微镜分辨率的高低主要取决于物镜。物镜的分辨率主要取决于极靴的形状和加工精度。为了减小物镜的球差,往往在物镜的后焦面上安放一个物镜光阑。

②中间镜是一个弱励磁的长焦距变倍率透镜,可在 0~20 倍范围调节。放大倍数大于 1 时,用来进一步放大物镜像;放大倍数小于 1 时,用来缩小物镜像。

③投影镜的作用是把经中间镜放大(或缩小)的像(或电子衍射花样)进一步放大,并投影到荧光屏上,是一个短焦距的强磁透镜,其景深和焦长都非常大。

· 在电镜的操作过程中,主要是利用中间镜的可变倍率来控制电镜的总放大倍数。

· 成像操作:中间镜的物平面与物镜的像平面重合,则在荧光屏上得到一幅放大像。

· 衍射操作:中间镜的物平面与物镜的背焦面重合,则在荧光屏上得到一副电子衍射花样。

(3)观察记录系统包括荧光屏和照相机构。在荧光屏下面放置一个可以自动换片的照相暗盒,照相时只要把荧光屏掀往一侧垂直竖起,电子束即可使照相底片曝光。通常采用在暗室操作情况下人眼较敏感的、发绿光的荧光物质来涂制荧光屏,这样有利于高放大倍数、低亮度图像的聚焦和观察。电子显微镜工作时,整个电子通道都必须置于真空系统内。如图 3.23 所示。

3.5.3 光阑介绍

投射电子显微镜中有三种主要活动光阑:聚光镜光阑、物镜光阑和选区光阑。

①聚光镜光阑的作用是限制照明孔径角,通常安装在第二聚光镜的下方。

②物镜光阑又称为衬度光阑,通常安装在物镜的后焦面上。加入物镜光阑使物镜孔径角减小,能减小相差,得到质量较高的显微图像。物镜光阑的另一个作用是在后焦面上套取衍射束的斑点成像,即所谓的暗场

成像。利用明暗场显微图像的对照分析，可以方便地进行物相鉴定和缺陷分析。

图 3.23 观察记录系统

③选区光阑又称为场限光阑或视场光阑。一般放在物镜的像平面位置。为了分析样品上的一个微小区域，应该在样品上放一个光阑，使电子束只能通过光阑孔限定的微区，对微区进行的衍射分析叫做选区衍射。

TEM 主要由三部分组成：电子光学部分、真空部分和电子部分。它的成像原理是阿贝提出的相干成像。

当一束平行光束照射到具有周期性结构特征的物体时，便产生衍射现象。除零级衍射束外，还有各级衍射束，经过透镜的聚焦作用，在其后焦面上形成衍射振幅的极大值，每一个振幅的极大值又可看作次级相干源，由它们发出次级波在像平面上相干成像。在透射电镜中，用电子束代替平行入射光束，用薄膜状的样品代替周期性结构物体，就可重复以上衍射成像过程。

对于透射电镜，改变中间镜的电流，使中间镜的物平面从一次像平面移向物镜的后焦面，可得到衍射谱。反之，让中间镜的物平面从后焦面向下移到一次像平面，就可看到像（图 3.24）。这就是为什么透射电镜既能看到衍射谱又能观察像的原因。

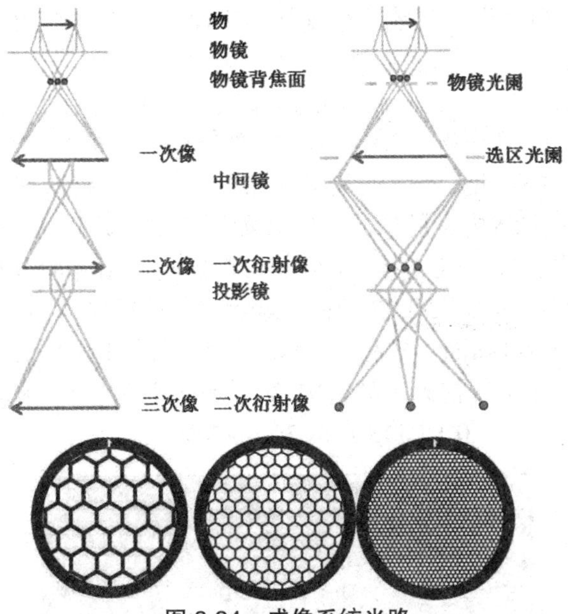

图 3.24 成像系统光路

根据分析的样品选择合适的铜网(图 3.25),装载到样品杆上(图 3.26),将样品杆送入,调节测试条件及区域,即可观察到样品形貌。

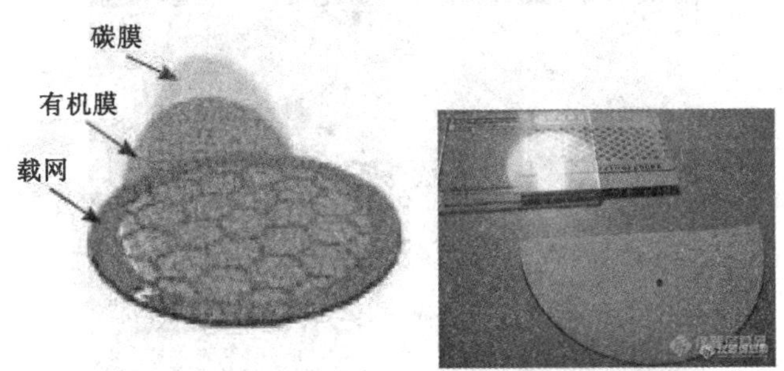

图 3.25 铜网依次为为 50 目、100 目、300 目，超薄碳膜铜网及实际盒装铜网

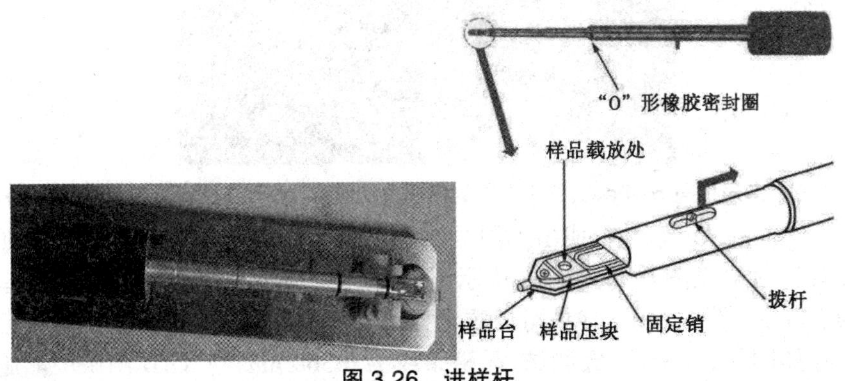

图 3.26 进样杆

由于扫描电镜图片仅能观察到样品表面的信息，对于中空、多层结构产物仅能从破口的产物表面观察，若无破口产物，则无法观察到中空结构及层数，因此应用受到限制，制约了数据分析的实用性，需配合透射电镜进行产物的结果分析。Zhenguo Wu 等[1]制备出的多层核壳 α-Fe_2O_3 纳米颗粒的扫描电镜，透射电镜图片如图 3-27 所示，从图 3.27c 中看出样品为多层中空结构。局部放大图片如图 3.27d 所示，从该图片中能够看出单层壁中存在多孔结构，此结果与扫描电镜图片的分析结果一致。高倍透射电镜图片如图 3.27e 所示，经测量，所测到的晶格条纹对应于 α-Fe_2O_3 的(104)晶面。样品的 SAED 衍射图样如图 3.27f 所示，多点组成的环状结构证明产物为多晶结构，衍射环分别对应 α-Fe_2O_3 纳米材料的(012)，(104)，(110)，(113)和(300)晶面。

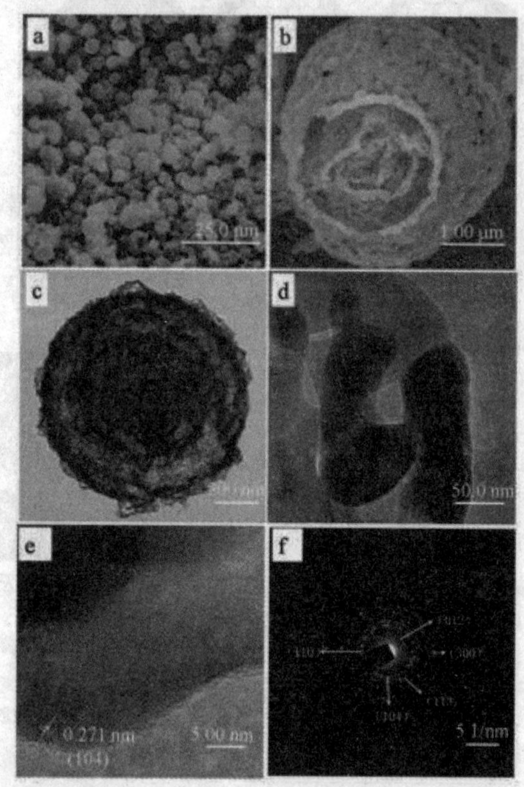

图 3.27　多层核壳 α-Fe_2O_3 纳米颗粒的扫描电镜照片(a，b)及透射电镜照片(c ~ f)[1]

Simeng Xu 等[4]合成出不同层数的 α-Fe_2O_3 纳米颗粒的扫描电镜照片及透射电镜图片如图 3.28 所示，从图 3.28a ~ c 可以看出样品中壁厚约 35 nm。图 3.28d ~ f 中可以看出样品壁厚约 79 nm。高分辨透射电镜图片如图 3.28i 所示，经测试，晶格条纹为 0.368 nm，与 XRD 测试中晶胞参数相对应。

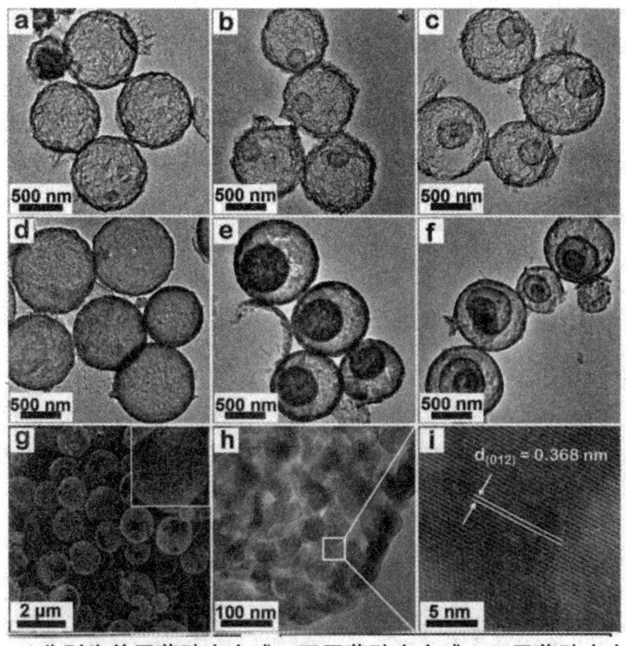

图3.28 a～f分别为单层薄壁中空球、双层薄壁中空球、三层薄壁中空球、单层厚壁中空球、双层厚壁中空球、三层厚壁中空球 α-Fe_2O_3 纳米颗粒的透射电镜照片，g、h、i为单层薄壁中空球 α-Fe_2O_3 纳米颗粒的扫描电镜照片及局部放大透射电镜照片[4]

透射电镜可用于观测微粒的尺寸、形态、粒径大小、分布状况、粒径分布范围等，并用统计平均方法计算粒径，一般的电镜观察的是产物粒子的颗粒度而不是晶粒度。高分辨电子显微镜（HRTEM）可直接观察微晶结构，尤其是为界面原子结构分析提供了有效手段，它可以观察到微小颗粒的固体外观，根据晶体形貌和相应的衍射花样、高分辨像可以研究晶体的生长方向。与其他分析手段联用，能够准确推断反应产物的更多详细信息。

JEM-2100型透射电镜操作步骤见附录。

3.6 X射线能谱仪

3.6.1 X射线能谱仪的简介

X射线光电子能谱（XPS）也被称作化学分析用电子能谱（ESCA）。

该方法是在20世纪60年代由瑞典科学家Kai Siegbahn教授发展起来的。由于在光电子能谱的理论和技术上的重大贡献，1981年，Kai Siegbahn获得了诺贝尔物理奖。三十多年来，X射线光电子能谱无论在理论上和实验技术上都已获得了长足的发展。XPS已从刚开始主要用来对化学元素的定性分析，已发展为表面元素定性、半定量分析及元素化学价态分析的重要手段。XPS的研究领域也不再局限于传统的化学分析，而扩展到现代迅猛发展的材料学科。目前该分析方法在日常表面分析工作中的份额约50%，是一种最主要的表面分析工具[10]，图3.29为X射线光电子能谱仪的照片。

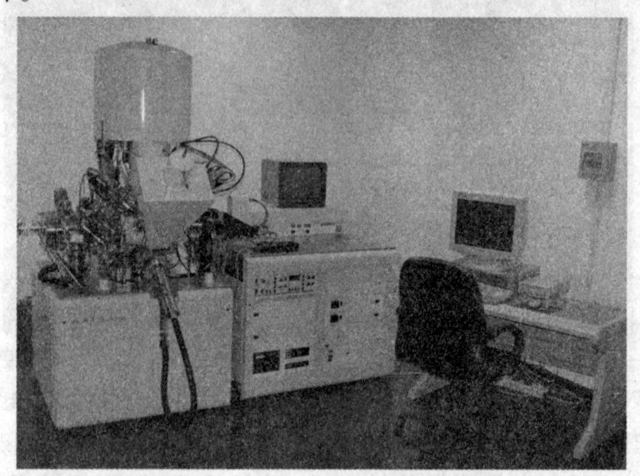

图3.29 英国KRATOS ANALYTICAL公司AXIS ULTRA型X射线光电子能谱仪

3.6.2 X射线能谱仪工作的基本原理

X射线能谱分析的基本原理：X射线能谱仪为扫描电镜附件，其原理为电子枪发射的高能电子由电子光学系统中的两级电磁透镜聚焦成很细的电子束来激发样品室中的样品，从而产生背散射电子，二次电子、俄歇电子、吸收电子、透射电子、X射线和阴极荧光等多种信息（电子束与样品的相互作用所产生的各种信息见图3.30）。若X射线光子由Si（Li）探测器接收后给出电脉冲讯号，由于X射线光子能量不同（对某一元素能量为一不变量）经过放大整形后送入多道脉冲分析器，通过显像管就可以观察按照特征X射线能量展开的图谱。一定能量上的图谱表示一定元素，图谱上峰的高低反映样品中元素的含量（量子的数目）这就是X射线能谱分析原理（见图3.31）。

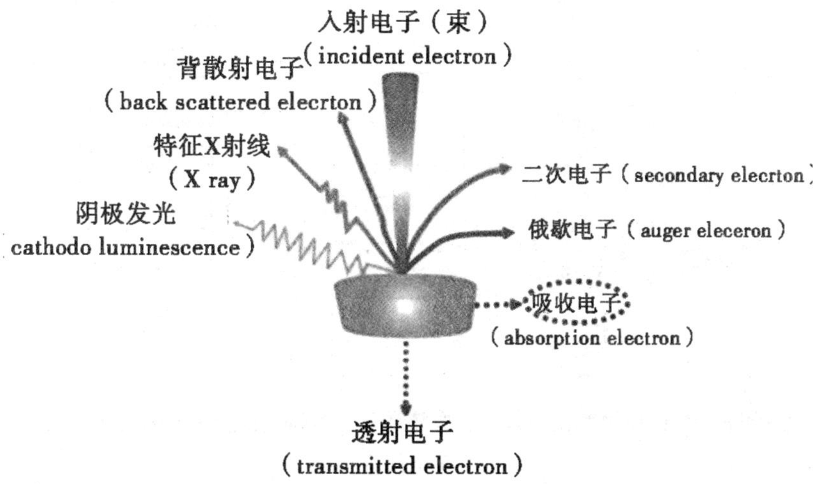

图 3.30　电子束与样品的相互作用产生信息示意图

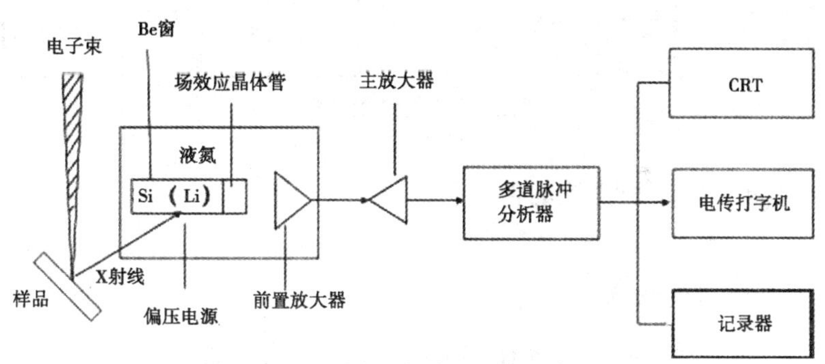

图 3.31　X 射线能谱分析仪示意图

3.6.3 X 射线能谱仪的结构

能谱仪的结构如图 3.32、图 3.33 所示[3]，它由半导体探测器、前置放大器和多道脉冲分析器组成。它是利用 X 射线光子的能量来进行元素分析的。X 射线光子由锂漂移硅 Si（Li）探测器接收后给出电脉冲信号，该信号的幅度随 X 射线光子的能量不同而不同。脉冲信号再经放大器放大整形后，送入多道脉冲高度分析器，然后根据 X 射线光子的能量和强度区分样品的种类和高度。

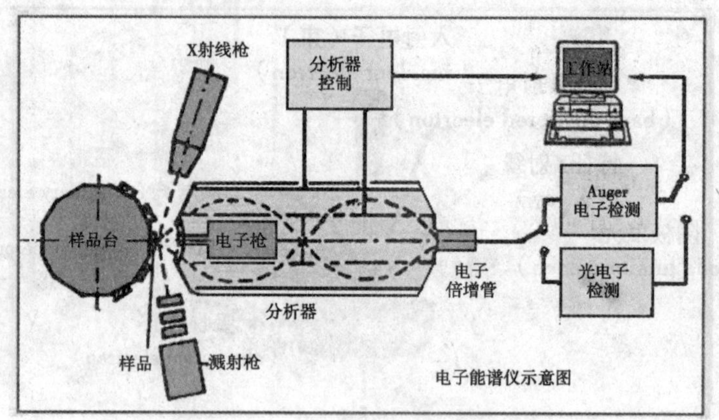

图 3.32 电子能谱仪主要由激发源、电子能量分析器、探测电子的监测器和真空系统等几个部分组成

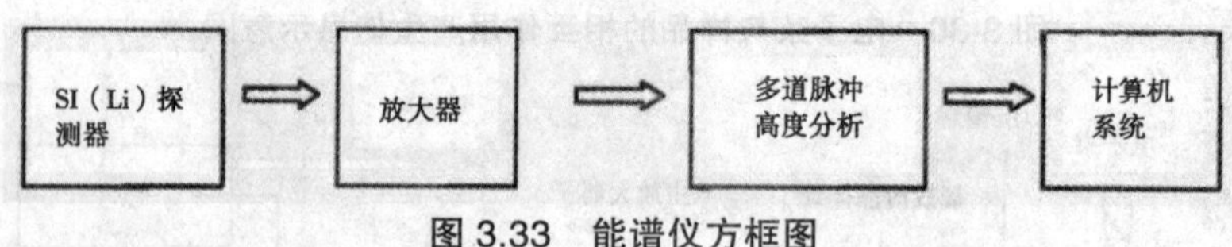

图 3.33 能谱仪方框图

3.6.4 X 射线能谱仪的特点 [4-6]

1. 能谱仪的优点

（1）能快速、同时对除 H 和 He 以外的所有元素进行元素定性、定量分析，几分钟内就可完成；可以直接测定来自样品单个能级光电发射电子的能量分布，且直接得到电子能级结构的信息。

（2）对试样与探测器的几何位置要求低：对试样的要求不是很严格；可以在低倍率下获得 X 射线扫描、面分布结果。

（3）能谱所需探针电流小，是一种无损分析：对电子束照射后易损伤的试样，例如生物试样、快离子试样、玻璃等损伤小。

（4）是一种高灵敏超微量表面分析技术。

2. 能谱仪的缺点

（1）分辨率低，比 X 射线波长色散谱仪的分辨率（~10 eV）要低十几倍。

（2）峰背比低（约为 100），比 X 射线波长色散谱仪的要低 10 倍，定量分析尚存在一些困难。

（3）Si（Li）探测器必须在液氮温度下保存和使用，因此要保证液氮的连线供应。

（4）不能分析Z小于11的元素，分辨率、探测极限以及分析精度都不如波谱仪。因此，它常常跟波谱仪配合使用。

3. 样品的前处理

射线光电子能谱仪对分析的样品有特殊的要求，在通常情况下只能对固体样品进行分析。由于涉及到样品在超高真空中的传递和分析，待分析的样品一般都需要经过一定的预处理。主要包括样品的大小，粉体样品的处理，挥发性样品的处理，表面污染样品及带有微弱磁性的样品的处理。

粉体样品有两种制样方法，一种是用双面胶带直接把粉体固定在样品台上，另一种是把粉体样品压成薄片，然后再固定在样品台上。前者的优点是制样方便，样品用量少，预抽到高真空的时间较短，缺点是可能会引进胶带的成分。在普通的实验过程中，一般采用胶带法制样。后者的优点是可在真空中对样品进行处理，如原位反应等，其信号强度也要比胶带法高得多。缺点是样品用量太大，抽到超高真空的时间太长。

含有挥发性物质的样品，在样品进入真空系统前必须清除掉挥发性物质。一般可以通过对样品加热或用溶剂清洗等方法。在处理样品时，应该保证样品中的成分不发生化学变化。样品有两种制样方法，一种是用双面胶带直接把粉体固定在样品台上，另一种是把粉体样品压成薄片，然后再固定在样品台上。

对于表面有油等有机物污染的样品，在进入真空系统前必须用油溶性溶剂如环已烷、丙酮等清洗掉样品表面的油污。最后再用乙醇清洗掉有机溶剂，对于无机污染物，可以采用表面打磨以及离子束溅射的方法来清洁样品。为了保证样品表面不被氧化，一般采用自然干燥。由于光电子带有负电荷，在微弱的磁场作用下，也可以发生偏转。当样品具有磁性时，由样品表面出射的光电子就会在磁场的作用下偏离接收角，最后不能到达分析器，因此，得不到正确的XPS谱。此外，当样品的磁性很强时，还有使分析器头及样品架磁化的危险，因此，绝对禁止带有磁性的样品进入分析室。一般对于具有弱磁性的样品，可以通过退磁的方法去掉样品的微弱磁性，然后就可以像正常样品一样分析[11, 12]。

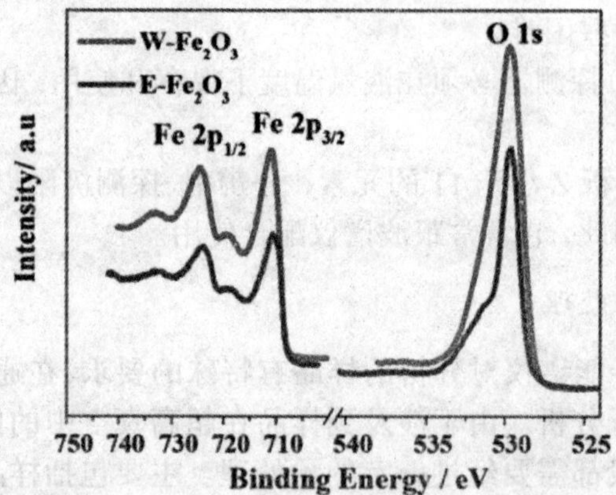

图 3.34 W–Fe_2O_3 和 E–Fe_2O_3 中 Fe 元素的能谱分析图谱 [3]

Zhenguo Wu 等 [3] 合成出 α–Fe_2O_3 多层核壳结构纳米材料后，为了进一步确定产物的组成，对样品进行了 XPS 光电子能谱测试。XPS 能够确定化合物中 Fe 元素、O 元素的化学状态。测试结果如图 3.34 所示，图中展示了 Fe2p 和 O1s 的精细图谱，W–Fe_2O_3 和 E–Fe_2O_3 的图谱类似，$Fe2p_{1/2}$ 位于 724.4 eV 处，$Fe2p_{3/2}$ 位于 711.0 eV 处，O1s 位于 529.7 eV 处，这和文献报道中的 Fe^{3+} 分析结果一致 [13, 14]。

3.7 FTIR 傅里叶 – 红外光谱仪

傅里叶 – 红外光谱仪可检验金属离子与非金属离子成键、金属离子的配位等化学环境情况及变化。光源发出的光被分束器(类似半透半反镜)分为两束，一束经透射到达动镜，另一束经反射到达定镜。两束光分别经定镜和动镜反射再回到分束器，动镜以一恒定速度作直线运动，因而经分束器分束后的两束光形成光程差，产生干涉。干涉光在分束器会合后通过样品池，通过样品后含有样品信息的干涉光到达检测器，然后通过傅里叶变换对信号进行处理，最终得到透过率或吸光度随波数或波长的红外吸收光谱图，仪器及其工作原理图如图 3.35 所示。

主要特点：

(1)信噪比高。傅里叶变换红外光谱仪所用的光学元件少，没有光栅或棱镜分光器，降低了光的损耗，而且通过干涉进一步增加了光的信号，因此到达检测器的辐射强度大，信噪比高。

(2)重现性好。傅里叶变换红外光谱仪采用的傅里叶变换对光的信号进行处理，避免了电机驱动光栅分光时带来的误差，所以重现性比较好。

（3）扫描速度快。傅里叶变换红外光谱仪是按照全波段进行数据采集的，得到的光谱是对多次数据采集求平均后的结果，而且完成一次完整的数据采集只需要一至数秒，而色散型仪器则需要在任一瞬间只测试很窄的频率范围，一次完整的数据采集需要 10 ~ 20 min。

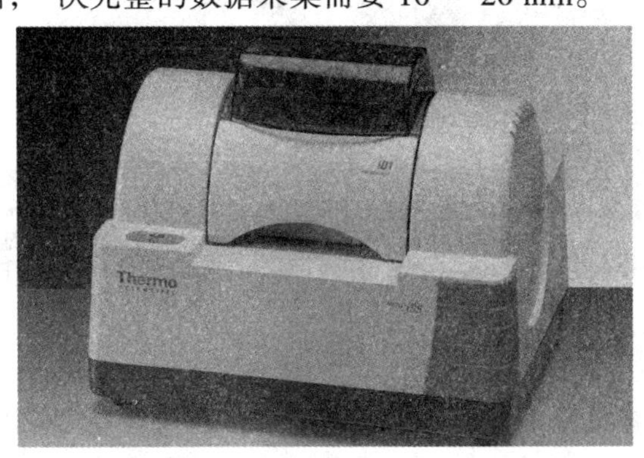

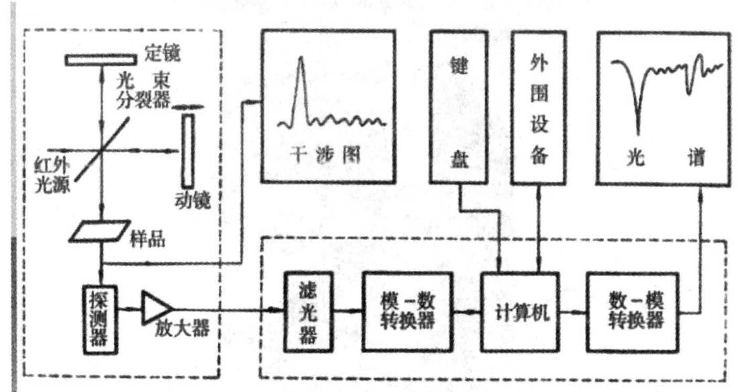

图 3.35　美国 Thermo Fisher Scientific 公司 Nicolet iS5 型红外光谱仪及其工作原理图

Nicolet iS5 型红外光谱仪操作流程见附录。

3.8　N_2 吸附脱附等温线分析和 BJH 孔径分析

N_2 吸附平衡等温线是以恒温条件下吸附质在吸附剂上的吸附量为纵坐标，以压力为横坐标的曲线。通常用相对压力 P/P_0 表示压力，P 为气体的真实压力，P_0 为气体在测量温度下的饱和蒸汽压。吸附平衡等温线分为吸附和脱附两部分。平衡等温线的形状与材料的孔组织结构有着密切的关系。图 3.36 为美国 Quantachrome 公司 NOVA e 型快速全自动比表面和孔径分布分析仪，图 3.37 为待测样填装的样品管。

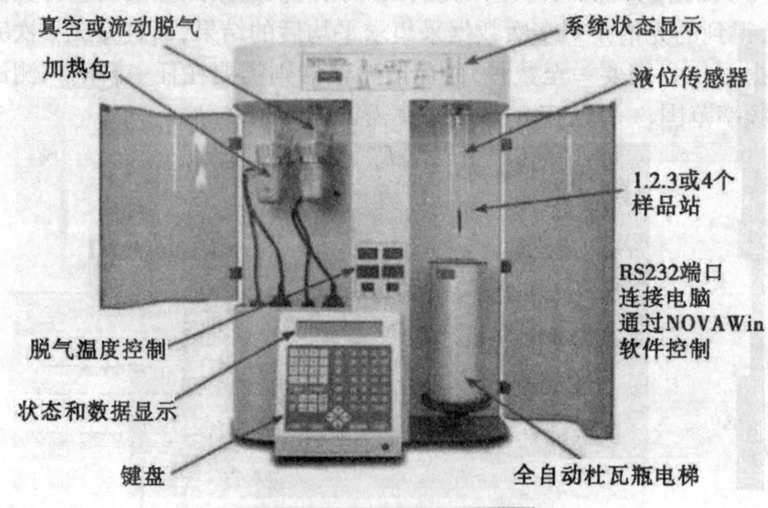

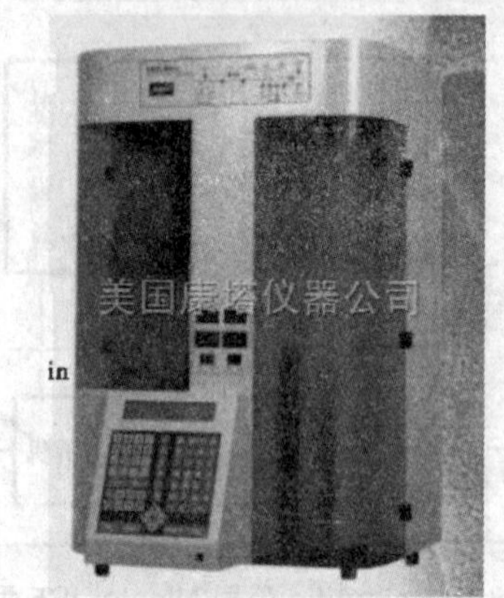

图 3.36　美国 Quantachrome 公司 NOVA e 型快速全自动比表面和孔径分布分析仪

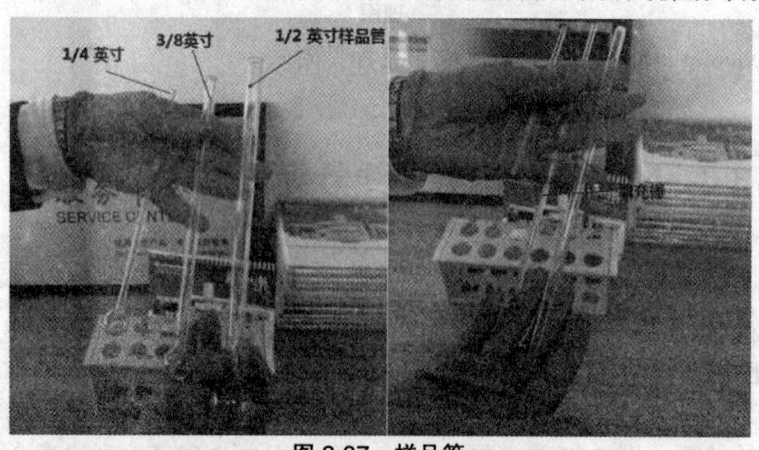

图 3.37　样品管

我们惯用的是IUPAC的吸附等温线6种分类，类型Ⅰ表示在微孔吸附剂上的吸附情况；类型Ⅱ表示在大孔吸附剂上的吸附情况，此处吸附质与吸附剂间存在较强的相互作用；类型Ⅲ表示为在大孔吸附剂上的吸附情况，但此处吸附质分子与吸附剂表面存在较弱的相互作用，吸附质分子之间相互作用对吸附等温线有较大影响；类型Ⅳ是有毛细凝结的单层吸附情况；类型Ⅴ是有毛细凝结的多层吸附情况；类型Ⅵ是表面均匀非多孔吸附剂上的多层吸附情况。毛细凝结现象，又称吸附的滞留回环，亦称作吸附的滞后现象。吸附等温曲线与脱附等温曲线的互不重合构成了滞留回环。这种现象多发生在介孔结构的吸附剂当中。

图3.38给出了由国际纯粹与应用化学联合会（IUPAC）提出的物理吸附等温线分类。

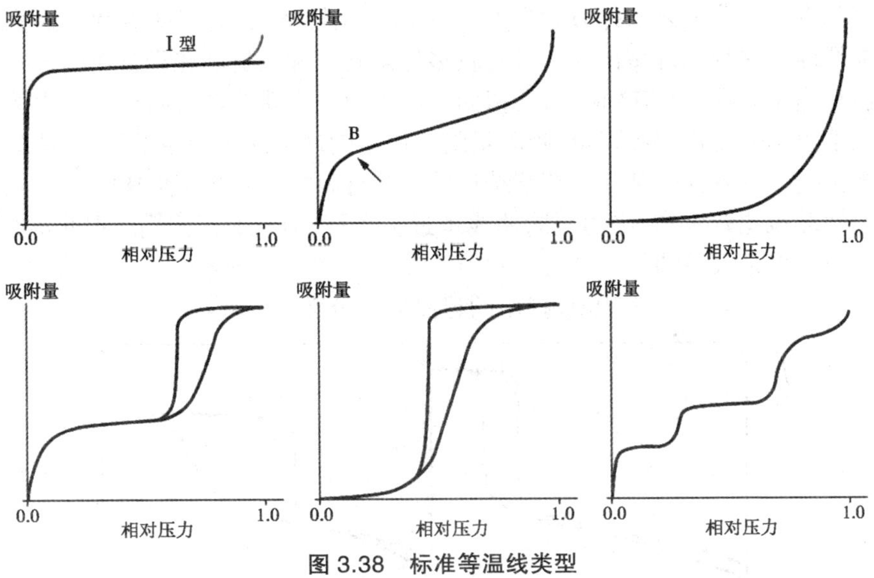

图3.38　标准等温线类型

Ⅰ型等温线的特点是，在低相对压力区域，气体吸附量有一个快速增长。这是由于发生了微孔填充过程。随后的水平或近水平平台表明，微孔已经充满，没有或几乎没有进一步的吸附发生。达到饱和压力时，可能出现吸附质凝聚。外表面相对较小的微孔固体，如活性炭、分子筛沸石和某些多孔氧化物，表现出这种等温线。

Ⅱ型等温线一般由非孔或宏孔固体产生。B点通常被作为单层吸附容量结束的标志。

Ⅲ型等温线以向相对压力轴凸出为特征。这种等温线在非孔或宏孔固体上发生弱的气－固相互作用时出现，而且不常见。

Ⅳ型等温线由介孔固体产生。一个典型特征是等温线的吸附分支与等温线的脱附分支不一致,可以观察到迟滞回线。在 P/P_0 值更高的区域可观察到一个平台,有时以等温线的最终转而向上结束。

Ⅴ型等温线的特征是向相对压力轴凸起。与Ⅲ型等温线不同,在更高相对压力下存在一个拐点。Ⅴ型等温线来源于微孔和介孔固体上的弱气-固相互作用,微孔材料的水蒸汽吸附常见此类线型。

Ⅵ型等温线以其吸附过程的台阶状特性而著称。这些台阶来源于均匀非孔表面的依次多层吸附。液氮温度下的氮气吸附不能获得这种等温线的完整形式,而液氩下的氩吸附则可以实现。

IUPAC 将吸附等温线滞留回环的现象分为 4 种情况。第一种 H1 情况,滞留回环比较窄,吸附与脱附曲线几乎是竖直方向且近乎平行。这种情况多出现在通过成团或压缩方式形成的多孔材料中,这种材料有着较窄的孔径分布；第二种 H2 情况,滞留回环比较宽大,脱附曲线远比吸附曲线陡。这种情况多出现在具有较多样的孔型和较宽的孔径分布的多孔材料当中；第三种 H3 情况,滞留回环的吸附分支曲线在较高相对压力作用下也不表现极限吸附量,吸附量随着压力的增加而单调递增,这种情况多出现在具有狭长裂口型孔状结构的片状材料当中；第四种 H4 情况,滞留回环也比较狭窄,吸附脱附曲线也近乎平行,但与 H1 不同的是两分支曲线几乎是水平的。

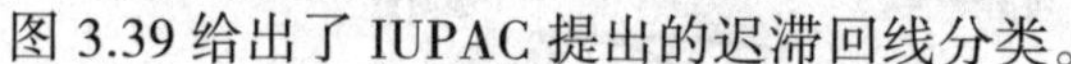
图 3.39 给出了 IUPAC 提出的迟滞回线分类。

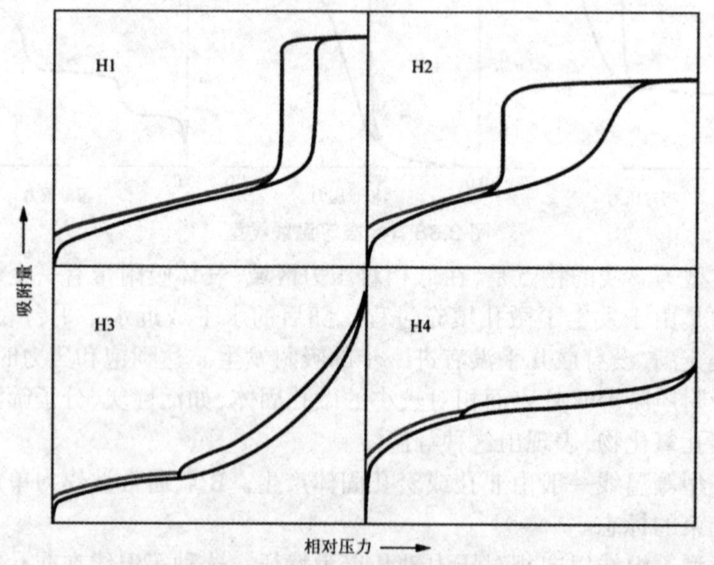

图 3.39　迟滞回线的标准类型

H1 型迟滞回线可在孔径分布相对较窄的介孔材料,和尺寸较均匀的球形颗粒聚集体中观察到。

H2 型迟滞回线由有些固体，如某些二氧化硅凝胶给出。其中孔径分布和孔形状可能不好确定，比如，孔径分布比 H1 型回线更宽。

H3 型迟滞回线由片状颗粒材料，如黏土或由缝形孔材料给出，在较高相对压力区域没有表现出任何吸附限制。

H4 型迟滞回线在含有狭窄的缝形孔的固体，如活性炭中见到，在较高相对压力区域也没有表现出吸附限制。

如 Zahra Padashbarmchi 等[2]制备出多层中空结构 α-Fe_2O_3 纳米材料，样品的结构性质由 N_2 吸附实验测定，所得结果如图 3.40 所示。从图中，多层核壳结构 α-Fe_2O_3 纳米材料展示出经典的Ⅳ型等温线形状，且具有 H1-型 loop 环，证明制备出的产物为介孔材料。由于多层核壳结构的壁是由纳米颗粒不规则堆积形成，测试所得比表面积 BET 值高达 38.1 m^2/g，孔体积为 0.17 cm^3/g，孔径分布围绕 20 nm 左右呈现较宽分布趋势。

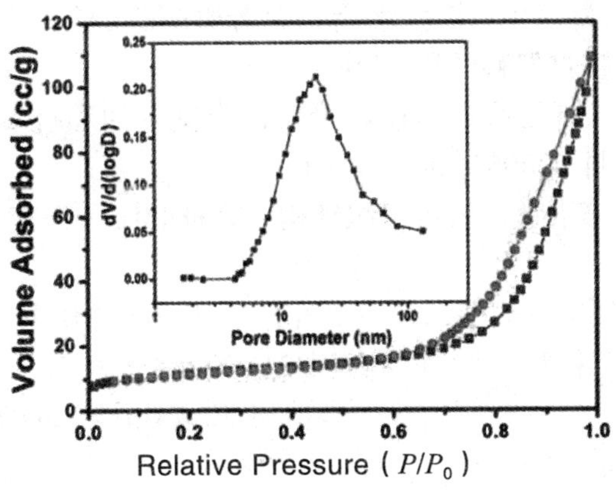

图 3.40 多层核壳结构 α-Fe_2O_3 纳米材料的 N_2 吸脱附等温线（内附图为孔径分布图）[2]

NOVA e 型快速全自动比表面和孔径分布分析仪测试步骤见附录。

参考文献

[1]Zhenguo Wu，Yanjun Zhong，Juntao Li，et al. L-Histidine-assisted template-free hydrothermal synthesis of α-Fe_2O_3 porous multi-shelled hollow spheres with enhanced lithium storage properties[J]. J. Mater. Chem. A，2014，2，12361

[2]Zahra Padashbarmchi, Amir Hossein Hamidian, Hongwei Zhang, et al. Systematic study on the synthesis of $\alpha-Fe_2O_3$ multi-shelled hollow spheres[J]. RSC Adv., 2015, 5, 10304

[3]Zhenguo Wu, Yanjun Zhong, Jie Liu, et al. Subunits controlled synthesis of $\alpha-Fe_2O_3$ multishelled core-shell microspheres and their effects on lithium/sodium ion battery performances[J]. J. Mater. Chem. A, 2015, 3, 10092

[4]Simeng Xu, Colin M. Hessel, Hao Ren, et al. $\alpha-Fe_2O_3$ multi-shelled hollow microspheres for lithium ion battery anodes with superior capacity and charge retention[J]. Energy Environ. Sci., 2014, 7, 632

[5] 孙利杰 . 热分析方法综述 [J]. 科技资讯,2007,(09): 17

[6] 田共有,苗蓉丽,肖亚洲 . 热分析技术在区分常用尼龙材料中的应用 [J]. 理化检验(物理分册),2009,(01)

[7] 盛寿日,蔡明中,宋才生,等 . 聚芳醚酮酮的热分解动力学 [J]. 江西师范大学学报(自然科学版),1998,(04)

[8] 薛卫国 . 加压差式扫描量热仪评定基础油和抗氧剂的氧化性能 [J]. 合成润滑材料, 2005,(04): 11-14

[9] 戎咏华,姜传海 . 材料组织结构的表征 [M]. 上海交通大学出版社,2012

[10] 王文瑛 .X 射线能谱仪及其在地质研究工作中的初步应用 [J]. 中国地质科学院矿床地质研究所刊,1982,(02): 95-105

[11] 谢景林 .X 射线光电子能谱仪应用 [J]. 现代仪器,2009,15(5): 16-21

[12] 吴正龙 . 现代 X 光电子能谱仪简介 [J]. 中国现代教育设备,2007,(10): 9-10

[13]H. Xia, W. Xiong, C. K. Lim, et al. Hierarchical TiO_2-B nanowire@$\alpha-Fe_2O_3$ nanothorn core-branch arrays as superior electrodes for lithium-ion microbatteries[J].NanoRes., 2014, 7, 1797-1808

[14]Q. Wu, G. Wu, L. Wang, et al. Facile synthesis and optical properties of Prussian Blue microcubes and hollow Fe_2O_3 microboxes[J]. Mater. Sci.Semicond. Process., 2015, 30, 476-481

第 4 章　氧化铁纳米材料的研究进展与展望

能源是近几十年来最重要和最热门的研究课题之一。随着化石燃料的快速消耗和环境危机的爆发,可再生清洁能源已引起世界各国的广泛关注。太阳能、风能、潮汐能等清洁能源可用于发电,因此得到了广泛的研究。然而,这些清洁能源存在着能源不稳定的致命缺陷。需要增加一个高能量密度的存储系统,以实现智能电网中的高峰和山谷的切割效果。

锂离子电池和超级电容器作为便携式电子设备和电动汽车的电源有着巨大的应用潜力。它们的性能很大程度上取决于电极材料的性能。为开发具有先进电化学性能的新型电极材料,研究学者进行了大量的尝试。铁基材料具有理论比容量高、成本低、无毒等优点,被认为是极有前途的阳极材料。然而,导电率低和循环稳定性差是困扰铁基材料的两个主要问题。设计合成纳米材料已经成为解决锂离子电池和超级电容器中这些基本问题的一个有希望的解决方案。

石墨碳是锂离子电池的传统阳极材料,其比容量为 372 $mAh \cdot g^{-1}$,循环寿命有限。因此,高容量、循环寿命长、高安全性的新型阳极材料的研究备获青睐,研究学者在硅、金属合金和过渡金属氧化物等高容量替代阳极材料的研究方面取得了显著成就。Si 及其合金材料虽然具有较高的理论比容量,但在锂的插层/脱嵌过程中会发生较大的体积变化。例如,硅电极插入锂后的体积膨胀率可达 400%。作为过渡金属之一,铁基材料被认为是锂离子电池和超级电容器最有前景的阳极材料之一。首先,它具有多种价态(Fe^0, Fe^{2+} 和 Fe^{3+})来提供富氧化还原对,如 Fe^0/Fe^{2+}, Fe^0/Fe^{3+} 和 Fe^{2+}/Fe^{3+}。因此,铁基材料比石墨碳电极具有更高的理论容量。其次,铁基材料在负电位下具有稳定而宽的工作窗,因而非常适合于高性能的非对称超级电容器的制备。此外,铁是地壳中最丰富的过渡金属。此外,它的成本价格大致相当于商业活性炭,从而使它在经济上可以大规模应用。最后,与其他过渡金属氧化物/氢氧化物相比,它的毒性更小、更环保。因此,在过去的五年里,许多关于铁基纳米材料的合成和应用的论文已经发表。

然而,铁基材料作为一种电极材料,其导电性和循环稳定性较差。人们已经认识到，纳米材料可能是解决这些问题的一个有希望的方法。纳米材料已经被研究了几十年，并取得了巨大的成就，特别是在设计和制备可控纳米结构材料方面。目前，各种铁基纳米结构材料的制备已经发展起来，如一维结构（纳米线、纳米管、纳米棒）、二维纳米片和三维结构（纳米球、空心纳米结构、花状纳米结构、阵列）。采用溶胶－凝胶法、化学气相沉积法、静电纺丝法、水/溶剂热法、电化学沉积法、喷雾裂解法、爆轰法、腐蚀法和电子束沉积法等多种方法可获得这些纳米结构。

4.1 氧化铁纳米结构材料的合成

4.1.1 Fe_2O_3 纳米材料的制备

1. 一维 Fe_2O_3 纳米材料的制备

在各种铁基材料中，Fe_2O_3 以其理论比容量高、资源丰富、环境相容性好等优点，作为锂离子电池和超级电容器的阳极，受到了广泛的关注。制备 Fe_2O_3 纳米结构的方法有水/溶剂热法、电纺丝法、喷雾热解法、溶胶－凝胶法、气相沉积法和电沉积法等。但是，所制得产物的电导率差，体积膨胀，且易发生颗粒团聚。而纳米结构的控制合成已被证明是解决这些问题的有效方法。

（1）Fe_2O_3 纳米棒。采用溶液法、静电纺丝法和电化学沉积等多种方法可以合成 Fe_2O_3 纳米棒。Kim 等人[60]采用电化学沉积法在碳纳米纤维表面沉积和生长 Fe_2O_3 纳米棒，经 400℃煅烧得到 Fe_2O_3 纳米棒。结果表明，沉积过程中纳米棒的长度随电流密度的增加而增大。Cherian 等[57]通过静电纺丝和热处理制备了 Fe_2O_3 纳米棒。在聚乙烯吡咯烷酮（PVP）乙醇溶液中加入乙酰丙酮铁 $Fe(acac)_3$，形成 $PVP/Fe(acac)_3$ 复合前驱体。电纺 $PVP/Fe(acac)_3$ 纳米棒在空气中煅烧 500℃，制得 Fe_2O_3 纳米棒。其平均直径为 150 nm。结构分析表明，这些 Fe_2O_3 纳米棒是通过 Fe_2O_3 纳米颗粒组装形成的。

近年来，水热法已被广泛应用于纳米棒的制备。Balogun 等人[58]采用水热法制备了 α-Fe_2O_3 纳米棒。利用水热处理 $FeCl_3$ 和 Na_2SO_4 前驱体溶液，在炭布上沉积了 α-Fe_2O_3 纳米棒，α-Fe_2O_3 纳米棒为单晶，直径为 100~150 nm，垂直生长在碳纤维上。Chen 等人[16]用水热法，用 $FeCl_3$ 和 NaOH 前驱体溶液，获得了（001）晶面和（010）晶面的 Fe_2O_3 纳米棒。

得到的 Fe_2O_3 纳米棒具有非常均匀的尺寸分布，平均长度约为 496 nm，其宽度和厚度分别为 50 nm 和 15 nm，如图 4.1 所示。样品的比表面积为 26.81 $m^2 \cdot g^{-1}$，且比表面积大于 Fe_2O_3 纳米片。

图 4.1　Fe_2O_3 纳米棒的 SEM 照片及 TEM 照片[16]

纳米棒的晶体结构对其电化学性能有着重要的影响。控制纳米棒的形貌是改善 Fe_2O_3 电极材料电化学性能的有效方法。Chaudhari 等[84]以硫酸亚铁（$FeSO_4 \cdot 7H_2O$）和乙酸钠（CH_3COONa）为原料，采用湿化学法合成多孔 Fe_2O_3 纳米棒。以 CH_3COONa 为沉淀剂，在反应过程中缓慢释放氢氧化物离子，以控制纳米棒的生长速度。采用 1,2- 丙二胺辅助水热法制备了宽径比大于 10 的均匀 α-Fe_2O_3 纳米棒。结果表明，1,2- 丙二胺不仅在 Fe_2O_3 纳米棒的形成过程中提供了 OH^-，而且在决定纳米棒的形貌方面也起着重要的作用。形貌控制剂通过调节二胺基上的取代基来影响电子密度及空间相互作用，从而促进了生长过程中对晶体形态的控制。Srinivasan 组[85]研究了乙二胺、N- 甲基乙二胺、2,3- 二氨基丁烷、1,2- 二氨基丙烷等不同邻苯二胺衍生物对 α-Fe_2O_3 纳米棒形成的控制作用。由于电子云密度增强（M 效应）和空间位阻效应，取代基（H，H_3C）的位置和数量影响铁物种的定向结构形成，1,2- 二氨基丙烷的形态控制能力最强。制备的纳米棒平均长度约 390 nm，纵横比约 5.0。在这种情况下，同一胺基团上的 H_3C- 基团可增加电子云密度（M 效应），增强铁物种的螯合能力，同时减少了空间位阻。结果表明：按照 1,2- 二氨基丙烷

>乙二胺≥2,3-二氨基丁烷>N-甲基乙二胺的顺序,基团的形态控制能力逐渐下降。通过选择不同形貌控制剂和调节Fe^{3+}浓度,可以将Fe_2O_3纳米棒的长度控制在240–400nm,纵横比为2.6–5.7。测试结果表明,长度为240–280 nm,长径比为2.6–3.0的Fe_2O_3纳米棒表现出最佳的电化学性能。

(2)Fe_2O_3纳米线。Fe_2O_3纳米线主要用于生物催化和传感器。近年来,它们被用作锂离子电池和超级电容器的电极材料。采用化学沉淀法等传统方法可以有效地合成Fe_2O_3纳米线,如图4.2 a ~ b所示。Wang课题组[2]将$FeCl_3$溶液与$NaBH_4$水溶液混合形成沉淀,在500℃退火后形成具有核壳结构的Fe/ Fe_2O_3纳米线。Fe/Fe_2O_3纳米线的长度在几微米到几十微米之间,直径在80~130 nm之间。纳米线的壳层厚度约为4.0 nm。Lu课题组[29]采用静电纺丝法制备了掺杂Pt的Fe_2O_3纳米线。Fe_2O_3纳米线含有一定的微孔,直径约100 nm。如图4.2 c ~ d所示,Pt掺杂对纳米线的形貌有显著影响。随着Pt含量的增加,纳米粒子变得越来越致密,使得纳米线的孔隙率逐渐减小,但壁上的裂纹更加明显。Sivakumar课题组[86]以乙酰丙酮铁为前驱体,聚乙烯吡咯烷酮为原料,采用静电纺丝法合成了Fe_2O_3多孔纤维。纳米纤维的直径为700~750 nm,比表面积约为61 $m^2 \cdot g^{-1}$,平均孔径为5.7 nm,孔隙体积为0.087 $cm^3 \cdot g^{-1}$。

生物激励方法是合成纳米材料的一种新方法。采用生物激发气液扩散法在空气–水界面上合成了层状FeOOH纳米结构阵列。Huang及其同事[15]在空气–溶液界面采用生物激发气体–离子扩散法制备了Fe_2O_3纳米线网络@石墨烯透明膜。在反应过程中,NH_3蒸发并扩散到硫酸亚铁溶液中。在气液结合位点,NH_3与硫酸亚铁反应生成黄色膜,过量的NH_3继续扩散到溶液中,与表层下面的硫酸亚铁溶液发生反应,纳米线即从此开始向溶液中生长。反应结束后得到直径为10.5 nm的Fe_2O_3纳米线。薄而透明的石墨烯包覆Fe_2O_3纳米线层后,仍有许多孔存在,如图4.2 e ~ f所示。

以现有纳米线为模板,在纳米线表面涂覆金属氧化物溶液,即制备金属氧化物纳米线。Zhang的团队[88]用静电纺丝法在碳纤维表面合成了Fe_2O_3纳米纤维。Geng及其合作者[1]在银纳米线表面合成了一层Fe_2O_3,形成了类似于同轴电缆结构的Ag@Fe_2O_3纳米粒子。随着铁源浓度的增加,Fe_2O_3纳米片变得均匀致密,厚度也随之增大。图4.2 g ~ h描述了Ag纳米线和Ag@Fe_2O_3纳米线的SEM和TEM图像。

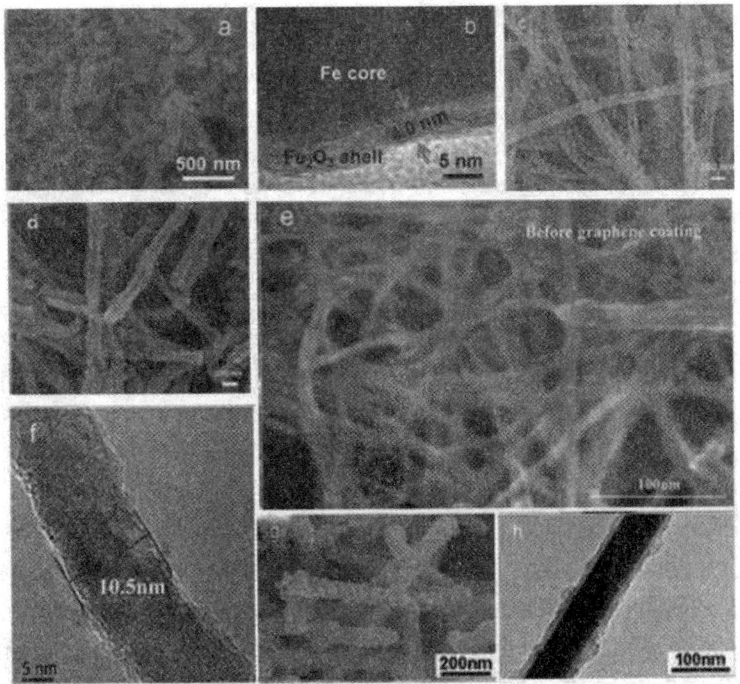

图 4.2　不同样品的 SEM 照片和 TEM 照片[1, 2, 15, 29,]

（3）Fe_2O_3 纳米管。模板法是制备纳米管最常用的方法。在纳米金属丝表面制备 Fe_2O_3 涂层后，刻蚀金属丝模板形成纳米管。Chen 等人[89]用阳极铝膜为模板制备了 $Fe(NO_3)_3$ 前驱体，制备了 Fe_2O_3 纳米管。用 $Fe(NO_3)_3 \cdot 9H_2O$ 溶液浸渍后，真空干燥，退火。溶液浸渍和退火两次。用 NaOH 溶液作为蚀刻剂去除氧化铝模板。制备工艺可以很好地复制模板形貌。Fe_2O_3 纳米管由氧化铝基体有序排列。同样，Fe_2O_3 纳米管的长度是模板通道的高度即 60 μm。Geng 及其合作者[1]在银纳米线表面合成了一层 Fe_2O_3，形成了类似于同轴电缆结构的 $Ag@Fe_2O_3$ 纳米粒子。当 Ag 被氨水腐蚀时，$Ag@Fe_2O_3$ 纳米粒子被转化为空心的 Fe_2O_3 纳米管。图 4.3 a ~ b 显示了具有代表性的 Fe_2O_3 纳米管的 SEM 和 TEM 图像。Ma 及其合作者[14]以 MoO_3 纳米棒为模板合成了 FeOOH 纳米管。通过调节 Fe^{3+} 与 MoO_3 的摩尔比和 Fe^{3+} 的水解温度，可以得到不同厚度、不同直径的纳米管。煅烧后，FeOOH 纳米管转变为壁厚为 50~128 nm 的 Fe_2O_3 纳米管，如图 4.3c 所示。当 Fe^{3+} : MoO_3 的摩尔比为 2 : 1，Fe^{3+} 的水解温度为 70℃时，得到的 α-Fe_2O_3 纳米管由直径为 10 nm 的纳米粒子组成，如图 4.3d 所示。Fe_2O_3 纳米管的 BET 比表面积高达 149 $m^2 \cdot g^{-1}$。

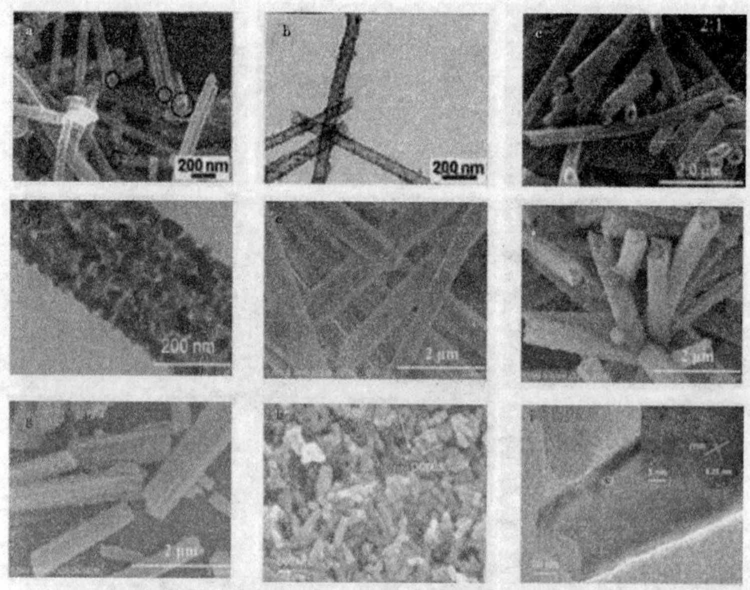

图 4.3　不同样品、不同反应物添加量产物的 SEM 照片及 TEM 照片[1, 14, 33, 48]

牺牲模板法是一种制备纳米管的方法。例如，以 Cu 纳米线为牺牲模板，用取代反应法制备了 Fe_2O_3 纳米管，所得 Fe_2O_3 纳米管很好地复制了 Cu 纳米线结构。Fe_2O_3 纳米管的直径在 50~100 nm 之间，壁厚在 10 nm 左右。尽管纳米管很薄，但壁厚非常均匀，具有良好的结构稳定性。GU[33] 等人选择 $FeC_2O_4 \cdot 2H_2O$ 纳米棒前驱体作为自我牺牲模板，制备了均匀的 Fe_2O_3 纳米管。在 FeOOH 纳米管的生长过程中，采用 $FeC_2O_4 \cdot 2H_2O$ 纳米棒前驱体作为原料和初始骨架。通过热处理将 FeOOH 纳米管转化为分级 Fe_2O_3 纳米管。Fe_2O_3 纳米管良好地继承了前驱体的形貌和尺寸。Fe_2O_3 纳米管经煅烧后仍保持管状形貌，无崩塌现象。许多纳米片随机分布在 Fe_2O_3 纳米管表面，如图 4.3 e ~ g 所示。管状结构和高比表面积允许电极材料提供更多的电活性位点和更大的扩展性，以减轻充放电循环中的体积变化。

除了模板法外，还有其他方法可以用来制备 Fe_2O_3 纳米管，如水热法和溶液浸渍法。利用 $NH_4H_2PO_4$ 溶液，Lee 等人[59] 用水热法制备了 Fe_2O_3 纳米管，得到的纳米管平均长度约为 370 nm，壁厚在 15~40 nm 之间。Xiang 等[48] 采用水热和生物刺激方法合成了 Fe_2O_3 纳米管，以单宁酸为涂层剂，在水热法合成的 Fe_2O_3 纳米管表面制备了复合涂层。Fe_2O_3 纳米管的长度为 300~400 nm，外径约为 90 nm，如图 4.3 h ~ i 所示。如箭头所示，图 4.3 h 中可观察到 Fe_2O_3 纳米管中含有孔隙。

2. 二维 Fe_2O_3 纳米结构材料

二维纳米片的横向尺寸至少比厚度大两个数量级，这很好地结合了零维和一维纳米结构的优点。二维纳米片具有独特的力学性能，可以起皱、扭曲甚至折叠成三维纳米结构。因此，二维纳米片具有缓冲锂离子的锂 / 脱硫体积变化的能力[91]。此外，纳米片具有较大的比表面积和较短的锂离子扩散路径。它们还在各层之间提供二维传输通道，以便电子的假灵敏存储[92]。这些表面特殊的电子结构使纳米薄膜非常适合于能源器件，因此近年来引起了许多兴趣。

Hen 课题[16]采用水热法制备（001）面曝光的 Fe_2O_3 纳米片。在 80 次循环中，纳米结构的放电容量为 865 $mAh \cdot g^{-1}$，比 Fe_2O_3 纳米棒的放电容量（456 $mAh \cdot g^{-1}$）提高了 90%。首先，伟晶岩的（001）面具有较高的填充密度和密度，这是决定高电化学性能的关键因素。相比较而言，（010）面是纳米棒中主要暴露的晶面，其（010）面与（001）面的比值为 77：23。（001）面在纳米片中所占的比例几乎为 100%。其次，Fe_2O_3 纳米片的电荷转移电阻为 53 Ω，小于 Fe_2O_3 纳米棒的电荷转移电阻（179 Ω）。结果表明，Fe_2O_3 纳米片提供了更多的导电途径，降低了 Li 的迁移阻力。最后，根据恒电位间歇滴定数据，纳米片的平均 DLI 值为 $2.2 \times 10^{-10}\ cm^2 \cdot s^{-1}$，比纳米棒的数值提高了 15.7%。高动力学参数决定了放电循环的稳定性和速率能力。

由于 Fe_2O_3 晶体的各向异性结构，可以扩大（001）面的曝光范围，控制 Fe_2O_3 纳米结构沿 [001] 方向的生长。采用水 / 溶剂热、模板辅助和酸蚀等方法，沿 [001] 方向生长具有优先暴露（001）面的 Fe_2O_3 纳米片。Lu[96] 等人以 NaAc 为对照，采用水热法制备 Fe_2O_3 纳米圆盘。众所周知，Fe^{3+} 的水解产生 H^+，如方程所示。①当 $FeCl_3$ 溶液中 H^+ 浓度足够高时，$Fe(H_2O)_6^{3+}$ 的水解受到抑制。没有 NaAC 的存在，水热过程产生的 Fe_2O_3 核数较少，晶体生长非常快。在 NaAC 存在下，溶液中发生了两个平衡反应，如方程②和③所示。随着 NAAC 用量的增加，原有的平衡被打破。H^+ 的浓度降低，OH^- 的浓度增加。那么方程①向正向移动，即发生赤铁矿沉淀，从而产生大量的核团。因此，晶体的尺寸相对较小，呈六角形的纳米圆盘，外露（001）面，厚度仅为 27 nm。OH^- 和 H^+ 的浓度对最终产物的形貌有显著的影响。

$$2Fe(H_2O)_6^{3+} \leftrightarrow Fe_2O_3 + 6H^+ + 12H_2O \quad ①$$

$$CH_3COO^- + H^+ \rightarrow CH_3COOH \quad ②$$

$$CH_3COO^- + H_2O \leftrightarrow CH_3COOH + OH^- \quad ③$$

研究表明,通过引入外来物质或离子来控制 Fe_2O_3 纳米晶的定向生长是可行的。例如,Al^{3+} 和 Ni^{2+} 离子已被证明是合适的晶体生长控制剂。金等[6]用水热法合成了厚度为 1.3 nm 的 Fe_2O_3 纳米片,如图 4.4 a ~ b 所示。研究发现,Al^{3+} 的加入对 Fe_2O_3 纳米片的形成起着至关重要的作用。无 Al^{3+} 存在的 Fe_2O_3 纳米粒子形态不规则。当 Al^{3+} 离子加入时,它们会被吸附在 Fe_2O_3 纳米粒子的(001)表面上。因此,Fe_2O_3 纳米粒子优先沿[100]方向生长,而 Ni^{2+} 离子辅助熔盐法制备 Fe_2O_3 六方纳米板则抑制了(001)的生长。通过控制 Ni^{2+} 含量,可以调整 Fe_2O_3 纳米板的厚度和形貌。Ni^{2+} 离子通过与 O 原子的配位键吸附在(001)面上,使其沿(001)面生长较慢。如图 4.4 c ~ d 所示,随着 Ni^{2+} 含量的增加,纳米片层变得越来越均匀,片状物的边缘越来越尖锐,纳米板的厚度从 300 nm 迅速减小到 50 nm。

除了在溶液中直接合成外,还采用模板法和底物法制备了二维 Fe_2O_3 纳米结构。刘等[51]用 Al_2O_3 为牺牲层制备了 Fe_2O_3 纳米薄膜。在玻璃衬底上依次沉积 Al_2O_3 薄膜和 Fe 纳米膜。然后用 NaOH 水腐蚀 Al_2O_3 牺牲层,得到 Fe 纳米膜。在空气中退火 450℃后,得到了厚度为 103 ~ 165 nm 的二维 Fe_2O_3 纳米结构 / 纳米 Fe_2O_3 纳米膜,其表面相对粗糙,这是由于纳米粒子的组装所致。由于内部差异应力的存在,Fe_2O_3 纳米薄膜易发生起皱和弯曲。预计这种结构特征将非常有效地缓冲嵌锂 – 脱锂诱导的应变。吴的团队[46]利用水热法在 Ni 泡沫衬底上合成了多刺的 Fe_2O_3 纳米片状结构。如图 4.4 e 所示,所合成的多刺 Fe_2O_3 样品由大量的纳米片组成,其厚度为纳米级。

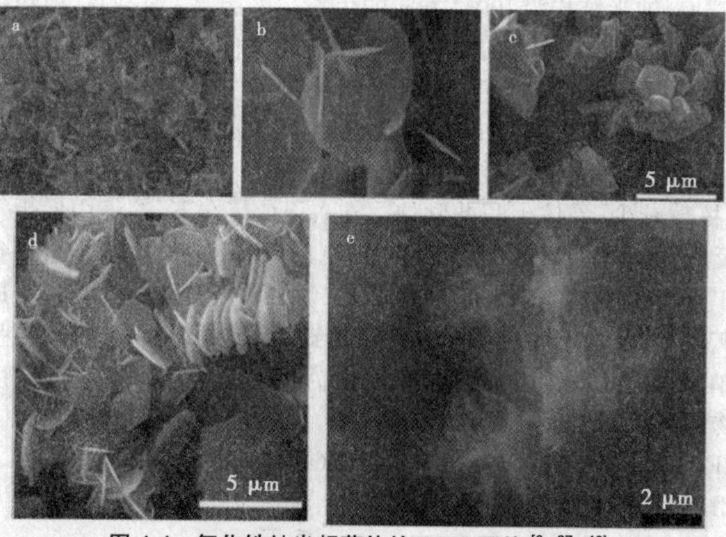

图 4.4 氧化铁纳米超薄片的 SEM 图片[6, 27, 46]

3. 三维 Fe_2O_3 纳米结构材料

三维 Fe_2O_3 纳米结构的合成在开放的文献中得到了广泛的报道。采用不同的合成方法，合成了球形纳米结构、空心纳米结构、纳米阵列、花状纳米结构和微盒结构等三维 Fe_2O_3 纳米结构。

（1）球形结构 Fe_2O_3 纳米材料。三维球形纳米结构不仅在锂离子电池和超级电容器中得到了广泛的应用，而且在水处理和传感器等领域也得到了广泛的研究。

①模板法制备球形结构 Fe_2O_3 纳米材料。模板合成是一种简单而稳定的制备球形纳米结构的方法。通过选择特定的模板，可以方便地控制最终产品的形状、大小和均匀性。一般来说，模板的合成主要包括四个步骤：①模板的合成，②模板表面的修饰，③设计材料的沉积，④模板的删除。每一步都很重要，但它们的重要性略有不同。例如，在模板表面引入官能团的第二步可以有效地解决模板表面与壳体材料之间的不相容问题。第三步要求在微纳米级壳材料上有效地沉积所设计的材料，这通常被认为是最具挑战性的一步。模板表面改性的第二步和表面沉积的第三步可以同时进行，在模板表面形成致密的涂层。

Li 课题组[20]报道了用 Ag@C 纳米球模板合成 Ag-Fe_2O_3 空心球。经测试分析，Ag@C 模板的直径为 650~700 nm，每个球由厚度为 230 nm 的碳壳和直径为 150 nm 的银芯组成。制备了 Ag-Fe_2O_3 空心球，并对其进行了退火处理。Ag-Fe_2O_3 纳米球的直径约为 600 nm，与 Ag@C 模板球的直径基本相同。Ag-Fe_2O_3 空心纳米球表面覆盖着大量的 Fe_2O_3 纳米棒，其长度为 60~70 nm，宽度为 30~40 nm。此外，Ag 核被分解成 10 nm 左右的纳米粒子，并且均匀分布在 Fe_2O_3 球的表面。Hen 课题组[61]通过热解 Fe 基沸石咪唑骨架（Fe-ZIF）制备了掺氮空心碳球 / 超细 Fe_2O_3 纳米粒子。Fe-ZIF 前驱体由 Fe^{2+} 和 2-甲基咪唑键合物组成，当 Fe-ZIF 前驱体在空气中经 620℃退火后，2-甲基咪唑键合物转变为氮掺杂碳作为碳源和氮源。同时，Fe^{2+} 离子被氧化生成 Fe_2O_3 纳米粒子，在氮掺杂的碳网络中均匀分散。这种独特的结构可以有效地防止 Fe_2O_3 纳米粒子的团聚。此外，Fe 原子起到催化剂的作用，促进含碳连接物的快速碳化，形成中空结构。用这种 Fe_2O_3 纳米球作为锂离子电池电极材料时，空心结构可以作为锂离子和电解质的储集层，有效地容纳了大量的体积变化，缩短了锂离子扩散和电子转移的路径。

与传统模板相似，牺牲模板也是控制球体结构取向、确定球体形状和尺寸的有效方法。然而，显著的区别在于牺牲模板在反应过程中被部分或完全消耗掉。牺牲模板法通过牺牲模板本身形成外壳结构，从而可以省略额外的表面功能化步骤。因此,这种方法通常被认为是更有效的,特别是当模板在壳形成过程中完全耗尽时。这些特点在各种空心球形结构纳米材料的制备中得到了广泛的应用。为了解空心球的牺牲模板合成过程,可以提出许多特殊的形成机制,如 Kirkendall 和电流置换效应。

Yan 课题组 [99] 通过与 CuO 纳米球的电偶置换反应合成了 $\alpha-Fe_2O_3$ 分级空心球。将 CuO 纳米球和 $FeCl_2$ 混合在溶液中,在高压釜中密封,在 170℃下保存 30 min。在此过程中,用 Fe 离子取代 CuO 纳米球中的 Cu 原子形成空心 $\alpha-Fe_2O_3$ 纳米球。Cho 等人 [17] 使用喷雾热解和纳米尺度 Kirkendall 扩散效应相结合的方法合成了新型结构“空心纳米球团聚体”。

②无模板合成球形结构 Fe_2O_3 纳米材料。微球的模板合成通常涉及复杂的合成过程,因此成本较高。此外,模板残留物也会影响制备材料的活性。因此,人们发展了各种无模板的方法来制备复杂的微球结构。水热法制备空心纳米球是基于 Ostwald 熟化过程。水热溶液中的纳米粒子聚集成球形,以降低表面总能量。生长过程是不断消耗小晶体或粒子,从而导致形成较大的纳米球。Chai 等 [113] 采用一步水热法合成了 Fe_2O_3@C 纳米球(~ 50 nm)。在碳纳米球中嵌入了细小的 Fe_2O_3 纳米晶(~ 8nm)。这些 Fe_2O_3 纳米晶由于尺寸小、结晶性好,可以保证电子和离子的较短扩散距离。此外,碳壳层不仅具有较高的电导率,而且还能缓嵌锂 / 脱锂过程中的体积膨胀或收缩。溶剂热法是在水热法的基础上发展起来的,它使用有机溶剂而不是水。Zhu 和 Xu 等 [114] 采用溶剂热反应和热氧化相结合的方法,制备了由 52 nm 纳米晶组成的 Fe_2O_3 纳米晶微球。采用无表面活性剂溶剂热法和前驱热转化相结合的方法制备了 Fe_2O_3 介孔微球。$Fe(NO_3)_3$ 和酒石酸溶于二甲基甲酰胺(DMF)。在 160℃条件下反应 8 h 后,制得酒石酸亚铁($C_4H_4O_6Fe$)前驱体微球。在 320℃的空气中进一步煅烧了前兆杂多微球,得到了 $\gamma-Fe_2O_3$ 介孔微球,制备的 $\gamma-Fe_2O_3$ 介孔微球比表面积为 $138.6\ m^2 \cdot g^{-1}$。

根据以往的研究,氨水、L- 精氨酸和氢氧化钠都被用作水解控制剂,导致纳米多面体、纳米粒子和纳米片状 [115, 116]。张的研究小组 [105] 开发了以赖氨酸为水解控制剂的多级多孔 Fe_2O_3 微球。众所周知,分子结构中的氨基和羧酸基团的数量决定了氨基酸的 pH 值。赖氨酸分子包括两个氨基酸和一个羧酸基团。赖氨酸由于其 pH 值在 7 以上,可作为水热过程中控制 Fe_2O_3 生成的水解控制剂。随着赖氨酸的水解,水热反应液中产生越来越多的 OH^- 离子,使溶液的 pH 值大幅度增加, $Fe(OH)_3$ 脱水得到 Fe_2O_3 颗粒。

除了水 / 溶剂热法外,热处理还用于制备喷雾热解和热退火等微球。

Zhang 等人[117]提出了喷雾干燥－炭化－氧化法制备 α－Fe_2O_3－石墨碳（α－Fe_2O_3@G）复合微球/粒径在 30~50 nm 范围内的 α－Fe_2O_3 纳米粒子，包覆厚度为 5~10 nm 的洋葱状 GC 壳。在这种特殊的结构中，α－Fe_2O_3 纳米粒子作为主要的活性物质，贡献了大部分的容量。由于其简单的特性，这一制备过程引起了锂离子电池研究界的广泛兴趣。它可广泛应用于其他 MOX-GC 纳米复合材料的合成，如 MnO_2@GC、SnO_2@GC、NiO@GC 和 Co_3O_4@GC118。采用缺乏溶剂的方法合成了介孔 Fe_2O_3 纳米粒子。在不需要任何溶剂的情况下，用非水合硝酸铁 [$Fe(NO_3)_3 \cdot 9H_2O$] 粉碎碳酸氢铵（NH_4HCO_3），得到一种前驱体。在 350℃退火 2 h 后，得到了介孔 Fe_2O_3 纳米粒子。

（2）中空结构 Fe_2O_3 纳米材料。空心结构由于其密度低、比表面积大、壳层渗透性强等特点，在储能转换、气体传感器和药物输送等领域引起了广泛的关注[119]。空心结构通常由核、中间隙和壳层组成。当它们被用作锂离子电极的阳极材料时，核壳状和多球巢状是典型的空心结构，固在充放电过程中，核壳 Fe_2O_3 纳米颗粒内部空隙将提供额外的空间来缓解结构应变应力。水热法是制备空心结构的常用方法。Lu 课题组[11]采用无模板水热法合成双壳层空心 Fe_2O_3 纳米球，以 $K_3[Fe(CN)_6]$ 和 $NH_4H_2PO_4$ 为原料。在水热反应的早期阶段，由于 Ostwald 的熟化过程，形成了单壳空心球。当反应进行时，$NH_4H_2PO_4$ 中的 H^+ 腐蚀内壳，形成多层空心纳米球结构。该球的直径约为 400 nm，由大量直径为数十纳米的初级粒子组成。从破裂的纳米球可以清楚地观察到多层内部结构，如图 4.5 a ~ c 所示。内球直径约为 250 nm。采用水热法制备了一种新型的氧化铁/碳/α－Fe_2O_3 纳米粒子，其内层和外壳的厚度分别为 60 nm 和 30 nm，距离约为 60 nm。

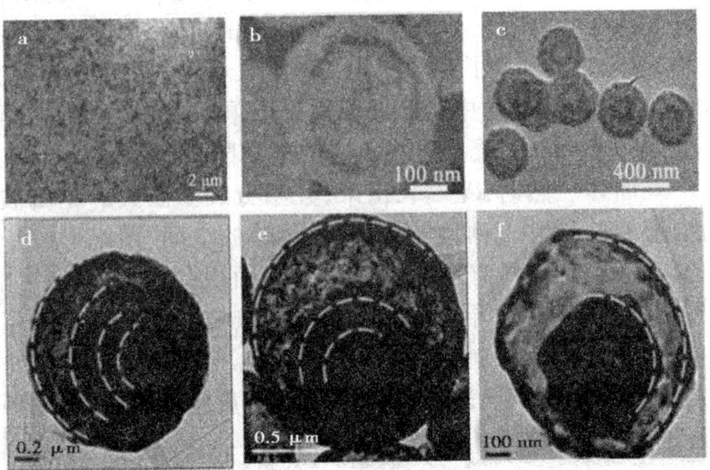

图 4.5　不同核壳结构 Fe_2O_3 的 FESEM 图片及 TEM 图片[11, 38]

喷雾热解工艺简单,是制备空心结构最常用的方法之一。喷雾热解温度是影响连续喷雾热解法制备核壳结构 Fe_2O_3 颗粒数量的关键因素。采用无蔗糖溶液喷雾热解法制备了致密(非空心)Fe_2O_3 球形粒子。蔗糖浓度是核壳形成的关键因素之一,喷雾液中蔗糖的最佳浓度为 0.7 M,制备过程的温度可以影响铁盐和碳组分的燃烧速率,从而控制核壳结构颗粒的形成和内部结构。经蔗糖聚合、炭化、重复燃烧和收缩反应,制备的碳 $-Fe_2O_3$ 复合微粒具有核壳结构。当温度为 600℃时,复合粒子的燃烧速率较慢,而 Fe_2O_3 颗粒呈核壳结构,有四个壳层。由于快速燃烧和 Ostwald 熟化过程,当温度提高到 1 000℃时,碳 $-Fe_2O_3$ 颗粒的壳数减少到 2,代表性产物的 SEM 和 TEM 图像如图 4.5d ~ f 所示。温度变化率是影响壳层数的另一个重要因素。于课题组[120]采用喷雾干燥法制备了 $\alpha-Fe_2O_3$ 多壳空心球,从微球的破碎部分观察到微球具有多壳结构。根据不均匀收缩的机理,壳层的形成过程与温度变化速度密切相关。在较低的速率($0.5℃ \cdot min^{-1}$)下,产生较少的壳层,对应于单壳空心球和核壳结构,在较高的速率($2 \sim 5℃ \cdot min^{-1}$)下,形成了更多的壳层,并获得了多层空心球。

(3)类花状结构 Fe_2O_3 纳米材料。类花状结构具有较高的比表面积,有利于离子和电子的扩散和吸附。用乙二醇介导的自组装法制备了不同的类花状结构,并将其作为锂离子电池和超级电容器材料[121-123]。Shivakumara 课题组[124]合成的类花状 $\alpha-Fe_2O_3$ 纳米结构的电极材料。花瓣在纳米结构中有许多独立的孔隙。这些孔隙和花状结构提供了更大的表面积。Wang 课题组[125]由 $FeCl_3$ 溶液水解得到(Ⅲ)- 氢氧化铁前驱体,经热处理得到类似花状的 Fe_2O_3 结构。在此过程中不需要模板或催化剂。单个花状结构由几十个厚度约 20 nm 的自组装纳米片组成。CaO 及同事[4]在铜箔上制备了花状三维 Fe_2O_3 纳米片。将 $FeSO_4 \cdot 7H_2O$、尿素和 NH_4F 溶于去离子水中。溶液和预处理铜箔在 80℃水热处理 12 h,最终在 Ar 中进行 450℃退火。在反应的早期阶段,纳米粒子首先聚集成花状的十二面体。然后,花瓣长出来,开始分裂。巨大的花瓣被划分成层状的纳米片,因此在它们之间留下了足够的空间,最终形成了三维框架(图 4.6 a)。该结构具有较高的 BET 比表面积,为 $16.1\ m^2 \cdot g^{-1}$。Lu 课题组[10]用简单的乙醇介导法合成了 $FeSO_4(OH)$ 前驱体,制备了多孔的 $\alpha-Fe_2O_3$ 微花状结构。在无水乙醇中加入 $Fe_2(SO_4)_3 \cdot xH_2O$,搅拌 3 h,在 150℃下水热反应 24 h,在 700℃煅烧得到黄色前驱体,得到平均粒径约 2 μm 的花状结构的杂化结构。如图 4.6b ~ c 所示。

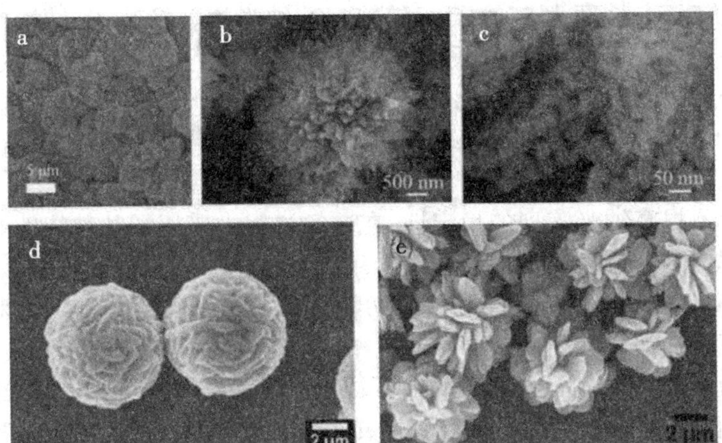

图4.6 a，b花状Fe_2O_3的SEM图片；c，d为中空微花状Fe_2O_3的SEM图片；e为微花状Fe_2O_3的SEM图片[4, 10, 31, 42]

为了更好地控制花状结构，在合成氧化铁的过程中使用了多种助剂。Wang等人[102]以尿素为对照合成了具有三维花状结构的Fe_2O_3。尿素在Fe_2O_3前驱体的合成和类花结构自组装过程中起着决定性的作用。当乙二醇与$FeCl_3$形成铁醇时，H^+作为副产物生成。尿素水解产生OH^-，中和H^+，有利于前驱物的合成。梁等人通过尿素辅助水热法制备了三维花状Fe_2O_3纳米结构。表征纳米结构的SEM图像如图4.6 d所示。尿素和氢氧化钠在Fe_2O_3颗粒的形成中起着关键作用。Liang等人[31]发现柠檬酸钠在水热合成法制备的Fe_2O_3花状微球中起着非常重要的作用。一方面，引入柠檬酸与铁离子螯合，降低溶液中游离Fe^{3+}的浓度，降低Fe_2O_3纳米粒子的形成速度；另一方面，柠檬酸盐作为形状调节剂和控制剂。Fe_2O_3类花微球的粒径约为6 ~ 8 μm，该花状结构具有粗糙的表面，由大量随机排列的类米颗粒组成，如图4.6 e所示。

（4）Fe_2O_3纳米阵列。纳米阵列具有较大的比表面积和分级结构，能够为电子和离子传导提供高比表面积和短的传输路径，是超级电容器电极材料的理想选择。制备纳米阵列的方法多种多样，大致可分为自上而下和自下而上两类。前者主要涉及刻蚀、去除不必要的零件和保存所需的材料阵列。后者是对给定材料的一步的生长，去除中间工艺材料，形成层次分明的阵列结构。Fe_2O_3纳米阵列主要采用自下而上法制备。

为了解决氧化铁导电率低的问题，通常采用高导电性材料作为阵列/翟克族的核心或壳层材料，设计并制作了考虑$NiCo_2S_4$纳米阵列（NNAs）和Fe_2O_3纳米棒（NRS）的分层核－壳异质结构。在Ti衬底上生长了直径为50~100 nm、长度约为800 nm的$NiCo_2S_4$NNAs，用水热法生长了直径约为 5 nm、长度为 5 ~ 15 nm 的 Fe_2O_3 纳米棒。将 Fe_2O_3 纳米棒接到 $NiCo_2S_4$NNAs 上，为电化学反应提供了较大的活性比表面积。$NiCo_2S_4$@Fe_2O_3 样品比表面积为 58.5 $m^2 \cdot g^{-1}$，远大于 Fe_2O_3（21.6 $m^2 \cdot g^{-1}$）。高导电性（$NiCo_2S_4$NNAs）和高比表面积（多孔 Fe_2O_3）将保证 Fe_2O_3 复合材料的高电荷存储容量。

为了提高纳米阵列的稳定性，在制备过程中采用了几种特殊的处理方法，如牺牲模板或黏结膜层。Hu 组[25]合成了类似结构的 Fe_2O_3/ 聚吡咯（PPy）纳米阵列。制备过程包括牺牲 ZnO 模板制备 Fe_2O_3 纳米阵列和聚吡咯在纳米阵列表面的原位气相聚合。在 $Fe(NO_3)_3$ 水溶液中，将直径为 100~300 nm 的 ZnO 纳米棒转化成类似结构的 Fe_2O_3 纳米阵列。通过调整 PPy 的用量，将 Fe_2O_3 纳米阵列表面包覆 PPy 层，优化厚度为 3 nm。Fe_2O_3/PPy 阵列的长度和直径分别为 1 μm 和 250 nm。阵列由几十纳米厚的纳米片组成。聚吡咯（PPy）壳层均匀地附着在 Fe_2O_3 核上。夏课题组[39]在纳米针表面上形成了具有杂化核壳结构的 NiNTA@Fe_2O_3 纳米结构。以 ZnO 纳米棒阵列为模板，在超薄 Ni 膜电沉积前，在其表面溅射 Au 薄膜。最后沉积了 Fe_2O_3 纳米颗粒，有趣的是，在平均直径为 150 nm 的 ZnO 纳米棒上溅射了厚度约为 5 nm 的 Au 薄膜，保证了纳米棒上 Ni 纳米膜的均匀生长。经测试，在 ZnO 纳米棒上没有 Au 膜的存在，则无法形成均匀的 Ni 膜，相反，Ni 膜是不均匀和不连续的，由大量的 Ni 粒子组成。

4. 其他结构 Fe_2O_3 纳米材料

郑等人[126]制备了一种用作超级电容器电极的氧化铁空心结构材料。该材料平均壁厚和长度分别为 30 nm 和 100 nm。利用普鲁士蓝（PB）微立方体退火法合成了一系列具有不同壳结构的 Fe_2O_3 微盒。微盒由纳米粒子组成。随着退火温度的升高，表面的颗粒也相应地长大。通过热诱导氧化分解，在 350℃时将普鲁士蓝微立方体转化为空心 Fe_2O_3 微盒。当退火温度为 550℃时，Fe_2O_3 纳米粒子长大，形成多孔 Fe_2O_3 微盒。退火温度的进一步升高导致 Fe_2O_3 纳米晶的进一步生长，从而导致纳米片的形成。在 650℃下制备了 Fe_2O_3 分级微盒。因此，可以简单地通过退火温度来控制 Fe_2O_3 微盒的形貌和结构。

4.1.2 Fe_3O_4 纳米材料的制备

1. 低维 Fe_3O_4 纳米材料

低维 Fe_3O_4 纳米材料由于其磁性，被广泛应用于数据存储、磁共振、气体传感器、自旋电子器件和生物医学等领域。Fe_3O_4 具有容量大、环境友好、导电性好等优点，是锂离子电池和超级电容器的一种极具吸引力的阳极材料。然而，充放电过程中由于体积膨胀引起的应力导致 Fe_3O_4 电极循环稳定性差，倍率能力差。在这种情况下，低维 Fe_3O_4 纳米结构可以解决这些问题。这是因为纳米结构保证了与电解质的高接触面积，并能缓冲应变和体积的变化，以避免结构变化或裂纹。Gupta 的团队 [127] 采用湿化学法合成了近单分散的 Fe_3O_4 纳米晶，平均粒径为 8 ± 2 nm。张等人 [128] 采用水热反应和热处理相结合的方法制备了碳包覆的 Fe_3O_4 纳米粒子。结果表明，在反应过程中，通过调节硝酸铁和葡萄糖溶液的浓度，可以控制 Fe_3O_4 纳米粒子的晶型和粒径。

一维纳米线能促进电子和锂离子的传输，有利于获得高速率的性能。Manthiram[129] 课题组采用微波辅助水热法制备了 Fe_3O_4 单晶纳米线和包覆碳的 Fe_3O_4 纳米线。Xia 及其合作者 [129] 采用两步水热法合成了 Fe_3O_4 纳米管。首先，采用水热法制备了 Fe_2O_3 纳米管。然后，采用另一种水热处理步骤，在纳米管表面包覆一层薄的碳层。经过热退火后，Fe_2O_3 纳米管完全还原并转化为 Fe_3O_4 纳米管。

二维纳米片独特的结构也保证了高的导电性，而层间的间距可以缓解体积膨胀的问题。Gu 等人 [133] 用水解 – 偶联氧化还原反应制备了 Cu/Fe_3O_4 核壳纳米棒阵列。薄的 Fe_3O_4 纳米片均匀地组装在 Cu 纳米棒上。丁等人以柠檬酸钠为表面活性剂，诱导 Fe–O 生长为六角超薄纳米片。作为 OH^- 的施与者，柠檬酸钠的加入不仅可以中和 H^+，还可以起到表面活性剂的作用，指导纳米片的生长，防止其聚集。在生长过程中，Fe–O 层与乙醇酸乙酯阴离子层交替叠加，沿 c 轴方向结晶。因此，柠檬酸根通过其羧基和羟基配体与暴露在（001）面上的 Fe^{3+} 离子配位，从而抑制 Fe–乙醇酸盐沿 c 轴方向的沉积和聚集。随着柠檬酸钠浓度从 15 mm 增加到 20 mm，乙醇酸铁纳米片的平均厚度从 370 nm 减小到 23 nm，这是因为随着柠檬酸钠浓度的增加，c 轴方向的生长受到比 a–b 方向更严重的抑制。图 4.7 a ~ c 显示了在不同浓度柠檬酸钠下得到的 Fe– 乙烯乙醇酸钠纳米片的 SEM 图像。此外，乙醇酸铁纳米片呈弯曲的趋势，使其无法在厚度方向紧密堆积。

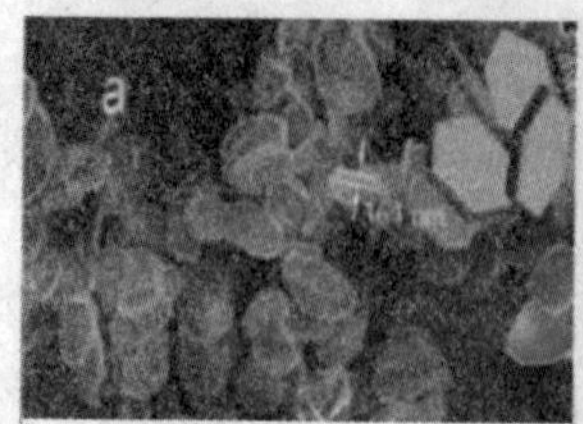
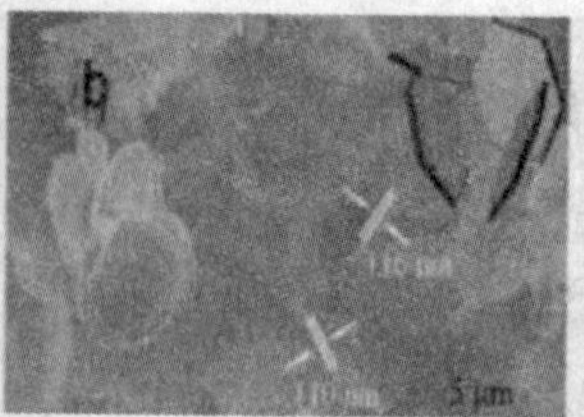
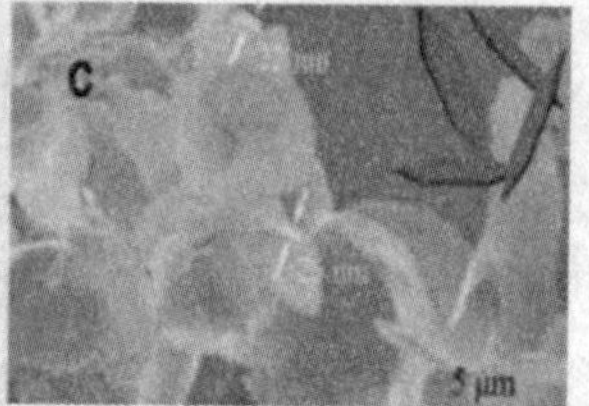

图 4.7　不同厚度 Fe- 乙烯基羟乙酸盐的 SEM 照片[23]

2. 三维 Fe_3O_4 纳米材料

由于 Ostwald 熟化反应方式的存在，采用溶剂热法和后续热退火相结合的方法[136]合成了球形或花形三维 Fe_3O_4 纳米结构。当 Fe^{3+} 溶液与尿素和乙二醇混合时，会发生爆裂形核，导致过饱和核的聚集。随后，纳米粒子开始形成和生长。由于 Ostwald 熟化，这些平均尺寸为 10 nm 的纳米粒子相互连接，组装成平均厚度为 60 nm 的纳米片。为了减小体系的能量，将纳米片交联成直径为 3 ~ 6 μm。Zhu 和 Xu 课题组[114]采用溶剂热法制备 Fe_3O_4 介孔微球，不使用表面活性剂。将 $Fe(NO_3)_3$ 和酒石酸溶于二甲基甲酰胺溶剂中，在 160℃下反应 8 h 制得酒石酸亚铁（$C_4H_4O_6Fe$）前驱体微球，400℃的 N_2 气氛下进一步煅烧得到 Fe_3O_4 介孔微球。制备的 Fe_3O_4 介孔微球比表面积为 122.3 $m^2 \cdot g^{-1}$。Suh[139]采用悬浮聚合和热处理相结合的方法制备了以二茂铁为 Fe 源的 Fe_3O_4@C 纳米球。微球的表面形貌随 Fe_3O_4 纳米粒子的含量而变化。当加入量较低（72%）时，微球表面相对光滑。但当含量过高（98%）时，微球呈大孔海绵状结构，表面粗糙。Wan 课题组[140]采用 N 掺杂碳（NC）包覆纳米粒子合成多孔三维纳米杂化体，用掺氮石墨烯连接 Fe_3O_4@NC 纳米粒子，形成三维互连导电网络，得到的三维纳米结构呈超低密度（8.47 $mg \cdot cm^{-3}$）。

空心多孔结构由于其特殊的形貌而引起了人们的广泛关注。该空心多孔结构提供了高比表面积和大量的孔隙，提供了一个大的接触面积之间的电极和电解质，从而产生更多的氧化还原活化中心。更重要的是，空心结构可以提供足够的空间来减轻在重复插入 / 脱出过程中由于体积变化而产生的机械应力。因此，空心结构电极具有较高的循环稳定性。制备空心多孔 Fe_3O_4 纳米结构的方法有自组装、离子交换、固相分解和化学蚀刻等。

空心纳米结构包括空心球、多壳中空结构、中空纳米胶囊和核壳结构。用溶剂热法合成了由 Fe_3O_4 纳米板组成的空心微球，直径约为 5 μm，内部为空心球的均匀球体，而球体的壁是由纳米板通过堆积而成的。这些楔形板具有一定的曲率来构造球形结构，如图 4.8 a ~ b 所示。

用水热法和热处理相结合的方法，报道了类似 Fe_3O_4 空心球。Fe_3O_4 空心纳米球的平均粒径约为 200 nm，表面较为粗糙。空心球由直径约 10 nm 的纳米晶制成，如图 4.8 c ～ d 所示。

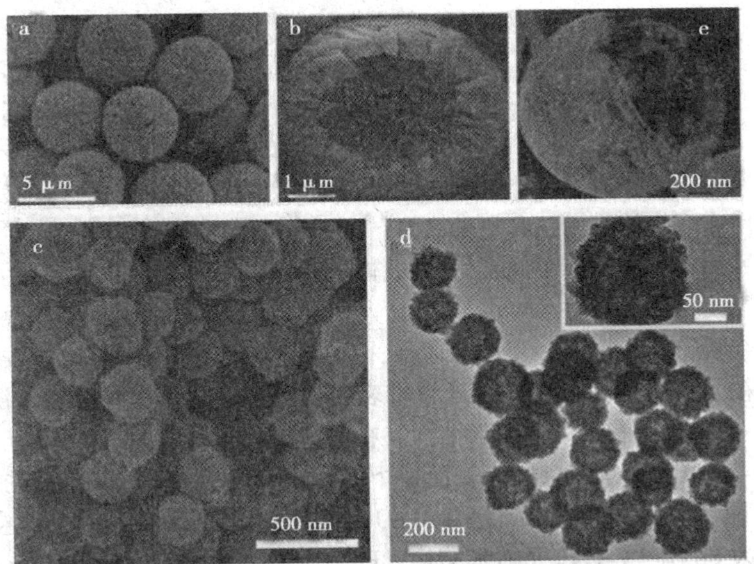

图 4.8　a，b 为 Fe_3O_4 中空微球的 SEM 照片；c，d 分别是 Fe_3O_4 中空纳米材料的 SEM 照片和 TEM 照片；e 为 C–C–Fe_3O_4 中空微球的 SEM 照片[7，19，45]

He 课题组[7] 制备了 Fe_3O_4 双碳壳空心球，其中一个双层 C–C–SiO_2 空心球被用作硬模板。采用原位聚合法在 C–C–SiO_2 粒子表面包覆 2，4– 二羟基苯甲酸 – 甲醛。Fe^{3+} 是通过负电荷 RF–COO^- 与带正电荷的 Fe^{3+} 之间的电吸引而锁定的，在随后的热解过程中，Fe^{3+} 被转化为氧化铁。然后，通过将树脂层碳化，去除中间 SiO_2 层，得到双层中空 C–Fe_3O_4 微球。制备的 C–Fe_3O_4 空心球具有典型的分级多孔结构。第一层是直径 50 ～ 100 nm 的大孔，从破裂的壳层中可以清楚地观察到孔之间的连通性。第二层为碳壁中孔 / 微孔，厚度小于 3 nm。C–Fe_3O_4 微球的比表面积为 317.3 $m^2 \cdot g^{-1}$，孔容为 0.591 $cm^3 \cdot g^{-1}$，说明壳层中的大部分孔隙与球外的孔相连接。

Xu 等[145] 利用普鲁士蓝（PB）模板，通过 PB 立方体与 Na_3VO_4 的模板反应，合成了 Fe_3O_4/Vox 中空微胶囊。合成的 PB 立方体是一个尺寸均匀的三维微型立方体。Na_3VO_4 的加入使 PB 通过水解和离子交换转变为接近表面的多组分复合材料。反应从外到内发生，在壳层与剩余的 PB 核之间出现了层间隙。当反应时间延长至 20 min 时，核消失，形成一个开口的空心微盒。核壳是一种特殊类型的中空纳米结构，由外壳和内核组成，它们之间有间隙，可以通过多种方法制备。第一步是制备一种多层核壳结构，从中去除中间层，从而留下空隙以实现核壳纳米结构。去除中间层的主要方法有两种：一种是腐蚀法。Guan 课题组[146]采用改进的 Stober 法合成了高承载率 90% 的核壳 Fe_3O_4@C 复合材料。首先，用 3-氨基丙基三乙氧基硅烷对 NH_2 基团进行改性，然后用 SiO_2 层包覆 Fe_3O_4 微球。其次，通过水热反应沉积碳质层，然后进行热退火。最后用 NaOH 溶液腐蚀 SiO_2 层。制备了以 Fe_3O_4 为核心，碳层厚度为 10 nm 的中空心 Fe_3O_4@C 核壳结构，Fe_3O_4 核与碳壳之间的空隙厚度约为 80 nm。由 Yang 课题组[47]制备了类似的核壳 Fe_3O_4 纳米结构。主要的区别在于他们使用离子液体作为碳和氮的来源。通过化学反应，形成空隙。

另一种方法是使中间层生成气体的方式去除中间层，由此产生孔隙。Chen 课题组[12]采用水热法和热退火相结合的方法制备了核壳 Fe_3O_4@氮掺杂碳（Fe_3O_4@N-C）纳米胶囊。采用水热法制备了纺锤形 β-FeOOH 纳米粒子。在 β-FeOOH 纳米粒子表面包覆多巴胺作为碳源和氮源，形成 β-FeOOH@pda 核壳纳米结构。在退火过程中，随着水分子从纺锤形的 β-FeOOH 中流失，材料表面留下了一些孔隙。同时，在较高的煅烧温度下，核体积减小，在碳壳 / β-FeOOH@pda 核壳纳米结构内形成空隙，转变为 Fe_3O_4@N-C 核壳纳米结构。Fe_3O_4@N-C 纳米胶囊的 BET 比表面积为 94.2 $m^2 \cdot g^{-1}$。此外，关于纳米管和空心纳米管的合成也有很多报道，在定向组装和 Ostwald 熟化的基础上，用溶剂热法制备了空心 Fe_3O_4 纳米材料。

4.1.3 Fe_2O_3，Fe_3O_4 复合材料的制备

体积变化和粉末团聚是过渡金属氧化物（MOX）电极材料所面临的主要问题。为了解决这些问题，第一种方法是设计和制造各种类型的纳米结构，如纳米管、纳米线、纳米球、分层结构。该纳米结构材料具有比表面积高、电子传输距离短的特点，提高了活性物质与电解质之间的大收缩面积，提高了锂的插入 / 脱出过程中的高倍率性能和循环性能。第二种方法是 MOX 与其他材料相结合，以减少充放电循环中的团聚和体积变化。第三种有效的方法是设计和合成一种混合电极。

1.Fe_2O_3-C 复合纳米材料的制备

碳质材料的加入不仅可以降低电极电阻，提高锂离子和电子的传输速率，而且还能提供缓冲层来减缓活化粒子在循环过程中的体积变化和团聚。采用各种碳质材料与氧化铁形成复合材料。根据碳源的不同，可分为石墨烯、碳纳米管等碳质材料。石墨烯是一种具有二维单原子厚度

的 sp^2 键碳原子，具有比表面积高、电导率高、机械柔韧性好等特点。当石墨烯和铁基复合材料作为锂离子电极材料时，石墨烯层不仅充当结构缓冲层，有效地适应了体积的变化，而且促进了电子的传导，缩短了锂离子的传输途径。此外，石墨烯片和纳米粒子的结合也能有效地抑制石墨烯和铁基纳米粒子的再积累。同时，该复合材料保持了较高的活性比表面积。近年来，许多氧化铁和石墨烯复合材料被公开报道。Yu 课题组[164]采用液相升程法制备 Fe_2O_3/石墨烯杂化物，采用高导电的少层石墨烯片和共价结合的 Fe_2O_3 纳米粒子形成三明治结构。用化学气相沉积法制备了 Fe_2O_3/石墨烯纳米孔复合材料。在这种复合材料中，纳米孔材料表面涂覆石墨烯层主要是因为其导电效果。FEC 的引入提高了纳米多孔复合材料的结构稳定性，这是由于界面锂的储存效应而提供了更大的容量。

2.Fe_3O_4 复合材料的制备

Zapien 课题组[166]采用热蒸发诱导无水方法制备了 Fe_3O_4 纳米粒子和石墨烯复合材料。粒径在 10~20 nm 的 Fe_3O_4 纳米粒子均匀地锚固在石墨烯片上，防止了石墨烯片的团聚。采用喷雾热解法制备了 Fe_3O_4/石墨烯复合粉体。在干燥过程中，石墨烯片由于收缩而发生弯曲。多个弯曲石墨烯片被凝聚成空心 Fe_3O_4/石墨烯球（图 4.9 a ~ b）。Fe_3O_4/石墨烯球的比表面积可达 130 $m^2 \cdot g^{-1}$。Hu 等人[167]制备了三明治结构的石墨烯 –Fe_3O_4– 碳复合材料。该复合材料具有高质量分数 Fe_3O_4（85%）、超细 Fe_3O_4 颗粒（5 nm）和高碳层覆盖 Fe_3O_4 表面的特点。在该复合材料中，石墨烯纳米片呈卷曲状和波纹状，而尺寸为 7~10 nm 的 Fe_3O_4 纳米粒子被固定在石墨烯纳米片上。

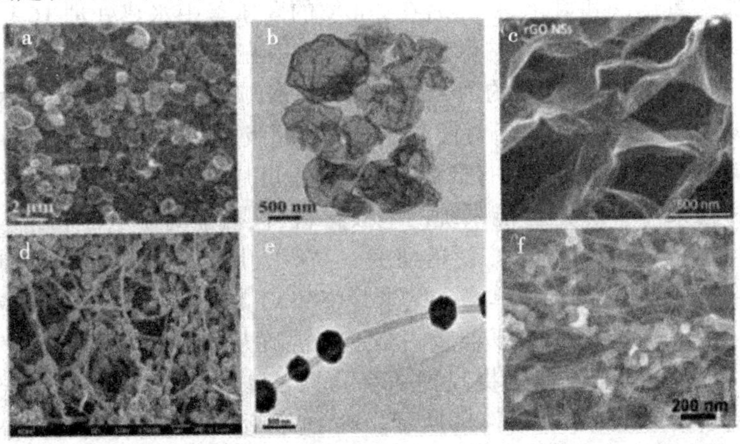

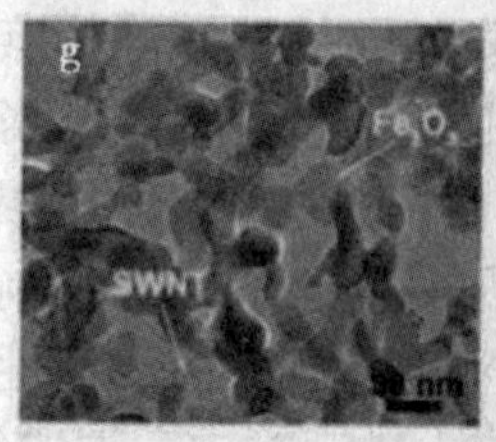

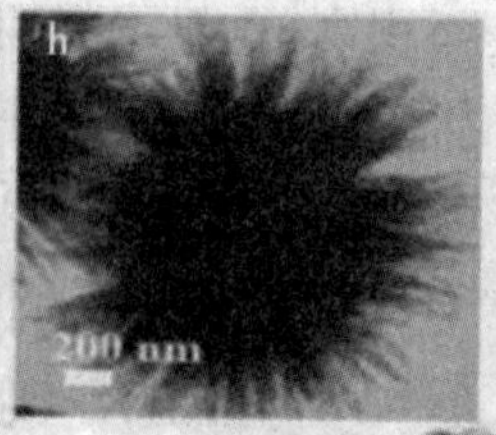

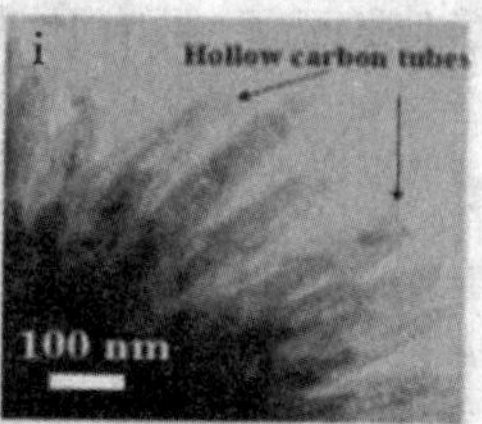

图 4.9　不同样品的 SEM 图片及 TEM 图片[3, 28, 41, 50, 55]

Gao 等[169]用溶剂热法合成了准六方 Fe_2O_3 纳米板 / 石墨烯复合材料。研究发现，随着 $FeCl_3$ 浓度的增加，Fe_2O_3 纳米片的形貌变得越来越规整。将粒径为 20~80 nm 的 Fe_2O_3 纳米片均匀分散在 RGO 表面，通过腐蚀 FeAl 合金，防止了 Fe_3O_4@ 石墨烯在石墨烯上的团聚。Xu 课题组[170]在石墨烯上制备 Fe_3O_4@ 石墨烯复合材料。用 NaOH 溶液选择性地从 FeAl 合金中浸出 Al。在刻蚀过程中，纳米八面体的数量增加，形貌变得越来越规整。较长的腐蚀时间（48 h）有利于形成均匀的 Fe_3O_4 八面体。Fe 原子经过自然氧化和聚集，产生约 500 nm 大小的 Fe_3O_4 八面体。采用静电组装法将带正电荷的 Fe_3O_4 八面体固定在石墨烯上。

Kumar 及其合作者[28]采用原位微波法合成了嵌入在还原石墨烯纳米片（RGO NSS）网络中的 Fe_3O_4 纳米粒子的三维杂化复合材料。如图 4.9 c 所示，RGO NSS 呈棉状蓬松结构，表面呈微开状结构，相互连接形成网络形态。RGO NSS 具有较高的比表面积和较大的反应边缘，有利于纳米粒子的附着。Fe_3O_4 纳米粒子粒径在 50~200 nm 范围内均匀分散在 RGO 纳米粒子的框架内。RGO NSS 的边缘抑制了 Fe_3O_4 纳米粒子的团聚，提高了复合材料的电化学容量和稳定性。FU 的团队[41]用溶剂热法在碳纳米纤维（CNFS）上合成了具有项链状结构的 Fe_3O_4 纳米球。在乙二醇溶液中加入氯化铁和氯化萘，然后在 200℃的高压釜中水热处理 16 h，得到直径约 300 nm 的 Fe_3O_4 纳米球，并均匀地串在 CNFS 上，如图 4.9 d ~ e 所示。Fe_3O_4 的质量分数约为 86%。Fe_3O_4/CNF 项链可直接喷涂在大面积集电极上形成无黏结电极，对锂离子电池和超级电容器具有良好的性能。

碳纳米管（CNTs）具有极高的导电性，可用作复合电极材料的导电基材和骨架[60]。作为储能系统的电极材料，包括锂离子电池和超级电容器，对其复合材料进行了广泛的研究。高等人用化学气相沉积法制备了由 α-Fe_2O_3 纳米粒子和单壁碳纳米管（SWNT）杂化膜，并通过热退火将其转化为 Fe_2O_3/SWCNT 复合膜。当退火温度从 450℃提高到 600℃时，Fe_2O_3 的质量分数从 63% 提高到 96%，而 Fe_2O_3/SWCNT 复合材料仍保持多孔网络结构，如图 4.9 f ~ g 所示。Fe_2O_3/SWCNT 网络材料含有高负载活性材料，具有协同效应，是一种很有前途的锂离子电池负极材料。

Yu 等[172]采用水热法制备了四方碳纳米管(Q-CNT)-Fe_3O_4-复合材料。Heng 课题组[173]报道的纳米多孔 Fe_2O_3-5%CNT 复合材料作为超级电容器电极材料，采用氮气常压等离子体喷射法。Wang 等[174]制备了 Fe-Fe_2O_3@N 掺杂 C 纳米粒子，均匀沉淀在 N 掺杂碳纳米管(NCNTs)上。纳米 Fe-Fe_2O_3 颗粒具有核－壳结构，由 Fe-Fe_2O_3 和 N 掺杂碳组成，平均粒径约为 10 nm。N 掺杂 C 壳层将 Fe-Fe_2O_3 与碳纳米管支架有效地连接起来，通过原子层沉积在碳纳米管上沉积 Fe_2O_3 纳米粒子，提高了材料的质量 / 电荷转移性能和结构稳定性。Sun 课题组[63]开发的 Fe_2O_3@CNTs 复合材料。纳米 Fe_2O_3 均匀分布于碳纳米管上，Fe_2O_3 纳米粒子的尺寸随原子层沉积次数的增加而增大。

此外，爆炸爆轰是指在很短的时间内产生非常高的温度和压力的过程，其中由于能量分子所涉及的化学能转化为热能而释放出大量的热量。近年来，爆轰已被用于制备竹子状碳纳米管[175]。Chen 的队伍[62]用爆轰法制备了 Fe_3O_4-Fe@CNT 复合材料。在制备过程中，以二茂铁为碳源，正己烷为原料，采用一步爆轰法制备了 Fe_3O_4/Fe 片状竹材碳纳米管。在爆轰辅助分解过程中生成 Fe_3O_4 片状和铁纳米粒子，并最终包裹在碳纳米管中。由此产生的碳纳米管呈竹子状结构，呈多段纠缠形态，纳米管(约 18~20 个节点)长度大于 600 nm，直径 20~30 nm。

除了石墨烯和碳纳米管之外，其他各种碳质有机和无机材料也被用作碳源。Yang[176]和 Ye 课题组等[177]以石墨和多孔碳为无机碳源制备氧化铁和碳复合材料。蔗糖[178]、葡聚糖[179]、蜜胺[180]、乙烯醇[181]、石油沥青[182]、石油碱木质素[183]、明胶[56]等有机物作为碳源得到了广泛的研究。聚合物也可以用作碳源。以聚丙烯腈和聚二甲基二烯丙基铵为碳源合成了 Fe_3O_4/C 复合材料。Chen 等[55]用水热法制备了含 N 掺杂的海胆状 Fe_3O_4@C 复合材料。以海胆状羟基氧化铁(α-FeOOH)为模板，聚多巴胺(PDA)为碳氮。

在高温炭化过程中，α-FeOOH 转化为氧化物，外层碳壳也转变为空心碳管，如图 4.9 h ~ i 所示。一方面，水分子从 α-FeOOH 骨架中蒸发，在原始棘突表面留下孔隙；另一方面，碳壳的外观保持不变，形成空心碳管。Fe_3O_4@N-C 类微球比表面积为 72.6 $m^2 \cdot g^{-1}$，远大于 Fe_3O_4 微球(47.7 $m^2 \cdot g^{-1}$)。通过纳米棒的堆积制备了 Fe_3O_4@N-C 类微球，纳米棒的尺寸为 20~50 nm，长度为 500~800 nm。碳壳层厚度为 5 ~ 8 nm，孔径为 5~25 nm。因此，类海胆状 Fe_3O_4@N-C 是一种介孔材料。预计碳壳的这种多孔结构将提供有效的内部输运途径，并提供足够的内部空隙空间，以缓解锂 / 脱硫过程中的体积膨胀。

4.2 其他金属氧化物与铁氧化物纳米复合材料

由于 SnO_2 的理论容量较高(SnO_2 为 1 494 mAh · g^{-1}, MnO_2 为 1 232 mAh · g^{-1}, Co_3O_4 为 890 mAh · g^{-1}),因而选择了 SnO_2、MnO_2 和 Co_3O_4 作为异质结构。溶剂热法和水热法是利用水热法制备 Fe_2O_3/SnO_2 异质结构,这也是 Liu[186] 和 Yang 课题组 [187] 制备 Fe_3O_4@SnO_2 和 Fe_2O_3@SnO_2 核壳纳米棒的常用方法。Yu 课题组 [188] 在二维 Fe_2O_3 纳米片上生长一维 SnO_2 纳米棒,形成梳状异质结构。采用溶剂热法制备了 SnO_2 空心球,并在其上包覆了一层 Fe_2O_3。分级 Fe_2O_3/SnO_2 空心球提供了可呼吸的团聚体,可以缓冲充放电过程中的体积膨胀。此外,空心球和纳米网络独特的多孔结构可以提供更快的离子扩散和更好的循环稳定性。另外, Li 等人还采用火焰辅助喷雾法对铁和锡前驱体进行分解,制备了 Fe_2O_3@SnO_2 核壳异质结构。He 课题组 [191] 采用电纺丝结合化学浴沉积技术制备了 N 掺杂非晶包覆 Fe_3O_4@SnO_2 同轴纳米纤维。

Yang 课题组 [9] 通过水热反应制备 MnO_2/Fe_2O_3 树枝状纳米棒。采用直径为 30~120 nm 的 MnO_2 纳米棒作为树枝状纳米棒的骨架。在 FeOOH 的水热过程中,在纳米棒骨架表面沉积了大量的 Fe_2O_3 纳米棒。平均直径为 30 nm,长度为 140 nm 的 Fe_2O_3 纳米棒垂直沉积在 MnO_2 纳米棒的两侧,形成典型的支化纳米结构,如图 4.10 a ~ d 所示。在 MnO_2 纳米棒的侧面, Fe_2O_3 支链几乎呈四元排列,形成了高产率的枝状纳米结构。树枝状纳米棒的比表面积达到 32.7 m^2 · g^{-1}。这些支化纳米结构有利于提高放电 / 充电过程中的反应中心和界面面积,从而达到高比容量。Wang 课题小组 [192] 制备的 α-Fe_2O_3 纳米管 @MnO_2 纳米电极分层网络结构。Zhao 等 [32] 通过腐蚀 $Mn_5Fe_5Al_{90}$ 合金获得花状 Mn_3O_4/Fe_3O_4 纳米材料。在这种情况下,更活跃的成分的合金被去除,内部形成孔洞。以 NaOH 溶液为腐蚀剂,对 $Mn_5Fe_5Al_{90}$ 合金中的 Al 原子进行了选择性腐蚀。然后,将暴露的铁、锰原子迅速氧化形成氧化物核。在碱性环境中,氧化物核聚集成纳米低层结构。单个纳米状结构由一组规则形状的六边形纳米片组成。如图 4.10 e ~ f 所示,六方纳米片的边长为 600~900 nm,厚度约为 150 nm。

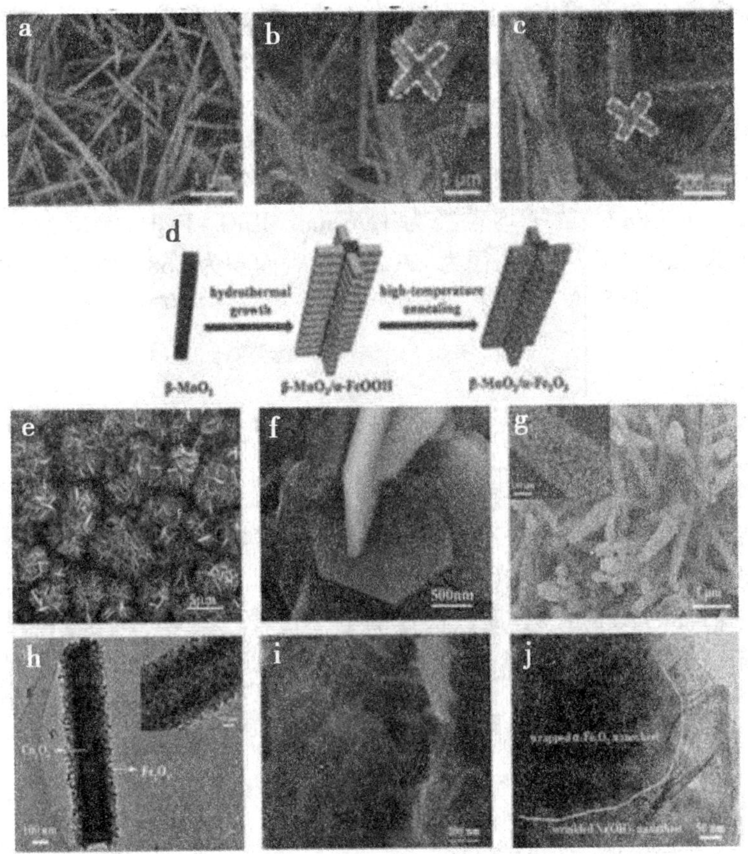

图 4.10 a 为 MnO_2、b 为 $MnO_2/FeOOH$、c 为 MnO_2/Fe_2O_3 的 SEM 图片及反应示意图

以 ZnO 为牺牲模板，Tu 的课题组[43]制备了分级 Fe_2O_3@Co_3O_4 纳米线阵列。首次采用水热法制备了 Co_3O_4 纳米线。然后将纳米线浸入 Zn 源溶液中，热处理形成中间模板 ZnO@Co_3O_4 纳米线。最后，将纳米线转移到 Fe 源反应溶液中。置换反应后，形成 Fe_2O_3@Co_3O_4 纳米线，如图 4.10g ~ h。Wu 的团队[193]采用两步水热法合成了 Fe_2O_3@Co_3O_4 复合材料 / α-Fe_2O_3 纳米片覆盖了一层排列良好的 Co_3O_4 颗粒。同样，Yang 等人用水热法制备了 Co_3O_4 纳米线 @Fe_2O_3 纳米棒。

除上述三种氧化物外，也有报道称其他氧化物与氧化铁形成复合异质结构。尖晶石 $Li_4Ti_5O_{12}$ 由于高的 Li 插入电压和零应变插入引起了人们的广泛关注[195-198]。Diao 课题组[199]通过简单的水热反应合成了核壳 α-Fe_2O_3@$Li_4Ti_5O_{12}$ 复合材料。尖晶石 $Li_4Ti_5O_{12}$ 包裹着 α-Fe_2O_3 椭球体，破坏了活性物质 α-Fe_2O_3 与电解质的绝大部分接触。核壳 α-Fe_2O_3@

$Li_4Ti_5O_{12}$ 复合材料可以防止固体电解质界面层的形成，从而最大限度地减小初始容量损失。Gao 课题组[52]采用两步水热法制备的 $\alpha-Fe_2O_3$ 纳米片@Ni（OH）$_2$ 纳米复合材料，$\alpha-Fe_2O_3$ 纳米片用起皱的 Ni（OH）$_2$ 纳米片包裹。应用浸渍法和原位加热法将 $RuO_2-Fe_2O_3$ 纳米粒子嵌入有序介孔碳（OMC）中。$RuO_2-Fe_2O_3$ 纳米粒子均匀分散在二维介孔炭的孔壁中。$RuO_2-Fe_2O_3$ 的平均粒径为 1.96 nm。$RuO_2-Fe_2O_3$/OMC 复合材料的孔容为 1.01 $cm^3\cdot g^{-1}$，孔径为 4.3 nm，比表面积为 768 $m^2\cdot g^{-1}$。纳米复合粒子既不会阻碍介孔通道，又能增强电子和离子的传导。

4.3 导电聚合物纳米氧化铁复合材料

导电聚合物可用于提高储能器件的电化学性能，因此近年来引起了人们的广泛关注。聚苯胺（PANI）具有粒径小、电导率高的特点，可以扩大储能器件的比表面积，提供快速的电子传输。PANI 不仅是锂离子插入 / 脱出的宿主材料，而且是活性物质与电解质之间的中间产物，促进了锂离子的插入 / 脱出过程。Wang 等[203]通过苯胺原位聚合制备了 Fe_2O_3/PANI 复合材料，而 Fe_2O_3 则采用水热法合成。Lee 课题组[24]制备了一种分层的 Fe_2O_3@PANI 核壳空心结构，采用无模板声化学法合成了类胆状 Fe_2O_3 微球。然后在 Fe_2O_3 球表面包覆 PANI。

聚（3，4- 乙基二氧基噻吩）（PEDOT）作为一种超稳定的导电聚合物，不仅能有效地提高材料的导电性，而且可以作为防止结构损伤的保护层[204, 205]。Lu 等[206]在炭布上设计并制备了 Ti 掺杂的 Fe_2O_3@PEDOT 纳米棒阵列。在复合材料中，Ti 掺杂 Fe_2O_3 纳米棒形成核，导电 PEDOT 层为壳层，碳布为载体。Ti^{4+} 部分取代 Fe^{3+}，部分 Fe^{3+} 离子被还原成 Fe^{2+}。这样，Fe_2O_3 中的施主浓度明显增加，从而使其电容增加成为可能。独特的核 / 壳复合电极具有导电性能好、反应界面大、电解质离子扩散增强等优点，是一种很有发展前途的电极材料。

聚吡咯（PPy）和聚（St–AN）（PSA）还与氧化铁结合制备高性能电极材料。Shen 等[207]直接加热氧化铁箔，在空气中制备氧化铁纳米片，然后通过化学聚合方法包覆导电 PPy 层。利用水热法合成了 PSA–Fe_3O_4@C 介孔微球。

4.4　基于氧化铁的多元纳米复合材料

基于氧化铁的多元纳米复合材料(三元或四元),Xie 课题组[209]提出了在石墨烯(PG)片上层状组装 TiO_2 纳米棒和 Fe_3O_4 纳米粒子的杂交方法,以构建 TiO_2/Fe_3O_4–PG 三元异质结构。这三个组成部分中的每一个都以相互支持的方式作出贡献,在组成和形态方面表现出显著的协同作用。以 TiO_2 为主要活性材料,可以充分保持复合材料的高循环稳定性,Fe_3O_4 作为二次活性材料可以提供高容量,而石墨烯则保证了足够的导电性。在微观层面上,Fe_3O_4 纳米粒子和 TiO_2 纳米棒起到隔膜的作用,防止石墨烯纳米片重新堆积。石墨烯纳米片作为一种组装基材,也阻止了 TiO_2 纳米棒和 Fe_3O_4 纳米粒子的团聚。Huang 课题组[21]以天然纤维素为结构载体和碳源制备了纳米纤维 Fe_3O_4–TiO_2– 碳三元复合材料。采用溶胶 – 凝胶法在纤维素表面沉积了一层 TiO_2,然后通过水热反应制备 Fe_3O_4 纳米粒子,然后进行炭化和热退火。这样,直径约为 30 nm,长度小于 100 nm 的 Fe_3O_4 纳米粒子被锚定在 TiO_2 包覆的碳纳米纤维表面。在煅烧过程中,由于水分子的流失,Fe_3O_4 颗粒内部形成了孔隙。Fe_3O_4–TiO_2– 碳复合材料的比表面积为 258 $m^2 \cdot g^{-1}$,平均孔径约为 3.9 nm。Jin 等[37]以 MnO_x/Fe_2O_3 纳米管为模板,通过聚合法合成 MnO_x/Fe_2O_3/ 聚吡咯(PPy)纳米管。MnO_x/Fe_2O_3/PPy 纳米管表面粗糙。聚吡咯薄膜在 MnO_x/Fe_2O_3 纳米管上均匀生长,形成一维纳米结构。多组分的结合创造了更多的内部空间,有效地缓冲了充放电过程中材料的体积变化,抑制了材料在充放电过程中的聚集。段的团队以牛血清白蛋白为碳源制备了 Fe_3O_4@C@Mn_3O_4 多层核壳多孔球。

Guo 等[211]利用溶胶 – 凝胶原位聚合和碳化相结合的方法,研制了 SnO_2–Fe_2O_3@C 三元锂电池电极纳米复合材料。原位聚合不仅抑制了金属氧化物颗粒的团聚和生长,而且通过均相沉淀法和溶剂热处理制备了还原石墨烯 –Fe_3O_4–SnO_2–C 杂化纳米复合材料。纳米 Fe_3O_4 和 SnO_2 均匀分散在还原石墨烯纳米片上,完全被最外层的碳层包裹,形成三明治状的缓冲结构。多粒子层堆积成纳米孔,平均粒径为 5.8 nm,这些结构特征将提高复合材料的锂离子电池电极性能。

4.5 潜在应用

铁基材料在光催化、水处理、气体传感器、磁存储、超导体、锂电池和超级电容器等领域得到了广泛的研究[236-247]。铁基材料的应用仅限于锂离子电池和超级电容器。

4.5.1 锂离子电池

锂离子电池以其高能量密度、无记忆效应、重量轻、自放电小、环保等特点,在消费电子电力市场中占据绝对优势[54, 65, 89, 248]。锂离子电池也被认为是电动汽车动力系统和智能电网储能系统的首选储能单元。这些新兴的应用对锂离子电池的能量密度提出了更高的要求。因此,锂离子电池的性能必须得到显著的改善。众所周知,锂离子电池是由阳极和阴极组成的,它们是由离子渗透膜隔开的。同时,电解质中的锂离子连接着两个电极。锂离子电池的充放电过程伴随着电极间的电荷和传质。因此,电极的性能对电池的性能影响巨大。商业石墨阳极具有体积变化小、结构稳定性好等优点,但其理论比容量相对较低(372 $mAh \cdot g^{-1}$),限制了其在高能量密度电源中的应用。铁基材料具有较高的理论比容量,被认为是锂离子电池的下一代电极材料。然而,在嵌锂 / 脱锂过程中,它们的电导率差,体积变化大,导致容量迅速下降,速率性能不理想。为了解决上述问题,制定了两种方法。一种方法是利用复合材料来提高导电性,提高结构稳定性。另一种方法是利用复杂的结构,大面积接触电解质和孔隙度来缓冲体积变化。

1. 铁基材料及其复合电极

为了提高铁基材料的电化学性能,形成纳米复合材料已成为一种广泛应用的方法。例如,碳材料被用作外壳来封装铁基材料,以减少其破碎和团聚,从而提高循环稳定性。结合具有优良导电性的材料,可以有效地解决铁基材料导电性能差的问题。此外,由于铁基材料和各种过渡金属氧化物的协同作用,提高了材料的可逆容量和循环稳定性。根据铁基复合材料的组成,可分为五类:(1)铁 – 碳复合材料,(2)铁 – 石墨烯复合材料,(3)铁 – 碳纳米管复合材料,(4)其他金属氧化物复合材料和(5)铁 – 聚合物复合材料。碳涂层提高了电极的导电性,防止了铁基材料的团聚。Mu等人研制的泡沫状Fe_3O_4/C复合电极在400次循环200 $mA \cdot g^{-1}$下，可逆容量为1 008 $mAh \cdot g^{-1}$。与其他$Fe_3O_4@C$复合材料相比，石榴类$Fe_3O_4@C$纳米颗粒[128]的初始比容量为1 215 $mAh \cdot g^{-1}$，在电流密度为1 500 $mA \cdot g^{-1}$的情况下，具有显著的倍率能力（573 $mAh \cdot g^{-1}$）和循环性能（806 $mAh \cdot g^{-1}$）。如此高的性能归功于独特的石榴类结构，因为它能承受Li插入/脱出反应引起的机械变形，防止$Fe_3O_4@C$纳米粒子断裂。此外，Fe_3O_4纳米晶和碳球的小尺寸分别为15 nm和45 nm，这是导致活性物质与电解质之间高界面面积的主要原因，从而缩短了Li离子的迁移距离。

N掺杂碳壳层形成了稳定的固体电解质界面（SEI），降低了锂离子储存的初始容量损失，提高了Fe_3O_4的可逆性。陈与其合作者制备的N掺杂海胆状$Fe_3O_4@C$复合材料在500 $mA \cdot g^{-1}$下，经100次循环后，可逆比容量为800 $mAh \cdot g^{-1}$。Hen组[61]制备了掺氮空心碳球（$Fe_2O_3@N\text{-}C$）中的超细Fe_2O_3纳米粒子（$Fe_2O_3@N\text{-}C$）。当电流密度为100 $mA \cdot g^{-1}$时，经50次循环后，容量为1 573 $mAh \cdot g^{-1}$。在大电流密度为1 $A \cdot g^{-1}$的情况下，100次循环后，可逆容量可维持在1 142 $mAh \cdot g^{-1}$。超细Fe_2O_3纳米粒子均匀分布在氮气碳球壳层中，其独特的结构促进了快速的电化学动力学，有效地防止了Fe_2O_3纳米粒子在脱硫过程中的聚集。此外，空心结构有效地缓冲了体积变化，防止球体破碎。

石墨烯和铁基纳米粒子之间的协同作用已被用来改善氧化铁基电极的性能。Zapien课题组[166]报道的Fe_3O_4纳米粒子和石墨烯复合材料在200 $mA \cdot g^{-1}$下100次循环后的比容量为868 $mAh \cdot g^{-1}$。在1 $A \cdot g^{-1}$循环200次后，比容量仍高达539 $mAh \cdot g^{-1}$，库仑效率在99%以上。由Sun课题组[212]制备的还原石墨烯-Fe_3O_4-SnO_2-四元杂化纳米复合材料在200 $mA \cdot g^{-1}$电流密度下，在100次循环后表现出868.6 mA的可逆容量。当高电流密度为2 $A \cdot g^{-1}$时，可逆容量仍保持在414.7 $mAh \cdot g^{-1}$。

Mu及其合作者[56]制备的$Fe_3O_4@C$/多孔还原微晶石墨烯（PrMGO）复合材料具有较高的可逆容量和良好的循环稳定性。$Fe_3O_4@C/PrMGO$复合材料的结构在高充放电速率下是稳定的。当电流密度从100 $A \cdot g^{-1}$增加到3 200 $mA \cdot g^{-1}$，再回到100 $mA \cdot g^{-1}$时，复合材料的容量恢复到946.1 $mAh \cdot g^{-1}$，甚至高于初始循环。在随后的40次循环中，复合材料的可逆容量仅缓慢增加到1 106.4 $mAh \cdot g^{-1}$。此外，在大电流密度1 000 $A \cdot g^{-1}$下，200次循环后，比容量保持在530 $mAh \cdot g^{-1}$。当电流复位到100 $A \cdot g^{-1}$时，可逆容量立即上升到1 015 $mAh \cdot g^{-1}$。在随后的30次循环中，可逆容量急剧增加到1 216 $mAh \cdot g^{-1}$。如图4.11c ~ d和PrMGO

衬底的协同效应。经过速率测试，进一步优化了复合材料的结构，使 Fe_3O_4@C 纳米粒子与 PrMGO 纳米片的接触更加紧密。此外，PrMGO 不仅提供了丰富的折叠微芯片，而且为充放电过程中的应变松弛提供了合适的孔洞结构。

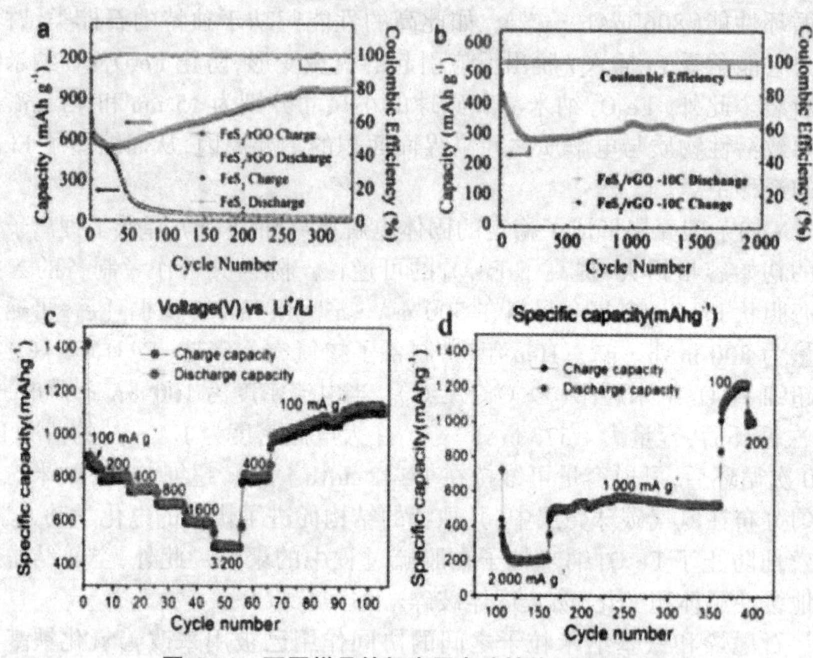

图 4.11　不同样品的锂离子电池性能测试结果

在电流密度为 200 A · g^{-1} 的条件下，Shang 课题组 [50] 制备的 Fe_2O_3/SWNT 复合薄膜的可逆容量为 1 007.1 mA · h^{-1}，5 A · g^{-1} 的倍率为 384.9 mA · h^{-1}。2 A · g^{-1} 循环 600 次后，放电容量保持在 567.1 mA h · g^{-1} 水平。HEN 团队 [62] 制备的 Fe_3O_4–Fe@ 竹状碳纳米管在 300 mA · g^{-1} 电流密度下 100 次循环后，库仑效率达到 97% 以上，可逆容量接近 800 mAh · g^{-1}。Sun 等 [63] 原子层沉积制备的 Fe_2O_3@NTS 复合材料，在电流密度为 500 mA · g^{-1} 的情况下，经 400 次循环后，具有 859.7 mAh · g^{-1} 的高可逆容量。当电流密度为 10 A · g^{-1} 时，Fe_2O_3@CNTs 电极的循环容量可达 464.4 mAh · g^{-1}。以氧化铁为基材的纳米复合材料具有良好的电化学性能，例如 SnO_2/Fe_2O_3 空心球电极具有较高的初始放电容量 1 726.6 mAh · g^{-1}。郭等人报道的 SnO_2–Fe_2O_3@C 三元纳米复合材料在 400 mA · g^{-1} 电流密度下，经过 380 次循环后，具有超过 1 000 mAh · g^{-1} 的可逆容量，这是 SnO_2、Fe_2O_3 和 C 协同作用的结果。在电流密度为 0.1C 的条件下，张合成的 Fe_3O_4@C@Mn_3O_4 多层核壳多孔球的初始比容量为 1 261 mAh · g^{-1}，200

次循环后,可逆容量保持在 987 mAh·g^{-1}。Yang 等[9]制备的 MnO_2/Fe_2O_3 支化纳米棒在 1 A·g^{-1} 电流密度下 200 次循环后,其可逆比容量为 1 028 mAh·g^{-1}。即使在电流密度为 4 A·g^{-1} 时,仍能保持 881 mAh·g^{-1} 的可逆容量。Zhao 及其同事[32]制备的 Mn_3O_4/Fe_3O_4 纳米花,由于不同氧化物组分的协同作用和花形结构中相互连接的空隙,表现出良好的可逆能力和循环稳定性。当 Mn_3O_4/Fe_3O_4 电极在 300 mA·g^{-1} 下充电放电时,200 次循环后的初始容量高达 1 510 mAh·g^{-1},可逆容量为 1 040 mAh·g^{-1}。

导电聚合物不仅具有很高的导电性,而且还能提高复合材料的机械强度和稳定性。例如,Lee 课题组[24]开发了 Fe_2O_3@ 聚苯胺(PANI)的分层核壳空心结构。与无刻蚀(Fe_2O_3)和 PANI 涂层的类胆状 Fe_2O_3 和无 PANI 涂层的海胆状空心 Fe_2O_3 相比,Fe_2O_3@PANI 具有更高的可逆容量和长期循环稳定性。Fe_2O_3@PANI 电极的容量为 893 mAh·g^{-1},电流密度为 0.1C,最高可达 100 次,高于非空心 Fe_2O_3 电极的 680 mAh·g^{-1} 和 Fe_2O_3 电极的 732 mAh·g^{-1}。当电流速率从 0.1C 提高到 10C 时,容量仍保持在 681 mAh·g^{-1},远高于非空心 Fe_2O_3 电极。由于多组分和导电聚吡咯层的协同作用,Jin 及其合作者[37]合成的 MnO_x/Fe_2O_3/ 聚吡咯纳米管在 200 mA·g^{-1} 电流密度下,在 100 次循环后保持了较高的可逆比容量 1 060 mAh·g^{-1}。当高电流密度为 5 A·g^{-1} 时,比容量可保持在 630 mAh·g^{-1}。由 Zhang 和同事[208]制备的聚(St–AN)(PSA)–Fe_3O_4@C 介孔微球具有较高的循环性和高倍率性能。柔性 PSA@C 导电骨架不仅保证了材料的高导电性,而且提供了材料的结构完整性。此外,层状介孔结构促进了 Li 离子的扩散,增加了与电解质的接触面积。当电流密度为 500 mA·g^{-1} 时,PSA–Fe_3O_4@C 电极的可逆容量呈缓慢增加趋势。100 次循环后,可逆容量高达 1 293 mAh·g^{-1}。100 次循环后,当电流密度分别为 2 A·g^{-1}、8 A·g^{-1} 和 10 A·g^{-1} 时,可逆容量分别保持在 928 mA·g^{-1}、677 mAh·g^{-1} 和 599 mAh·g^{-1}。

2. 结构复杂的铁基纳米电极

复杂结构,特别是空心或微孔结构的合成是提高铁基材料电化学性能的一种综合方法。近年来,许多独特的纳米结构被开发出来,它们可以减轻锂的插入 / 脱出过程中的体积变化,提供更多的锂嵌入位,优化离子和电子的扩散路径,缩短扩散距离,减少由于 SEI 层的重复形成而导致的活性物质损失。在本节中,将讨论五类纳米结构电极。即球形、空心球形、核壳、纳米盒和花状纳米结构。铁基微球或介孔微球具有良好的电化学性能。Pan 课题组[100]制备的磁铁矿(γ–Fe_2O_3)纳米球具有独特的结构,能够缓冲锂/脱硫过程中的体积变化。该电极的初始充电容量为1 060 mAh·g^{-1},循环容量稳定在1 077.9 mAh·g^{-1}。Zhang课题组[105]经赖氨酸辅助水热法制备的分级多孔Fe_2O_3微球具有良好的电化学性能,具有良好的层次性和有序的微观结构。当电流密度为100 mA·g^{-1}时,初始比容量为1 079 mAh·g^{-1},430次循环后仍保持在705 mAh·g^{-1}。制备的Fe_3O_4/石墨烯球在电流密度为2 A·g^{-1}的情况下,经100次循环后,可逆容量为981 mAh·g^{-1}。由于聚合物凝胶膜的形成和电解质的分解,Fe_3O_4/石墨烯纳米结构的放电容量在100次循环后逐渐增大,在第300次循环时达到1 050 mA·g^{-1}。当高电流密度为7 A·g^{-1}时,在1 000次循环后,Fe_3O_4/石墨烯的可逆容量保持在690 mAh·g^{-1}。当极高电流密度为30 A·g^{-1}时,电极仍具有稳定的可逆容量为540 mAh·g^{-1}。

空心微球具有良好的电化学性能,是一种极有前途的电极材料。以包覆Fe_3O_4纳米颗粒的介孔碳纳米片为原料,通过超声喷雾裂解法制备了温氏[181]组制备的Fe_3O_4/C空心微球。Fe_3O_4/C复合材料在1.0 A·g^{-1}下200次循环后,其可逆容量保持在600 mAh·g^{-1},在低电流密度0.1 A·g^{-1}下,其高值为1 030 mAh·g^{-1}。由Yang等人合成的含空心球的Fe_3O_4/C复合材料具有稳定的电化学循环寿命。其初始电容为1 450.1 mAh·g^{-1},100 mA·g^{-1}循环后,具有较高的可逆容量130 mAh·g^{-1}。与Fe_2O_3空心球相比,Li课题组[20]制备的Ag–Fe_2O_3空心球在电流密度为100 mA·g^{-1}的条件下,200次循环后的容量可达953.2 mAh·g^{-1}。Ag–Fe_2O_3电极在1 000 mA·g^{-1}时,在200次循环中,容量为678 mAh·g^{-1}。结果表明,Ag–Fe_2O_3电极曲线有三个阶段。在第一阶段,由于电极材料的活化,Ag–Fe_2O_3电极在60次循环前,比容量逐渐增大。在第二阶段,电极分解以60~125循环为主,电极性能下降。在第三阶段,电极容量从125次逐渐增加到200次。有机聚合物凝胶状膜的形成和分解为锂的储存提供了额外的场所。在整个过程中,外部SEI层可能受到破坏、剥落和改造,在循环过程中形成不稳定的SEI层。当结构细化时,会形成一种不分裂的薄而稳定的SEI薄膜,并且在很长一段时间内,再激活的电极将表现出良好的循环稳定性。这种现象是电极性能先下降后增加的现象,在其他研究中也有发现。

如上所述,核壳纳米结构有空隙,可以抵抗在锂化过程中的体积膨胀。由Yu课题组[101]报道的FeOx@C核壳结构,其可逆容量为810 mAh·g^{-1},在0.2 C时具有良好的循环稳定性(100循环时容量保持率为97.4%)。Yang课题组[47]制备的Fe_3O_4@孔洞@N掺杂碳核壳复合材料具有较高的电化学性能。500次循环后,电流密度为1 A·g^{-1},容量为

860 mAh · g^{-1}，是 Fe_3O_4@ 空位碳基电极的两倍多。Fe_3O_4@voidN-C 的比容量先下降后增加，这是核壳纳米结构电极的一个典型特征，通过观察充电过程中微观形貌的变化，可以很好地解释这个现象。以核壳 Fe_3O_4@ 氮掺杂碳（Fe_3O_4@N-C）为电极，在前 16 次循环中可逆容量下降，然后缓慢上升。第二循环可逆容量为 815.7 mAh · g^{-1}，第 16 周期达到 713 mAh · g^{-1} 的最低水平。150 次循环后，可逆容量提高了 16.7%，500 mA · g^{-1} 仍保持在 832 mA · h^{-1}。图 4.12 显示了 Fe_3O_4@N-C 胶囊在第 50、100 和 150 次循环后的形貌。由于充放电过程引起的体积膨胀，部分 Fe_3O_4 核在第 50 次循环后分解为小颗粒，如图 4.12（A）a ~ b 所示。将 Fe_3O_4 核分解成 Fe_3O_4 纳米粒子有助于增加电极材料中活性中心的数量。随着循环过程，核心继续分解，如图 4.12（A）c ~ d 所示。Fe_3O_4 的小颗粒几乎填充了整个碳壳层，内部空隙大大缩小，但活化点的数量却大大增加。在第 150 次循环后，Fe_3O_4 核分解成较小的纳米粒子，完全封闭在碳壳层内，如图 4.12（A）e ~ f 所示。充放电过程的体积膨胀将核心分解成小颗粒，提供了更多的活化中心和孔洞，从而进一步提高了电化学性能。由于碳壳的保护作用，主轴状结构保持完整，因此，电极性能没有降低，而是由于核的分解而增加了活化位点的数量。图 4.12（B）图示了 Fe_3O_4@N-C 纳米胶囊在电化学循环过程中的形貌和体积变化过程。

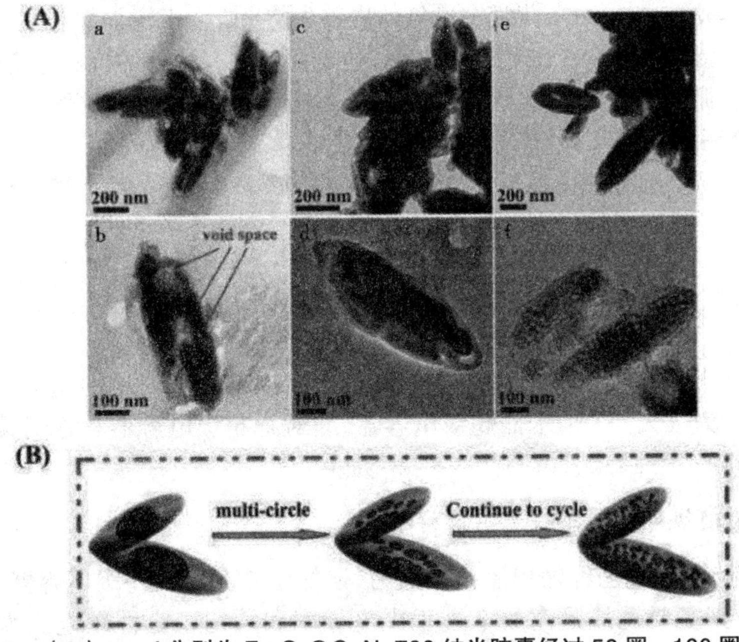

图 4.12　（A）a ~ f 分别为 Fe_3O_4@C-N-700 纳米胶囊经过 50 圈，100 圈，150 循环时产物的 SEM 照片、TEM 照片；（B）电极反应时体积变化示意图

方形空心纳米盒是另一种常见的空心结构。在 Xu 等[145]制备的 Fe_3O_4/Vox@ 杂化空心微盒中，外层碳层不仅提高了电极的导电性，而且保持了结构的稳定性。空心结构和纳米孔在充放电过程中平滑了 Li 离子的扩散路径，减小了体积膨胀 Fe_3O_4/Vox@C 电极在 500 mA·g^{-1} 电流密度下，400 次充放电循环后，可逆容量为 742 mA h·g^{-1}。在 200 mA·g^{-1} 电流密度下循环后，Song 课题组[149]制备的空心氮掺杂 Fe_3O_4/碳纳米颗粒比容量为 878.7 mAh·g^{-1}。由 Sun 的团队[137]合成的 Fe_3O_4 微花在 100 mA·g^{-1} 的电流密度下，经 50 次循环后，其可逆容量约为 1 Ah·g^{-1}。

Liu 和同事共同制备的 Fe_2O_3 纳米薄膜电极具有独立的结构，具有超长的循环寿命和较高的容量，在 2C 条件下经 1 000 次循环后，可逆容量为 808 mAh·g^{-1}。在 3 000 次循环后，在 6C 下保持了 530 mAh·g^{-1} 的高容量，用两轮不同电流速率下的速率能力测试了 Fe_2O_3 纳米薄膜的速率性能。当电流从 0.2 C 增加到 50 C 时，比电容从 899 mAh·g^{-1} 下降到 128 mAh·g^{-1}，而当电流速率从 50℃恢复到 0.2C 时，可逆电容恢复到 946 mAh·g^{-1}。Fe_2O_3 纳米薄膜电极在第二轮速率容量测量过程中的速率容量与第一轮测试结果基本一致。Liu 等人认为 Fe_2O_3 纳米薄膜的二维结构特性是提高其电化学性能的关键因素。首先，Fe_2O_3 纳米薄膜独特的机械起皱和弯曲作用有效地缓冲了嵌锂/脱锂诱导应变。由于 SEI 膜的形成，Fe_2O_3 纳米薄膜在反复的嵌锂/脱锂应变下增加并起皱。纳米薄膜保持良好的层状结构，不粉碎。纳米薄膜具有良好的机械稳定性，可以延长循环寿命。其次，通过平行的 Fe_2O_3 纳米膜和电解质形成了大量的“微型电容器”，提供了过多的活性贡献。二维纳米薄膜结构电极可以延长高倍率电池的循环寿命，提高电池的倍率性能，这一点已得到奥古斯丁等人的证实。

4.5.2 超级电容器

根据铁基超级电容器的结构特点和应用，将本节讨论的铁基超级电容器分为三大类：纳米晶超级电容器、非对称超级电容器和透明柔性超级电容器。

1. 超级电容器用铁基纳米材料

近几年来，已经做出了许多努力，以探索铁基材料超级电容器性能。目前，其主要挑战是充放电过程中电导率和结构稳定性较差。为了解决这些问题，铁基材料的纳米结构设计合成是最常用的方法，例如纳米棒[76]，纳米薄板[18]，纳米管[14, 59, 257]和纳米球[15, 86]。Yang 课题组[253]

制备的 Fe_3O_4 纳米粒子在 0.4 A · g^{-1} 下的比容量为 207.7 F · g^{-1}，10 A · g^{-1} 的比容量为 90.4 F · g^{-1}。

将铁基纳米材料与碳层[7]、碳纳米管[132, 258]和石墨烯[30, 160]等高导电材料相结合，是提高铁基材料导电性能的有效方法。由于铁基材料的高电容和纳米碳材料的优异导电性的协同效应，这些铁基复合材料表现出比原始铁基材料更好的电化学性能。此外，它们还具有抑制相互聚集的作用。他的团队[7]合成了一个 C–Fe_3O_4 空心球，具有允许活性中心完全接触的多孔结构，从而促进了界面氧化还原反应。Fe_3O_4 在多孔炭壁上的均匀分布充分利用了碳导电网络。当电流密度为 2 A · g^{-1} 时，C–Fe_3O_4 材料的最大容量为 1 153 F · g^{-1}。即使在 100 A · g^{-1} 的电流密度下，容量仍保持在 514 F ·g^{-1}，容量保持率为 45%。当电流密度增加到 5 A ·g^{-1} 时，比电容仅从 914 F · g^{-1} 微降至 886 F · g^{-1}，约为 3.1%。外碳层的分层多孔结构促进了离子扩散和与 Fe_3O_4 物种的反应。外多孔碳层与均匀分布的 Fe_3O_4 物种之间的协同效应是提高电容性能的主要原因。

由于 Fe_2O_3/ 石墨烯氧化物纸（GP）具有较大的比表面积和较快的电子输运速度，在电流密度为 5 mA · cm^2 时，其比电容约为 3.08 F · cm^2，约为 Fe_2O_3/ 炭纸（0.22 F · cm^2）的 14 倍。在 5 000 次循环后，Fe_2O_3/GP 复合电极保持了初始电容的 95% 左右。Hsu 课题组[258]制备的 Fe_2O_3 纳米棒 / 纳米线复合材料具有很高的可逆性和作为超级电容器电极的倍率性能，具有优良的比电容 287.4 F · g^{-1}，能量密度 64.6 WH · kg^{-1}，功率密度 18 kW · kg^{-1}。由 Doong 课题组[132]制备的 N 掺杂石墨烯量子点 @Fe_3O_4–羟基磷灰石纳米管复合材料具有优异的电化学性能。在中性电解质溶液中，当电流密度为 0.5 A · g^{-1} 时，电极的比电容达到 418 F · g^{-1}。此外，纳米复合材料的高能密度为 29 WH · kg^{-1}，高功率密度为 5.2 kW · kg^{-1}。经 3 000 次充放电循环后，原电容保持约 82%。

石墨烯的加入可以改善铁基材料的电化学性能。例如，Xia 课题组[30]制备的非晶态 FeOOH 量子点 / 石墨烯杂化纳米片具有良好的敏化效应，比电容约为 365 F · g^{-1}。同时，该复合电极具有良好的循环性能和良好的速率性能。

当电流密度为 4 A · g^{-1} 时，经 2 万次循环后，电容仍保持在 89.7% 左右。当电流密度为 128 A · g^{-1} 时，电容仍处于 189 F · g^{-1} 的较高水平。当较低的切断电压延长到 –1.0 和 –1.25 V 时，比电容分别提高到 403 F · g^{-1} 和 1 243 F · g^{-1}。将 Fe_2O_3/FeOOH 纳米棒固定在石墨烯片上，既防止了 Fe_2O_3 纳米棒的团聚，又防止了石墨烯片的重排。Yang 等人[161]制备的 Fe_2O_3/ 石墨烯电极性能优良，比电容为 320 F · g^{-1}，在 10 mA · cm^{-2}

处具有较好的电化学稳定性（500 次循环后电容保持在 97%）。Zhang 课题组[218]合成了超细 $\alpha-FeOOH$ 纳米棒 /GO 复合材料作为超级电容器的电极材料。当电流密度为 10 A·g^{-1} 时，其比电容为 127 F·g^{-1}，具有优良的倍率性能（20 A·g^{-1} 为 100 F·g^{-1}）和良好的循环性能，在 5 A·g^{-1} 下经 2 000 圈循环后容量保持率可达 85%。Quan 等人[162]制备了二维 $\alpha-Fe_2O_3$/ 还原氧化石墨烯（RGO）纳米复合电极，其比电容为 903 F·g^{-1}，电流密度为 1 A·g^{-1}，远高于纯 $\alpha-Fe_2O_3$（347 F·g^{-1}）和 RGO（167 F·g^{-1}）电极。

Jiao 等[259]合成的 Fe_3O_4 纳米粒子 / 还原石墨烯复合材料经 3 000 次循环后，在 0.5 A·g^{-1} 下具有 220.1 F·g^{-1} 的高比容量。与 Fe_3O_4 纳米粒子相比，多面的 Fe_3O_4 纳米粒子与 RGO 纳米粒子的接触面积增大，接触更紧密。Kumar 等人[28]将三维 Fe_3O_4 纳米粒子锚定在还原石墨烯纳米片（RGO NSS）的网络上，其大面积 CV 曲线的扫描速率为 8 mV·s^{-1}。Fe_3O_4 纳米粒子被锚定在 RGO NSS 相互连接的开放空间中。Fe_3O_4 纳米粒子抑制 rGO NSS 的再沉积，而 Fe_3O_4 纳米粒子被 RGO NSS 分离，从而产生高的电容性能。在不同扫描速率（8、12、18 和 27 mV·s^{-1}）下，Fe_3O_4/rGO 复合电极的 CV 曲线除面积增大外，形状无显著性差异，扫速为 8 mV·s^{-1} 时测得比电容为 455 F·g^{-1}。电极的能量密度为 102.4 WH·kg^{-1}，功率密度为 2.027 kW·kg^{-1}。RGO NSS 结构减轻了 Fe_3O_4 颗粒的体积膨胀或收缩，并将其限制在氧化还原过程中的空隙内，保证了较高的循环稳定性。当电流密度为 3.8 A·g^{-1} 时，在 9 500 次循环后，初始电容保持了 95%。讨论了纳米复合材料与其他氧化物改善铁基材料电化学性能的例子，例如，由 Gao 课题组[52]制备的 $\alpha-Fe_2O_3@Ni(OH)_2$ 纳米复合材料在电流密度为 16 A·g^{-1} 的 500 次循环后，比电容达到 356 F·g^{-1}，容量保持率为 93.3%。由于活性中心丰富，离子扩散距离缩短。湘等人在有序介孔碳中嵌入 $RuO_2-Fe_2O_3$ 纳米粒子，其最大比容量为 1 668 F·g^{-1}，远远高于 RuO_2/OMC（1 212 F·g^{-1}）。Fe_2O_3 的加入促进了 $RuO_2-Fe_2O_3$ 颗粒的均匀分散，减少了团聚，产生了良好的可逆性。经 3 000 次循环后，$RuO_2-Fe_2O_3$/OMC 复合超级电容器的初始容量保持了 93%。$RuO_2-Fe_2O_3$/OMC 复合电极的电容由双层电容效应和伪电容效应共同贡献，具有良好的电容能量密度。当功率密度为 200 W·kg^{-1} 时，电极的能量密度为 134 WH·kg^{-1}。即使在功率密度为 6 000 W·kg^{-1} 时，电极的能量密度仍可达到 80 WH·kg^{-1}，几乎是 RuO_2/OMC（48 WH·kg^{-1}）的两倍。用水热法在 FeS_2 纳米片上合成了 Fe_2O_3 纳米球的分级异质结构，其电容性能优于纯 Fe_2O_3 电极。该复合电极比电容为 255 F·g^{-1}，在电流密度为 8 A·g^{-1}

时表现出较好的倍率性能（145 F·g^{-1}）。

2. 非对称超级电容器

正如前面所讨论的那样，低能量密度限制了超级电容器的发展和应用。根据能量密度（E）、比电容（C）和电压（V）之间的关系，$E=1/2\ CV^2$，可以通过增加比电容（C）和电压（V）来增加能量密度。由于通过配置正极和负极可以在不同的电位窗口上提高电压，不对称超级电容器（ASCs）的发展已成为一种很有吸引力的方法。ASCs通常由双层电极作为电源，电池型法拉第电极作为能量源，不仅工作在较宽的电压范围内，而且提供了较高的能量密度。因此，ASCs有望成为混合动力汽车、MEMS、手持电子设备和传感器领域的潜在应用对象。近年来，在正极材料方面取得了很大进展，但阳极材料仍处于发展阶段。目前，主要阳极材料是碳，其比容量与阴极不匹配。此外，由于水电解质中阴极–阳极电位窗口的限制，组装的ASCs的工作电压通常低于2 V。由Wong课题组[219]合成的非晶态规整型FeOOH纳米电极具有很高的假电容，为1.11 F·cm^{-2}或867 F·g^{-1}。以FeOOH和Co–Ni双氢氧化物为阳极和阴极，组装了一种不对称超级电容器，其功率密度可达1 831.6 W·kg^{-1}或15.3 mW·cm^{-3}。不对称超电容能提供86.4 WH·kg^{-1}或0.7mW·cm^{-3}的高能量密度。

碳质材料已被用作制备ASCs的正极材料之一。以柠檬酸铁铵为前驱体，氧化石墨烯为结构导向剂，以正电极为正极，多孔碳为负极，Shen课题组[261]合成了Fe_3O_4@碳纳米复合材料。在KOH/PVA凝胶电解质中，当功率密度为351 W·kg^{-1}时，非对称超级电容器的最大能量密度为18.3 WH·kg^{-1}。He课题组[7]报道了以双碳壳C–Fe_3O_4和活性炭（AC）为电极的不对称超级电容器。当电流密度分别为1 A·g^{-1}和8 A·g^{-1}时，相应的比电容分别为117 F·g^{-1}和50 F·g^{-1}。当电流密度为1.5 A·g^{-1}时，在8 000次循环后，初始容量可保持96.7%。ASC器件在功率密度为400 ~ 8 000 W·kg^{-1}时，能量密度为17 ~ 45 W·h^{-1}。Lin等人制备的Fe_3O_4/还原氧化石墨烯（RGO）复合电极在1 A·g^{-1}处的电容为661 F·g^{-1}。以Fe_3O_4/rGO为阳极，NiO/Ni_3S_2/3D石墨烯为阴极，在扫描速率为5 mV·s^{-1}时，最大电容为233 F·g^{-1}，在功率密度为930 W·kg^{-1}时，获得了不对称超级电容器（ASC）。由于一维同轴纳米结构和精细集成导电层的存在，Wei等人[213]研制的FeOOH@PPy电极在电流密度为1 A·g^{-1}时，比电容为1 140 F·g^{-1}，是纯FeOOH电极的两倍。当功率密度为800 W·kg^{-1}时，ASC器件的最佳能量密度达到39.1 WH·kg^{-1}。Lv等[35]人合成的核壳α–FeOOH@MnO_2异质结构比α–FeOOH中空纤维微球具有更高的电化学性能，当电流密度为 1 A · g^{-1} 时，α-FeOOH@MnO_2 电极的比电容达到 597 F · g^{-1}，这是使用 α-FeOOH 电极（232 F · g^{-1}）的两倍多。当电流密度增加到 10 A · g^{-1} 时，α-FeOOH 电极的电容仍保持在 74.2% 以上，高于 FeOOH 作为电极材料比容量的 60%。2 000 圈循环后，α-FeOOH 电极的电容保留率高达 97.1%，仍高于 FeOOH 作为电极材料比容量的 93.2%。ASC 器件的最大能量密度为 34.2 WH · kg^{-1}，功率密度为 815 W · kg^{-1}。

MnO_2 是另一种广泛应用于 ASC 器件的正极材料。Chen 等人 [18] 研制的 γ-FeOOH 纳米片具有优良的敏化性能，其功率密度达到 9 000 W · kg^{-1}。γ-FeOOH NSs 和二维 MnO_2 为阳极，正极材料的最大功率密度为 16 000 W · kg^{-1}，能量密度为 37.4 WH · kg^{-1}。在最大电池电压为 1.85 V 的温和水电解液中充电 / 放电时，Hu 课题组 [25] 制备的类鸢尾花结构 Fe_2O_3/ 聚吡咯（PPy）纳米阵列由于具有分层纳米结构而具有较高的电存储性能。当电流密度为 0.5 mA · cm^{-2} 时，Fe_2O_3/PPy 电极的面积电容为 382.4 mF · cm^{-2}，即使在 10 mV · s^{-1} 时仍保持在 170.5 mF · cm^{-2}。5 000 次循环后，初始容量保持了 97.2%。由 Fe_2O_3/PPy 阳极和 MnO_2 阴极组成的固体不对称超级电容器，在功率密度为 165.6 mW · cm^3 的功率密度下，表现出能量密度为 0.22 mWh · cm^{-3} 的高能量密度。Lu 课题组 [206] 研制了 Ti 掺杂 Fe_2O_3@ 聚（3,4- 乙基二氧噻吩）（PEDOT）纳米电极，在 1 mA · cm^{-2} 的电流密度下，表面电容为 1.15 F · cm^{-2}，远高于原电极（0.46 F · cm^{-2}）。此外，该装置具有很好的循环稳定性，30 000 次循环后保持率在 96% 以上。以 Ti 掺杂 Fe_2O_3@PEDOT 纳米棒阵列和 MnO_2 为阳极和正极材料组装了非对称超级电容器，最大能量密度为 0.89 mWh · cm^{-3}，30 000 圈循环电容保留率为 96.1%。

分层异质结构和杂化芯结构已被证明能够提供丰富的活性点 [75]。例如，Zhai 课题组 [8] 制备了一种分层异质结构组成 $NiCo_2S_4$@Fe_2O_3 NRS，CV 曲线在较宽的扫描速率范围（5 ~ 800 mV · s^{-1}）上呈不变形的矩形形状，结果表明，该复合电极具有良好的电容性能和较高的倍率性能。与 $NiCo_2S_4$ 和 Fe_2O_3 的电极相比，$NiCo_2S_4$@Fe_2O_3 电极具有更好的电容性能，充放电曲线更为对称。当电流密度为 5 mV · s^{-1} 时，$NiCo_2S_4$@Fe_2O_3 电极的比电容高达 342 F · g^{-1}。高导电 $NiCo_2S_4$ 支架和 Fe_2O_3NRS 整体结构提高了材料的电容性能。根据奈奎斯特图，$NiCo_2S_4$@Fe_2O_3 电极具有 0.76 Ω 的电极转移电阻，表明 $NiCo_2S_4$ 与 Fe_2O_3 颗粒之间存在快速法拉第反应。以 $NiCo_2S_4$@Fe_2O_3 纳米阵列为阳极，MnO_2 纳米片阵列为阴极，制备了 ASC。由于 ASC 器件的电压提高到 2.3 V，能量密度明显增加。在中性水溶液中，ASC装置在平均功率密度为196 mW·cm^{-3}的情况下，提供了2.29 mWh·cm^{-3}的体积能量密度。在高功率密度2 063 mW·cm^{-3}的情况下，ASC仍保持了1.08 mWh·cm^{-3}的能量密度，显示出优良的功率容量。

Xia课题组[39]制备的镍纳米管阵列（NiNTA）@Fe_2O_3电极具有优良的电容性能，在10 mV·s^{-1}下比电容为418.7 F·g^{-1}，远高于Fe_2O_3薄膜（76.4 F·g^{-1}）和Fe_2O_3纳米棒（177.1 F·g^{-1}）。NiNTAs@Fe_2O_3纳米电极即使在高电流密度为64 A·g^{-1}时，仍保持着215.3 F·g^{-1}的超高比容量。同时，电极的最小等效串联电阻（Rs）为2.3 Ω，电荷转移电阻（RCT）为2.3 Ω，超细空心纳米结构，有利于电子的收集及快速进行电极反应。同时，这种特殊结构也有利于电极的循环稳定性。在100 mV·s^{-1}循环5 000次后，液态ASC表现出良好的循环稳定性，电容保持率为92.3%，固态ASC保持率为79.3%。此外，ASC器件的CV曲线基本不变，具有较高的可逆性和循环稳定性。

4.5.3 透明柔性超级电容器

透明超级电容器在透明智能手机、植入式医疗设备和智能/可穿戴设备等领域有着广泛的应用。以往的研究主要集中在基于碳材料的薄膜上，如碳薄膜、二维rGO薄膜、二维CVD乙烯基石墨烯薄膜、二维碳纳米管薄膜[223, 263, 264]。质量负载与光学透过率之间一直存在着矛盾。高质量负载可以产生高电容，但导致透明度降低。到目前为止，透明超级电容器的电化学性能仍然远远低于不透明超级电容器。在这种情况下，过渡金属氧化物铁氧化物作为潜在的电极材料的透明柔性超级电容器。黄光裕和同事[15]制作了Fe_2O_3纳米线网络结构@石墨烯透明膜（FNW@Gr-TF）电极材料，石墨烯包裹Fe_2O_3纳米线，形成快速的三维导电网络结构。石墨烯层还将活性物质附着在ITO层上，大大提高了电极材料的稳定性。由于石墨烯的包覆效应，FNW@Gr-TF电极在10 000次循环后，其初始电容可保持92%以上，远高于不含石墨烯的FNW-TF电极的16.1%。FNW@Gr-TF电极扫描速率为10 mV·s^{-1}，比电容为3.3 mF·cm^{-2}，是碳材料电极透明器件的100倍以上。FNW@Gr-TF电极的体积能量密度为8 MWH·cm^{-3}，相当于基于FT-GP（430 μWh·cm^{-3}）264的透明电极电容器的18.6倍。其值也远大于碳膜（47 μWh·cm^{-3}）和石墨烯层超级电容器（50 430 μWh·cm^{-3}）的值。在550 nm波长下，FNW-TF电极的透过率约为62.5%。由于采用了聚乙烯醇（PVA）电解质和反电极，使组装超级电容器透光率降低到42.9%。超电容装置在0°、30°、60°和90°

弯曲时 CV 曲线无明显变化，如图 4.13 所示。这种突出的灵活性使得它在可穿戴和折叠电器行业有很大的潜力。

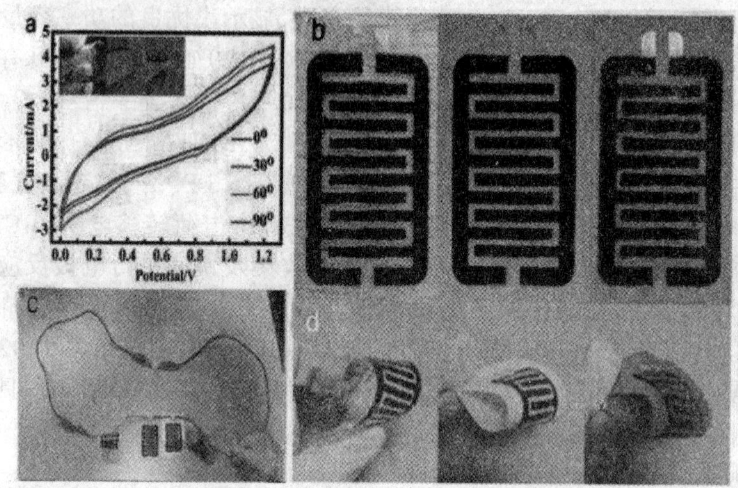

图 4.13　FNW@Gr–TF 材料在 100 mV · s^{-1} 扫速下获得的循环伏安曲线及实际测试图片

柔性 / 可穿戴消费类电子产品的迅速发展，要求储能设备不仅具有优良的电化学性能，而且还具有可折叠的性能，而柔性电容器通常需要使用柔性基板，如 PET、纺织品、碳布、不锈钢片、纸张和纤维等。

4.6　结论和展望

在这里，提出了一个全面的回顾，强调了在过去五年在设计和制备铁基纳米材料方面取得的重大进展。包括 Fe_2O_3/Fe_3O_4 的一维、二维和三维纳米结构的设计和合成，各种碳载体的铁氧化物纳米复合材料，其他金属氧化物和聚合物的纳米复合材料，以及最近的研究热点 – 氢氧化铁（FeOOH）材料。此外，还对铁基纳米材料在锂离子电池和超级电容器中的应用进行了综述。对于今后铁基电极材料的研究，本书认为应从以下几个方面进行研究。①新型纳米铁基材料的设计与合成。葡萄状结构和复杂空心球形结构等新结构的制备促进了铁基材料的发展。因此，这是这些材料的一个重要的研究方向。②纳米结构的形成机理。虽然已经准备了几个新的结构，但它们要么是偶然获得的，要么是依赖于经验。因此，其形成机制尚不明确。为了进一步完善和发展新的结构，有必要阐明其形成机制，这将是一个巨大的挑战，今后还需要加强。③电化学反应机理。

各种先进的技术被用来研究电极材料的电化学机理。例如,用光学显微镜原位观察了锂金属枝晶在电解质中的生长。用扫描电镜(SEM)观察了Si阳极的形貌变化,用原子力显微镜(AFM)研究了硅纳米线的界面电化学。用原位透射电镜(TEM)直接观察了$Ti_3Sn/NiTi$合金和Fe_2O_3/石墨烯的动态行为和转变机理。在自放电测量中,阐明了锂金属阳极枝晶的形成和SEI层的钝化。这些先进技术也可用于研究铁基材料的电化学反应机理,为新型纳米结构的设计和合成提供指导。④铁基电极材料在新领域的应用。众所周知,不同的应用对电极的结构和性能提出了不同的要求。例如,用于智能可穿戴设备的透明柔性电极要求较高的透光率和机械柔韧性,而电化学性能不应受到影响。⑤大规模应用的综合方法的优化与简化。目前,大多数合成工艺都比较复杂,成本效益不高,不适合商业应用。因此,开发一种简单、低成本、可扩展的精确控制化学成分和物理结构的方法是至关重要的。总之,铁基纳米材料的发展及其作为电极的应用还处于研究阶段,在工业应用方面还有很长的路要走。希望通过对近期研究进展的全面总结,为后续研究人员在这一有趣而又有前景的领域提供参考,促进铁基电极材料的发展。

目前的商业化电池已经不能满足社会快速发展下的需求,比如便携式电子器件、电动车、网络储能系统等。现在电池的发展需要具有更高的能量密度、更长的循环寿命,而且更安全廉价。过去200年间,绝大部分电池的研究关注的都是液态电解质系统,即使其具有高导电性和优秀的电极表面润湿性,但其电化学性能和热稳定性不好,离子选择性低,安全性差。而用固态电解质替代液态电解质不仅克服了液态电解质持久的问题,也为开发新的化学电池提供了可能性,基于这些优点,固态电解质电池的研究使用已经出现迅速增长的趋势。随着不断地研究,研究者们也已经认识到这些系统所面临的科技问题,氧化铁纳米材料作为电极材料应用于固态电解质锂离子电池将成为储能方向发展的必然趋势。

参考文献

[1]Hongbo Geng, Danhua Ge, Shuanglong Lu, et al. Preparation of a γ-Fe_2O_3/Ag nanowire coaxial nanocable for high-performance lithium-ion batteries[J]. Chemistry-A European Journal, 2015, 21: 11129-11133

[2]Zhaolin Na, Gang Huang, Fei Liang, et al. A core-shell Fe/Fe_2O_3

nanowire as a high-performance anode material for lithium-ion batteries[J]. Chemistry-A European Journal, 2016, 22: 12081-12087

[3]Seung Ho Choi, Yun Chan Kang. Fe_3O_4-decorated hollow graphene balls prepared by spray pyrolysis process for ultrafast and long cycle-life lithium ion batteries[J]. Carbon, 2014, 79: 58-66

[4]Kangzhe Cao, Lifang Jiao, Huiqiao Liu, et al. 3D hierarchical porous α-Fe_2O_3 nanosheets for high-performance lithium-ion batteries[J]. Adv. Energy Mater. 2015, 5: 401421

[5]X. Wen, Wei Xiaolin, Yang Liwen, et al. Self-assembled FeS_2 cubes anchored on reduced graphene oxide as an anode material for lithium ion batteries[J]. J. Mater. Chem. A, 2015, 3: 2090-2096

[6]Ying Jin, Liyun Dang, Hao Zhang, et al. Synthesis of unit-cell-thick α-Fe_2O_3 nanosheets and their transformation to γ-Fe_2O_3 nanosheets with enhanced LIB performances[J]. Chemical Engineering Journal, 2017, 326: 292-297

[7]Xiangcun Li, Le Zhang, Gaohong He. Fe_3O_4 doped double-shelled hollow carbon spheres with hierarchical pore network for durable high-performance supercapacitor[J]. Carbon, 2016, 99: 514-522

[8]Ruyue Jia, Feng Zhu, Shuo Sun, et al. Dual support ensuring high-energy supercapacitors via high-performance $NiCo_2S_4$@Fe_2O_3 anode and working potential enlarged MnO_2 cathode[J]. Journal of Power Sources, 2017, 341: 427-434

[9]Gu Xin, Chen Liang, Ju Zhicheng, et al. Controlled growth of porous α-Fe_2O_3 branches on β-MnO_2 nanorods for excellent performance in lithium-ion batteries[J]. Adv. Funct. Mater., 2013, 23: 4049-4056

[10]Chang Liu, Yinglin Wang, Peilu Zhao, et al. Porous α-Fe_2O_3 microflowers: Synthesis, structure, and enhanced acetone sensing performances[J]. J Colloid Interface Sci, 2017, 505: 1039-1046

[11]P. Sun, B. Wang, L. Zhao, et al. Enhanced gas sensing by amorphous double-shell Fe_2O_3 hollow nanospheres functionalized with PdO nanoparticles[J]. Sensors and Actuators B: Chemical, 2017, 252: 322-329

[12]Qianhui Wu, Rongfang Zhao, Wenjie Liu, et al. In-depth nanocrystallization enhanced Li-ions batteries performance with nitrogen-doped carbon coated Fe_3O_4 yolk-shell nanocapsules[J]. Journal of Power Sources, 2017, 344: 74-84

[13]Hongtao Xue, Denis Y. W. Yu, Jian Qing, et al, Pyrite FeS_2 microspheres wrapped by reduced graphene oxide as high-performance lithium-ion battery anodes[J]. J. Mater. Chem. A, 2015, 3: 7945-7949

[14]Lingjuan Ma, Hongbin Ma, Nanxing Gao, et al. Controllable synthesis of α-Fe_2O_3 nanotubes with high surface area: preparation, growth mechanism, and its catalytic performance for the selective catalytic reduction of NO with NH_3[J]. Journal of Materials Science, 2016, 51: 1959-1965

[15]Xuankai Huang, Haiyan Zhang, Na Li. Symmetric transparent and flexible supercapacitor based on bio-inspired graphene-wrapped Fe_2O_3 nanowire networks[J]. Nanotechnology, 2017, 28: 075402

[16]M. Chen, Zhao, E., Yan, Q., et al. The effect of crystal face of Fe_2O_3 on the electrochemical performance for lithium-ion batteries[J]. Sci. Rep., 2016, 6: 29381

[17]J. S. Cho, Hong, Y. J., Lee, J. H., et al. Design and synthesis of micron-sized spherical aggregates composed of hollow Fe_2O_3 nanospheres for use in lithium-ion batteries[J]. Nanoscale, 2015, 7: 8361-8367

[18]Y. C. Chen, Y. G.Lin, Y.K. Hsu, et al. Novel iron oxyhydroxide lepidocrocite nanosheet as ultrahigh power density anode material for asymmetric supercapacitors[J]. Small, 2014, 10: 3803-3810

[19]B. Wang, H. B. Wu, L. Zhang, et al. Self-supported construction of uniform Fe_3O_4 hollow microspheres from nanoplate building blocks[J]. Angew. Chem. Int. Ed., 2013, 52: 4165-4168

[20]X. Lin, Zhang, J., Tong, X., et al. Templating synthesis of Fe_2O_3 hollow spheres modified with Ag nanoparticles as superior anode for lithium ion batteries[J]. SciRep, 2017, 7: 9657

[21]Shun Li, Mengya Wang, Yan Luo, et al. Bio-inspired hierarchical nanofibrous Fe_3O_4-TiO_2-carbon composite as a high-performance anode material for lithium-ion batteries[J]. ACS Appl Mater Interfaces, 2016, 8: 17343-17351

[22]H. H. Fan, Li, H. H., Huang, K. C., et al. metastable marcasite-FeS_2 as a new anode material for lithium ion batteries: CNFs-improved lithiation/delithiation reversibility and li-storage properties[J]. ACS Appl Mater Interfaces, 2017, 9: 10708-10716

[23]C. Ding, Zeng, Y., Cao, L., et al. Porous Fe_3O_4-NCs-in-carbon

nanofoils as high-rate and high-capacity anode materials for lithium-ion batteries from Na-citrate-mediated growth of super-thin Fe - ethylene glycolate nanosheets[J]. ACS Appl Mater Interfaces, 2016, 8: 7977-7990

[24]J. M. Jeong, Choi, B. G., Lee, S. C., et al. Hierarchical hollow spheres of Fe_2O_3@polyaniline for lithium ion battery anodes[J]. Adv. Mater, 2013, 25: 6250-6255

[25]Libin Wang, Huiling Yang, Xiaoxiao Liu, et al. Constructing hierarchical tectorum-like α-Fe_2O_3/PPy nanoarrays on carbon cloth for solid - state asymmetric supercapacitors[J]. Angew. Chem. Int. Ed., 2017, 56: 1105-1110

[26]Jiarui He, Qian Li, Yuanfu Chen, et al. Self-assembled cauliflower-like FeS_2 anchored into graphene foam as free-standing anode for high-performance lithium-ion batteries[J]. Carbon, 2017, 114: 11-116

[27]Rencheng Jin, Lixia Yang, Guihua Li, et al. Ni^{2+} ion assisted synthesis of hexagonal α-Fe_2O_3 nanoplates as anode materials for lithium-ion batteries[J]. New J. Chem., 2014, 38: 5840-5845

[28]Rajesh Kumar, Rajesh K. Singh, Alfredo R. Vaz, et al. Self-assembled and one-step synthesis of interconnected 3D network of Fe_3O_4/reduced graphene oxide nanosheets hybrid for high-performance supercapacitor electrode[J]. ACS Applied Materials &Interfaces, 2017, 9: 8880-8890

[29]Guo L,Xie N,Wang C,et al. Enhanced hydrogen sulfide sensing properties of Pt-functionalized α-Fe_2O_3 nanowires prepared by one-step electrospinning[J].Sensors and Actuators B: Chemical,2018,255: 1015-1023

[30]Liu J, Zheng M, Shi X, et al. Amorphous FeOOH quantum dots assembled mesoporous film anchored on graphene nanosheets with superior electrochemical performance for supercapacitors[J].Adv. Funct. Mater., 2016,26: 919-930

[31]Liang H, Chen W, Yao Y, et al.Hydrothermal synthesis, self-assembly and electrochemical performance of α-Fe_2O_3 microspheres for lithium ion batteries[J].Ceramics International,2014,40: 10283-10290

[32]Zhao D, Hao Q, Xu C.Facile fabrication of composited Mn_3O_4/Fe_3O_4 nanoflowers with high electrochemical performance as anode material for lithium ion batteries[J].Electrochimica Acta,2015,180: 493-500

[33]Gu C, Song X, Zhang S, et al.Synthesis of hierarchical α-Fe_2O_3 nanotubes for high-performance lithium-ion batteries[J].Journal of Alloys and Compounds, 2017, 714: 6-12

[34]Ma C, Shi J, Zhao Y, et al.A novel porous reduced microcrystalline graphene oxide supported Fe_3O_4@C nanoparticle composite as anode material with excellent lithium storage performances[J].Chemical Engineering Journal, 2017, 326, 507-517

[35]Lv Y, Che H, Liu A, et al. Urchin-like α-FeOOH@MnO_2 core-shell hollow microspheres for high-performance supercapacitor electrode[J]. Journal of Applied Electrochemistry, 2017, 47: 433-444

[36]Lu Q, Liu L, Yang S, et al.Facile synthesis of amorphous FeOOH/MnO_2 composites as screen-printed electrode materials for all-printed solid-state flexible supercapacitors[J].Journal of Power Sources, 2017, 361: 31-38

[37]Jin R, Wang Q, Li H, et al.Polypyrrole layer coated MnO_x/Fe_2O_3 nanotubes with enhanced electrochemical performance for lithium ion batteries[J].Applied Surface Science, 2017, 403: 62-70

[38]M Y Son, Hong Y J, Lee J K, et al.One-pot synthesis of Fe_2O_3 yolk-shell particles with two, three, and four shells for application as an anode material in lithium-ion batteries[J].Nanoscale, 2013, 5: 11592-11597

[39]Li Y, Xu J, Feng T, et al.Fe_2O_3 nanoneedles on ultrafine nickel nanotube arrays as efficient anode for high-performance asymmetric supercapacitors[J].Adv. Funct. Mater., 2017, 27: 1606728

[40]Ma W, Liu X, Lei X, et al.Micro/nano-structured FeS_2 for high energy efficiency rechargeable Li-FeS_2 battery[J].Chemical Engineering Journal, 2018, 334: 725-731

[41]Fu C, Amoghavarsha Mahadevegowda, Patrick S.Grant.Fe_3O_4/carbon nanofibres with necklace architecture for enhanced electrochemical energy storage[J].J. Mater. Chem. A, 2015, 3: 14245-14253

[42]Liang H, Xu B, Wang Z.Self-assembled 3D flower-like α-Fe_2O_3 microstructures and their superior capability for heavy metal ion removal[J]. Materials Chemistry and Physics, 2013, 141: 727-734

[43]Xiong Q W, Xia X H, Tu J P, et al.Hierarchical Fe_2O_3@Co_3O_4 nanowire array anode for high-performance lithium-ion batteries[J].Journal of Power Sources, 2013, 240: 344-350

[44]Li Z, Lai X, Wang H, et al.Direct hydrothermal synthesis of single-crystalline hematite nanorods assisted by 1,2-propanediamine[J]. Nanotechnology,2009,20: 245603

[45]Geng H, Zhou Q, Pan Y, et al.Preparation of fluorine-doped, carbon-encapsulated hollow Fe_3O_4 spheres as an efficient anode material for Li-ion batteries[J].Nanoscale,2014,6: 3889-3894

[46]Zheng X, Han Z, Yao S, et al.Spinous $\alpha-Fe_2O_3$ hierarchical structures anchored on Ni foam for supercapacitor electrodes and visible light driven photocatalysts[J].Dalton Trans,2016,45: 7094-7103

[47]Yang L, Guo G, Sun H, et al.Ionic liquid as the C and N sources to prepare yolk-shell Fe_3O_4@N-doped carbon nanoparticles and its high performance in lithium-ion battery[J].Electrochimica Acta,2016,190: 797-803

[48]Xiang Y, Zhu W, Guo W, et al. Controlled carbon coating of Fe_2O_3 nanotube with tannic acid: a bio-inspired approach toward high performance lithium-ion battery anode[J].Journal of Alloys and Compounds,2017,719: 347-352

[49]Gong X, Li S, Lee P S. A fiber asymmetric supercapacitor based on FeOOH/PPy on carbon fibers as an anode electrode with high volumetric energy density for wearable applications[J].Nanoscale,2017,9: 10794-10801

[50]Wang Y, Guo J, Li L, et al.High-loading Fe_2O_3/SWNT composite films for lithium-ion battery applications[J].Nanotechnology,2017,28: 345703

[51]Liu X, Si W, Zhang J, et al. Free-standing Fe_2O_3 nanomembranes enabling ultra-long cycling life and high rate capability for Li-ion batteries[J].Sci Rep,2014,4: 7452

[52]Jiang H, Ma H, Jin Y, et al.Hybrid $\alpha-Fe_2O_3$@$Ni(OH)_2$ nanosheet composite for high-rate-performance supercapacitor electrode[J]. Sci Rep,2016,6: 31751

[53]Poizot P, Laruelle S, Grugeon S, et al.Nano-sized transition-metal oxides as negative-electrode materials for lithium-ion batteries[J].Nature 2000,407: 496-499

[54]Sun Y, Liu N, Cui Y.Promises and challenges of nanomaterials for lithium-based rechargeable batteries[J].Nature Energy,2016,1: 16071

[55]Chen M, Shen X, Chen K, et al. Nitrogen-doped mesoporous carbon-encapsulation urchin-like Fe_3O_4 as anode materials for high performance Li-ions batteries[J].Electrochimica Acta,2016,195: 94-105

[56]Wu F, Huang R, Mu D, et al. New synthesis of a foamlike Fe_3O_4/C composite via a self-expanding process and its electrochemical performance as anode material for lithium-ion batteries[J]. ACS Appl Mater Interfaces, 2014,6: 19254-19264

[57]Christie T ,Cherian, Sundaramurthy J, et al.Electrospun α-Fe_2O_3 nanorods as a stable, high capacity anode material for Li-ion batteries[J].J. Mater. Chem.,2012,22: 12198-12204

[58]Muhammad-Sadeeq Balogun, Wu Z, Luo Y, et al.High power density nitridated hematite (α-Fe_2O_3) nanorods as anode for high-performance flexible lithium ion batteries[J].Journal of Power Sources,2016, 308: 7-17

[59]Lee K K, Deng S, Fan H M, et al. α-Fe_2O_3 nanotubes-reduced graphene oxide composites as synergistic electrochemical capacitor materials[J].Nanoscale,2012,4: 2958-2961

[60]Yiseul Park, Misol Oh, Jung Soo Park, et al.Electrochemically deposited Fe_2O_3 nanorods on carbon nanofibers for free-standing anodes of lithium-ion batteries[J].Carbon,2015,94: 9-17

[61]Zheng F, He M, Yang Y, et al.Nano electrochemical reactors of Fe2O3 nanoparticles embedded in shells of nitrogen-doped hollow carbon spheres as high-performance anodes for lithium-ion batteries[J].Nanoscale, 2015,7: 3410-3417

[62] Du L, Xu C, Liu J, et al.One-step detonation-assisted synthesis of Fe_3O_4-Fe@BCNT composite towards high performance lithium-ion batteries[J].Nanoscale,2017,9: 14376-14384

[63]Lv X, Deng J, Wang B, et al. γ-Fe_2O_3@CNTs anode materials for lithium ion batteries investigated by electron energy loss spectroscopy[J]. Chemistry of Materials,2017,29: 3499-3506

[64]Zeng Y, Yu M, Meng Y, et al.Iron-based supercapacitor electrodes: advances and challenges[J]. Advanced Energy Materials,2016, 6: 1601053

[65]Zhang L, Wu H B, Lou X W,et al.Iron-oxide-based advanced anode materials for lithium-ion batteries[J].Advanced Energy Materials,

2014,4,1300958

[66]Zhou W, Guo L.Iron triad (Fe, Co, Ni) nanomaterials: structural design, functionalization and their applications[J].Chem. Soc. Rev.,2015, 44: 6697–6707

[67]Zhou L, Zhuang Z, Zhao H, et al.Intricate hollow structures: controlled synthesis and application in energy storage and conversion[J].Adv. Mater,2017,29: 1602914

[68]Yu L, Hu H, Wu H B, et al.Complex hollow nanostructures: synthesis and energy–related applications[J].Adv. Mater,2017,29: 1604563

[69]Shen W, Lin F, Xu J, et al.Efficient removal of bromate with core–shell Fe@Fe_2O_3 nanowires[J].Chemical Engineering Journal,2017,308: 880–888

[70]Ding X, Wang S, Shen W, et al.Fe@Fe_2O_3 promoted electrochemical mineralization of atrazine via a triazinon ring opening mechanism[J].Water Res.,2017,112,9–18

[71]Poonjarernsilp C, Sano Noriaki, Sawangpanich Nut, et al.Effect of Fe/Fe_2O_3 loading on the catalytic activity of sulfonated single–walled carbon nanohorns for the esterification of palmitic acid[J].Green Chem.,2014,16, 4936–4943

[72]Wang Y, Wu Y, Xing L, et al.$CoMoO_4$/Fe_2O_3 core–shell nanorods with high lithium–storage performance as the anode of lithium–ion battery[J]. Journal of Alloys and Compounds,2016,689,655–661

[73]Cho J S, Park J S, Kang Y C.Preparation of hollow Fe_2O_3 Nanorods and Nanospheres by Nanoscale Kirkendall Diffusion, and their electrochemical properties for use in lithium–ion batteries[J].Sci Rep,2016, 6: 38933

[74]Choi S H, Kang Y C.One–pot facile synthesis of Janus–structured SnO_2–CuO composite nanorods and their application as anode materials in Li–ion batteries[J].Nanoscale, 2013, 5: 4662–4668

[75]Lu X, Zeng Y, Yu M, et al.Oxygen–deficient hematite nanorods as high–performance and novel negative electrodes for flexible asymmetric supercapacitors[J].Adv. Mater,2014,26: 3148–3155

[76]Zhang S, Yin B, Wang Z, et al.Super long–life all solid–state asymmetric supercapacitor based on NiO nanosheets and α–Fe_2O_3 nanorods[J].Chemical Engineering Journal,2016,306: 193–203

[77]Zhang M. β -FeOOH nanorods enriched with bulk chloride as lithium-ion battery cathodes[J].Journal of Alloys and Compounds, 2015, 648: 134-138

[78]Wei G Z, Lu X, Ke FS, et al.Crystal habit-tuned nanoplate material of $Li[Li_{1/3-2x/3}Ni_xMn_{2/3-x/3}]O_2$ for high-rate performance lithium-ion batteries[J].Adv. Mater., 2010, 22: 4364-4367

[79]Xiao X, Liu X, Zhao H, et al.Facile shape control of Co_3O_4 and the effect of the crystal plane on electrochemical performance[J].Advanced Materials,2012, 24（42）:5762-5766

[80]Grugeon S, Laruelle S, Dupont L, et al. Elucidation of simple pathways for reconstructive phase transitions using periodic equi-surfaces（PES）descriptors. II. The strontium disilicide transition[J].Solid State Sciences, 2003, 5: 95-904

[81]Islam M S, Driscoll D J,Fisher C A J,et al.Atomic-scale investigation of defects, dopants, and lithium transport in the $LiFePO_4$ olivine-type battery material[J].Chemistry of Materials,2005,17（20）:5085-5092

[82]Lv B , Liu Z , Tian H , et al.Single-crystalline dodecahedral and octodecahedral α -Fe_2O_3 particles synthesized by a fluoride anion - assisted hydrothermal method[J].Advanced Functional Materials, 2010, 20（22）:3987-3996

[83]Liu Z,Lv B , Xu Y , et al.Hexagonal α -Fe_2O_3 nanorods bound by high-index facets as high-performance electrochemical sensor[J].Journal of Materials Chemistry A, 2013, 1（9）:3040

[84]Chaudhari S,Bhattacharjya D,Yu J S.1-Dimensional porous α -Fe_2O_3 nanorods as high performance electrode material for supercapacitors[J].Rsc Advances,2013, 3（47）:25120-25128

[85]Shen N,Keppeler M,Stiaszny B,et al.Systematic control of α -Fe_2O_3 crystal growth direction for improved electrochemical performance of lithium-ion battery anodes[J].Beilstein Journal of Nanotechnology,2017, 8（1）:2032-2044

[86]G Binitha, M S Soumya, Asha Anish Madhavan, et al. α -Fe_2O_3 nanostructures for supercapacitor applications[J].Journal of Materials Chemistry A, 2013, 1: 11698-11704

[87]Liu L,Yang L Q,Liang H W,et al.Bio-inspired fabrication of

hierarchical FeOOH nanostructure array films at the air - water interface, their hydrophobicity and application for water treatment[J].ACS Nano,2013,7 (2):1368-1378

[88]Ji L,Toprakci O,Alcoutlabi M,et al. α-Fe_2O_3 nanoparticle-loaded carbon nanofibers as stable and high-capacity anodes for rechargeable lithium-ion batteries[J].Acs Appl Mater Interfaces,2012,4 (3):2672-2679

[89]Chen J,Xu L,Li W, et al. α-Fe_2O_3 nanotubes in gas sensor and lithium-ion battery applications[J].Advanced Materials, 2005, 17 (5):582-586

[90]Wang Z,Luan D,Madhavi S,et al. α-Fe_2O_3 nanotubes with superior lithium storage capability[J]. Chemical Communications, 2011, 47 (28):8061-3

[91]Zhang L, Deng J, Liu L, et al. Hierarchically designed SiO_x/SiO_y bilayer nanomembranes as stable anodes for lithium ion batteries[J]. Advanced Materials, 2014, 26 (26):4527 - 4532

[92]Augustyn V , Jérémy Come, Lowe M A , et al. High-rate electrochemical energy storage through Li+ intercalation pseudocapacitance[J].Nature Materials, 2013, 12 (6):518-522

[93]Xiong S, Xu J, Chen D, et al.Controlled synthesis of monodispersed hematite microcubes and their properties[J].Crystengcomm, 2011, 13 (23):7114-7120

[94]Lu J, Peng Q, Wang Z, et al.Hematite nanodiscs exposing (001) facets:synthesis, formation mechanism and application for Li-ion batteries[J]. Journal of Materials Chemistry A,2013, 1 (17):5232-5237

[95]Cai J, Chen S, Ji M, et al.Organic additive-free synthesis of mesocrystalline hematite nanoplates via two-dimensional oriented attachment[J].Crystengcomm, 2014, 16 (8):1553-1559

[96]Cheng W, He J, Yao T, et al. Half-unit-cell α-Fe_2O_3 semiconductor nanosheets with intrinsic and robust ferromagnetism[J]. Journal of the American Chemical Society, 2014, 136 (29):10393-10398.

[97]Larcher D, Sudant G, Patrice R, et al.Some insights on the use of polyols-based metal alkoxides powders as precursors for tailored metal-oxides particles[J].Chemistry of Materials, 2003, 15 (18):3543-3551

[98]Liu R, Jiang Y, Lu Q, et al.Al^{3+}-controlled synthesis and magnetic property of α-Fe_2O_3 nanoplates[J].Crystengcomm, 2013, 15 (3):443-446

[99]Zhu J, Yin Z, Yang D, et al.Hierarchical hollow spheres composed of ultrathin Fe_2O_3 nanosheets for lithium storage and photocatalytic water oxidation[J].Energy & Environmental Science, 2013, 6: 987–993

[100]Tian L L, Zhang M J, Wu C, et al. γ–Fe_2O_3 nanocrystalline microspheres with hybrid behavior of battery–supercapacitor for superior lithium storage[J]. ACS Appl. Mater. Interfaces,2015,7: 26284–26290

[101]Zhang H W, Zhou L, Noonan O, et al.Tailoring the void size of iron oxide@carbon yolk–shell structure for optimized lithium storage[J].Advanced Functional Materials,2014, 24（27）:4337–4342

[102]Zhong L S, Hu J S, Liang H P, et al.Self–assembled 3D flowerlike iron oxide nanostructures and their application in water treatment[J]. Advanced Materials, 2010, 18（18）:2426–2431

[103]Zhang L, Wu H B, Madhavi S, et al.Formation of Fe O microboxes with hierarchical shell structures from metal–organic frameworks and their lithium storage properties[J].Journal of the American Chemical Society, 2012, 134（42）:17388–17391

[104]Zhao P, Li D, Yao S, et al.Design of Ag@C@SnO_2@TiO_2 yolk–shell nanospheres with enhanced photoelectric properties for dye sensitized solar cells[J].Journal of Power Sources,2016, 318:49–56

[105]Yamamoto Y, Sokawa Y,Maekawa S.Lysine–assisted hydrothermal synthesis of hierarchically porous Fe_2O_3, microspheres as anode materials for lithium–ion batteries[J].Journal of Power Sources, 2013, 222（2）:59–65

[106]Yin Y,Rioux R M,Erdonmez C K,et al.Formation of hollow nanocrystals through the nanoscale kirkendall effect[J].Science,2004,304（5671）:711–714

[107]Fan H J,Ulrich Gösele,Zacharias M.Formation of nanotubes and hollow nanoparticles based on kirkendall and diffusion processes:A Review[J].Small,2007,3（10）:1660–1671

[108]Hu L,Yan N,Chen Q,et al.Fabrication based on the Kirkendall effect of Co_3O_4 porous nanocages with extraordinarily high capacity for lithium storage[J].Chemistry, 2012,18: 8971–8977

[109]Fan H J,Knez M,Scholz R,et al.Influence of surface diffusion on the formation of hollow nanostructures induced by the Kirkendall effect:the basic concept[J].Nano Letters,2007,7（4）:993–997

[110]Jana S, Chang J W, Rioux R M.Synthesis and modeling of hollow

intermetallic Ni - Zn nanoparticles formed by the Kirkendall effect[J].Nano Letters,2013,13（8）:3618–3625

[111]Wang X,Wu X L,Guo Y G,et al.Synthesis and lithium storage properties of Co_3O_4 nanosheet–assembled multishelled hollow spheres[J]. Advanced Functional Materials,2010,20（10）:1680–1686

[112]Sun P, He X, Wang W, Ma, et al.Template–free synthesis of monodisperse α $-Fe_2O_3$ porous ellipsoids and their application to gas sensors[J].CrystEngComm,2012,14: 2229

[113]Chai X, Shi C S, Liu E Z, et al.Carbon–coated Fe_2O_3 nanocrystals with enhanced lithium storage capability[J]. Applied Surface Science,2015, 347: 178–185

[114]Xu J S, Zhu Y J.Monodisperse Fe_3O_4 and γ $-Fe_2O_3$ magnetic mesoporous microspheres as anode materials for lithium–ion batteries[J].Acs Applied Materials & Interfaces,2012,4（9）:4752–4757

[115]Chun L,Wu X,Lou X,et al.Hematite nanoflakes as anode electrode materials for rechargeable lithium–ion batteries[J].Electrochimica Acta, 2010, 55（9）:3089–3092

[116]Lian J,Duan X,Liu X,et al. α $-Fe_2O_3$: hydrothermal synthesis, magnetic and electrochemical properties[J].Journal of Physical Chemistry C, 2010, 114（24）:10671–10676

[117]Zhang H,Sun X,Huang X,et al.Encapsulation of α $-Fe_2O_3$ nanoparticles in graphitic carbon microspheres as high–performance anode materials for lithium–ion batteries[J].Nanoscale,2015,7（7）:3270–3275

[118]Kore R M,Lokhande B J.A robust solvent deficient route synthesis of mesoporous Fe_2O_3 nanoparticles as supercapacitor electrode material with improved capacitive performance[J].Journal of Alloys & Compounds,2017,725: 129–138

[119]Lou X W, Archer L A, Yang Z C.Hollow micro–/nano–structures: synthesis and applications[J]. Adv. Mater. ,2008,20: 3987 - 4019

[120]Zhou L,Xu H,Zhang H,et al.Cheap and scalable synthesis of α $-Fe_2O_3$ multi–shelled hollow spheres as high–performance anode materials for lithium ion batteries[J].Chemical Communications, 2013, 49（77）:8695–8697

[121]Nuli Y,Zhang P,Guo Z,et al.Preparation of alpha–Fe_2O_3 submicro–flowers by a hydrothermal approach and their electrochemical performance

in lithium-ion batteries[J].Electrochimica Acta, 2008, 53（12）:4213-4218

[122]Gou X,Wang G,Park J,et al.Monodisperse hematite porous nanospheres:synthesis, characterization, and applications for gas sensors[J]. Nanotechnology, 2008, 19（12）:125606

[123]Ma X H,Feng X Y,Song C,et al.Facile synthesis of flower-like and yarn-like α-Fe_2O_3 spherical clusters as anode materials for lithium-ion batteries[J].Electrochimica Acta, 2013, 93:131-136

[124]Shivakumara S, Penki T R, Munichandraiah N. Synthesis and characterization of porous flowerlike α-Fe_2O_3 nanostructures for supercapacitor application[J].ECS Electrochemistry Letters,2013,2: 60-62

[125]Yuan H,Wang Y,Liu S,et al.Preparation and electrochemical performance of flower-like hematite for lithium-ion batteries[J]. Electrochimica Acta, 2011, 56（9）:3175-3181

[126]Zheng X,Yan X,Sun Y,et al.Temperature-dependent electrochemical capacitive performance of the α-Fe_2O_3 hollow nanoshuttles as supercapacitor electrodes[J].Journal Colloid Interface Sci,2016,466: 291-296

[127]Mitchell E,Gupta R K,Mensah-Darkwa K,et al.Facile synthesis and morphogenesis of superparamagnetic iron oxide nanoparticles for high-performance supercapacitor applications[J].New Journal of Chemistry, 2014, 38（9）:4344-4350

[128]Zhang Y,Li Y,Li H,et al.Electrochemical performance of carbon-encapsulated Fe_3O_4 nanoparticles in lithium-ion batteries:morphology and particle size effects[J].Electrochimica Acta,2016,216:475-483

[129]Muraliganth T,Murugan A V,Manthiram A.Facile synthesis of carbon-decorated single-crystalline Fe_3O_4 nanowires and their application as high performance anode in lithium ion batteries[J].Chemical Communications, 2009,0: 7360-7362

[130]Xia H ,Wan Y,Yuan G,et al.Fe_3O_4/carbon core - shell nanotubes as promising anode materials for lithium-ion batteries[J].Journal of Power Sources,2013,241（241）:486-493

[131]O' Neill L,Johnston C,Grant P S.Enhancing the supercapacitor behaviour of novel Fe_3O_4/FeOOH nanowire hybrid electrodes in aqueous electrolytes[J].Journal of Power Sources,2015,274:907-915

[132]Ganganboina A B, Chowdhury A D, Doong R A.Nano assembly of

N-doped graphene quantum dots anchored Fe_3O_4/halloysite nanotubes for high performance supercapacitor[J].Electrochimica Acta,2017,245：912-923

[133]Gu H,Zhang Y,Huang M,et al.Hydrolysis-coupled redox reaction to 3D Cu/Fe_3O_4 nanorod array electrodes for high-performance lithium-ion batteries[J].Inorganic Chemistry, 2017, 56（14）: 7657-7667

[134]Xin Q，Gai L，W Y，et al.Hierarchically structured Fe_3O_4/C nanosheets for effective lithium-ion storage[J].Journal of Alloys and Compounds，2017，691：592-599

[135]Huang X H,Wu J B,Lin Y,et al.Nickel foil-supported interconnected Fe_3O_4 nanosheets as anode materials for lithium ion batteries[J].Materials Letters, 2016, 175:199-202

[136]Yec C C, Zeng H C.Synthesis of complex nanomaterials via Ostwald ripening[J].Journal of Materials Chemistry A, 2014, 2（14）:4843-4851

[137]Wang X，Liu Y，Arandiyan，et al. Uniform Fe_3O_4 microflowers hierarchical structures assembled with porous nanoplates as superior anode materials for lithium-ion batteries[[J].Applied Surface Science，2016，389：240-246

[138]Xie W, Gu L, Sun X, et al.Ferrocene derived core-shell structural Fe_3O_4@C nanospheres for superior lithium storage properties[J]. Electrochimica Acta, 2016, 220:107-113

[139]Jung B Y，Lim H S，Sun Y K，et al.Synthesis of Fe_3O_4/C composite microspheres for a high performance lithium-ion battery anode[J]. Journal of Power Sources，2013，244：177-182

[140]Luo H, Ji D, Yang Z, et al.An ultralight and highly compressible anode for Li-ion batteries constructed from nitrogen-doped carbon enwrapped Fe_3O_4 nanoparticles confined in a porous 3D nitrogen-doped graphene network[J].Chemical Engineering Journal, 2017, 326:151-161

[141]Hu M,Belik A A,Imura M,et al.Tailored design of multiple nanoarchitectures in metal-cyanide hybrid coordination polymers[J].Journal of the American Chemical Society,2013,135（1）:384-391

[142]Anderson B D,Tracy J B.Nanoparticle conversion chemistry: Kirkendall effect, galvanic exchange, and anion exchange[J].Nanoscale, 2014, 6（21）:12195-12216

[143]Zakaria M B, Hu M,Imura M,et al.Single-crystal-like nanoporous

spinel oxides: a strategy for synthesis of nanoporous metal oxides utilizing metal-cyanide hybrid coordination polymers[J].Chemistry – A European Journal,2014,20（52）:17375-17384

[144]Innocenzi P,Malfatti L,Soler-Illia G J A A.Hierarchical mesoporous films: from self-assembly to porosity with different length Scales[J].Chemistry of Materials, 2011, 23（10）:2501-2509

[145]Zhao Z W,Wen T,Liang K,et al.Carbon-coated Fe_3O_4/VO_x hollow microboxes derived from metal-organic frameworks as a high-performance anode material for lithium-ion batteries[J].Acs Appl Mater Interfaces,2017,9（4）:3757-3765

[146]Zhao Y,Li J,Wu C,et al.A yolk - shell Fe_3O_4@C composite as an anode material for high - rate lithium batteries[J].Chempluschem,2012,77（9）:748-751

[147]Chen Y,Xia H,Lu L,et al.Synthesis of porous hollow Fe_3O_4 beads and their applications in lithium ion batteries[J].Journal of Materials Chemistry,2012,22（11）:5006-5012

[148]Du J,Ding Y,Guo L,et al.Micro-tube biotemplate synthesis of Fe_3O_4/C composite as anode material for lithium-ion batteries[J].Applied Surface Science,2017,425：164-169

[149]Wang L,Wu J,Chen Y,et al.Hollow nitrogen-doped Fe_3O_4/carbon nanocages with hierarchical porosities as anode materials for lithium-ion batteries[J].Electrochimica Acta,2015,186:50-57

[150]Wu P, Du N, Zhang H, et al.Carbon-coated SnO_2 nanotubes: template-engaged synthesis and their application in lithium-ion batteries[J].Nanoscale,2011,3（2）:746-750

[151]Park M,Wang G,Kang Y,et al.Preparation and electrochemical properties of SnO_2 nanowires for application in lithium-ion batteries[J].Angewandte Chemie International Edition,2010,46（5）:750-753

[152]Luo J,Xia X,Luo Y,et al.Rationally designed hierarchical TiO_2@Fe_2O_3 hollow nanostructures for improved lithium Ion storage[J].Advanced Energy Materials,2013,3（6）:737-743

[153]Li W, Li G, Sun J, et al.Hierarchical heterostructures of MnO_2 nanosheets or nanorods grown on Au-coated Co_3O_4 porous nanowalls for high-performance pseudocapacitance[J].Nanoscale, 2013,5: 2901-2908.

[154]Zheng X,Ye Y,Yang Q,et al.Hierarchical structures composed of

$MnCo_2O_4$@MnO2 core - shell nanowire arrays with enhanced supercapacitor properties[J].Dalton Trans,2015,45（2）:572-578

[155]Li L, He F, Gai S, et al.Hollow structured and flower-like C@$MnCo_2O_4$ composite for high electrochemical performance in a supercapacitor[J].CrystEngComm,2014,16: 9873-9881

[156]Padmanathan N,Selladurai S,Razeeb K M.Ultra-fast rate capability of a symmetric supercapacitor with a hierarchical Co_3O_4 nanowire/nanoflower hybrid structure in non-aqueous electrolyte[J].Rsc Advances, 2015, 5（17）:12700-12709

[157]Li L,Kovalchuk A,Fei H,et al.Enhanced cycling stability of lithium-ion batteries using graphene-wrapped Fe_3O_4-graphene nanoribbons as anode materials[J].Advanced Energy Materials, 2015, 5（14）: 1500171

[158]Madhuvilakku R, Alagar S, Mariappan R, et al.Green one-pot synthesis of flowers-like Fe_3O_4/rGO hybrid nanocomposites for effective electrochemical detection of riboflavin and low-cost supercapacitor applications[J].Sensors and Actuators B: Chemical,2017,253: 879-892

[159]Zhang M, Sha J, Miao X, et al.Three-dimensional graphene anchored Fe_2O_3@C core-shell nanoparticles as supercapacitor electrodes[J]. Journal of Alloys and Compounds,2017,696: 956-963

[160]Xie S, Zhang M, Liu P, et al.Advanced negative electrode of Fe_2O_3 /graphene oxide paper for high energy supercapacitors[J].Materials Research Bulletin,2017,96: 413-418

[161]Yang W,Gao Z,Wang J,et al.Hydrothermal synthesis of reduced graphene sheets/Fe_2O_3 nanorods composites and their enhanced electrochemical performance for supercapacitors[J].Solid State Sciences,2013,20（7）:46-53

[162]Quan H,Cheng B,Xiao Y, et al.One-pot synthesis of α-Fe_2O_3 nanoplates-reduced graphene oxide composites for supercapacitor application[J].Chemical Engineering Journal, 2016, 286:165-173

[163]Aadil M,Shaheen W,Warsi M F,et al.Superior electrochemical activity of α-Fe_2O_3/rGO nanocomposite for advance energy storage devices[J].Journal of Alloys and Compounds, 2016,689: 648-654

[164]Qi X,Zhang H B,Xu J,et al.Highly efficient high-pressure homogenization approach for scalable production of high-quality graphene sheets and sandwich-structured α-Fe_2O_3/graphene hybrids for high-

performance lithium-ion batteries[J].Acs Appl Mater Interfaces,2017,9 (12):11025-11034

[165]Yang Y,Fan X,Casillas G,et al.Three-Dimensional Nanoporous Fe2O3/Fe3C-Graphene Heterogeneous Thin Films for Lithium-Ion Batteries[J]. ACS Nano,2014,8: 3939-3946

[166]Dong Y,Ma R,Hu M,et al.Thermal evaporation-induced anhydrous synthesis of Fe_3O_4-graphene composite with enhanced rate performance and cyclic stability for lithium ion batteries[J].Physical Chemistry Chemical Physics,2013,15 (19):7174-7181

[167]Li Z,Miaomiao G,Wenbo Y,et al.Sandwich-structured graphene-Fe_3O_4@carbon nanocomposites for high-performance lithium-ion batteries[J].Acs Applied Materials & Interfaces,2015,7 (18):9709-9715

[168]Zhao S,Xie D,Yu X,et al.Facile synthesis of Fe_3O_4@C quantum dots/graphene nanocomposite with enhanced lithium-storage performance[J]. Materials Letters, 2015,142:287-290

[169]Gao Y, Wu D, Wang T, et al.One-step solvothermal synthesis of quasi-hexagonal Fe_2O_3 nanoplates/graphene composite as high performance electrode material for supercapacitor[J]. Electrochimica Acta,2016,191: 275-283

[170]Ye J,Hao Q,Liu B,et al.Facile preparation of graphene nanosheets encapsulated Fe_3O_4 octahedra composite and its high lithium storage performances[J].Chemical Engineering Journal, 2017, 315:115-123

[171]Cao Z,Wei B. α -Fe_2O_3/single-walled carbon nanotube hybrid films as high-performance anodes for rechargeable lithium-ion batteries[J]. Journal of Power Sources, 2013,241:330-340.

[172]Xu D, Luo G, Yu J, et al.Quadrangular-CNT-Fe_3O_4-C composite based on quadrilateral carbon nanotubes as anode materials for high performance lithium-ion batteries[J]. Journal of Alloys and Compounds, 2017,702: 499-508

[173]Xu C H,Shen P Y,Chiu Y F,et al.Atmospheric pressure plasma jet processed nanoporous Fe2O3/CNT composites for supercapacitor application[J].Journal of Alloys and Compounds, 2016, 676: 469-473

[174]Wang H,Cheng X,Yin F,et al.Metal-organic gel-derived Fe-Fe_2O_3@nitrogen-doped-carbon nanoparticles anchored on nitrogen-doped carbon nanotubes as a highly effective catalyst for oxygen reduction

reaction[J].Electrochimica Acta,2017,232:114-122

[175]Kroke E,Schwarz M,Miehe G,et al.Synthesis of carbon nanotubes by detonation of 2,4,6-triazido-1,3,5-triazine in the presence of transition metals[J].Carbon,2004,42（4）:823-828

[176]Yang Z,Su D,Yang J,et al.Fe_3O_4 /C composite with hollow spheres in porous 3D-nanostructure as anode material for the lithium-ion batteries[J].Journal of Power Sources,2017,363:161-167

[177]Ye Y, Zhang H, Chen Y, et al. Core-shell structure carbon coated ferric oxide（Fe_2O_3@C）nanoparticles for supercapacitors with superior electrochemical performance[J]. Journal of Alloys and Compounds, 2015, 639: 422-427

[178]Chou S L, J Z W, David Wexler, et al.Silver-coated TiO_2 nanostrutured anode materials for lithium ion batteries[J].J.Mater. Chem., 2010, 20: 2092-2098

[179]Zou M, Wang L, Li J, et al. Enhanced Li-ion battery performances of yolk-shell Fe_3O_4@C anodes with Fe_3C catalyst[J].Electrochimica Acta, 2017, 233: 85-91

[180]Liu L,Wang J,Wang C,et al.Facile synthesis of graphitic carbon nitride/nanostructured α-Fe_2O_3 composites and their excellent electrochemical performance for supercapacitor and enzyme-free glucose detection applications[J].Applied Surface Science,2016, 390: 303-310

[181]Deng W,Ci S,Li H,et al.One-step ultrasonic spray route for rapid preparation of hollow Fe_3O_4 /C microspheres anode for lithium-ion batteries[J].Chemical Engineering Journal,2017, 330: 995-100

[182]Liu Y, Li P,Wang Y,et al.A green and template recyclable approach to prepare Fe_3O_4/porous carbon from petroleum asphalt for lithium-ion batteries[J].Journal of Alloys & Compounds,2017,695:2612-2618.

[183]Yi X, He W, Zhang X, et al.Graphene-like carbon sheet/Fe_3O_4 nanocomposites derived from soda papermaking black liquor for high performance lithium ion batteries[J].Electrochimica Acta, 2017, 232: 550-560

[184]Qin X, Zhang H, Wu J, et al.Fe_3O_4 nanoparticles encapsulated in electrospun porous carbon fibers with a compact shell as high-performance anode for lithium ion batteries[J].Carbon, 2015, 87: 347-356

[185]Yan Y, Tang H, Wu F, et al.One-step self-assembly synthesis

$\alpha-Fe_2O_3$ with carbon-coated nanoparticles for stabilized and enhanced supercapacitors electrode[J].Energies, 2017, 10: 1296

[186]Li R, Ren X, Zhang F, et al.Synthesis of Fe_3O_4@SnO_2 core-shell nanorod film and its application as a thin-film supercapacitor electrode[J]. Chem. Commun., 2012, 48: 5010-5012

[187]Du N, Chen Y, Zhai C, et al. Layer-by-layer synthesis of $\gamma-Fe_2O_3$@SnO_2@C porous core - shell nanorods with high reversible capacity in lithium-ion batteries[J]. Nanoscale, 2013, 5: 4744-4750

[188]Zhou W,Tay Y Y,Jia X,et al.Controlled growth of SnO_2@Fe_2O_3 double-sided nanocombs as anodes for lithium-ion batteries[J]. Nanoscale,2012,4 (15):4459-4463

[189]Jin R,Guan Y,Liu H,et al.Facile synthesis of SnO_2/Fe_2O_3 hollow spheres and their application as anode materials in lithium - ion batteries[J]. Chempluschem,2015,79 (11):1643-1648

[190]Li Y, Hu Y, Jiang H, et al.Phase-segregation induced growth of core - shell $\alpha-Fe_2O_3/SnO_2$ heterostructures for lithium-ion battery[J]. CrystEngComm, 2013, 15, 6715-6721

[191]Xie W,Li S,Wang S,et al.N-doped amorphous carbon coated Fe_3O_4/SnO_2 coaxial nanofibers as a binder-free self-supported electrode for lithium ion batteries[J].ACS APPLIED MATERIALS & INTERFACES,2014,6 (22):20334-20339

[192]Nie G,Lu X,Chi M,et al.Hierarchical $\alpha-Fe_2O_3$@MnO_2 core-shell nanotubes as electrode materials for high-performance supercapacitors[J]. Electrochimica Acta,2017,231:36-43

[193]Zheng X,Han Z,Chai F,et al.Flexible heterostructured supercapacitor electrodes based on $\alpha-Fe_2O_3$ nanosheets with excellent electrochemical performances[J].Dalton Transactions,2016,45 (32):12862-12870

[194]Yang F, Xu K, Hu J.Construction of Co_3O_4@Fe_2O_3 core-shell nanowire arrays electrode for supercapacitors[J].Journal of Alloys and Compounds, 2017, 729, 1172-1176

[195]Armand M,Tarascon J M.Building better batteries[J]. Nature,2008,451 (7179):652-657

[196]Ma Y,Ding B,Ji G,et al.Carbon-Encapsulated F-Doped $Li_4Ti_5O_{12}$ as a high rate anode material for Li^+ batteries[J].Acs Nano,2013,7(12):10870

[197]Shen L,Yuan C,Luo H,et al.In situ, growth of $Li_4Ti_5O_{12}$ on multi-walled carbon nanotubes: novel coaxial nanocables for high rate lithium ion batteries[J].Journal of Materials Chemistry,2010,21：761–767

[198]Cheng L, Yan J, Zhu G N, et al.General synthesis of carbon-coated nanostructure $Li_4Ti_5O_{12}$ as a high rate electrode material for Li-ion intercalation[J]. J. Mater. Chem.,2010,20：595–602

[199]Chen M,Li W,Shen X,et al. Fabrication of core - shell α-Fe_2O_3@$Li_4Ti_5O_{12}$ composite and its application in the lithium ion batteries[J].ACS Appl Mater Interfaces,2014,6：4514–4523

[200]Xiang D, Yin L, Wang C, et al.High electrochemical performance of RuO_2-Fe_2O_3 nanoparticles embedded ordered mesoporous carbon as a supercapacitor electrode material[J]. Energy,2016,106：103–111

[201]Gall T L,Reiman K H,Grossel M C,et al.Poly（2,5-dihydroxy-1,4-benzoquinone-3,6-methylene）: a new organic polymer as positive electrode material for rechargeable lithium batteries[J].Journal of Power Sources,2003,119–121（none）:316–320

[202]Huang J,Wang K,Wei Z.Conducting polymer nanowire arrays with enhanced electrochemical performance[J].Journal of Materials Chemistry,2010,20：1117–1121

[203]Wang S,Hu L,Hu Y,et al.Conductive polyaniline capped Fe_2O_3 composite anode for high rate lithium ion batteries[J].Materials Chemistry and Physics,2014,146（3）:289–294

[204]Wu F,Liu J,Li L,et al.Surface modification of Li-rich cathode materials for lithium-ion batteries with a PEDOT:PSS conducting polymer[J]. Acs Appl Mater Interfaces,2016,8（35）:23095–23104

[205]Casado N, Hernandez G, Veloso A, et al.PEDOT radical polymer with synergetic redox and electrical properties[J]. ACS Macro Lett,2016,5：59–64

[206]Zeng Y,Han Y,Zhao Y,et al.Advanced Ti - doped Fe_2O_3@PEDOT core/shell anode for high - energy asymmetric supercapacitors[J].Advanced Energy Materials,2015,5：1402176

[207]Liu J, Zhou W, Lai L, et al. Three dimensionals α-Fe_2O_3/polypyrrole（Ppy）nanoarray as anode for micro lithium ion batteries[J].Nano Energy,2013,2：726–732

[208]Zhang W, Hou X, Shen J, et al. Magnetic PSA-Fe_3O_4@C3D

mesoporous microsphere as anode for lithium ion batteries[J].Electrochimica Acta,2016,188: 734–743

[209]Pan L, Xiao - Dong Zhu, Xu - Ming Xie, et al.Smart hybridization of TiO_2 nanorods and Fe_3O_4 nanoparticles with pristine graphene nanosheets: hierarchically nanoengineered ternary heterostructures for high–rate lithium storage[J].Advanced Functional Materials,2015,25（22）:3341–3350

[210]Zhang Y, Yue K, Zhao H, et al.Bovine serum albumin assisted synthesis of Fe_3O_4@C@Mn_3O_4 multilayer core - shell porous spheres as anodes for lithium ion battery[J]. Chemical Engineering Journal,2016,291: 238–243

[211]Guo J, Chen L, Wang G, et al.In situ synthesis of SnO_2–Fe_2O_3@ polyaniline and their conversion to SnO_2–Fe_2O_3@C composite as fully reversible anode material for lithium–ion batteries[J].Journal of Power Sources,2014,246: 862–867

[212]Luo G,Lu Y,Zeng S,et al.Synthesis of rGO–Fe_3O_4–SnO_2–C quaternary hybrid mesoporous nanosheets as a high–performance anode material for lithium ion batteries[J].Electrochimica Acta, 2015,182: 715–722

[213]Wei G, Du K, Zhao X, et al.Integrated FeOOH nanospindles with conductive polymer layer for high–performance supercapacitors[J].Journal of Alloys and Compounds,2017,728: 631–639

[214]Wang B, Wu H B, Yu L, et al.Template–free formation of uniform urchin–like α–FeOOH hollow spheres with superior capability for water treatment[J].Adv. Mater,2012,24: 1111–1116

[215]Chen L F,Yu Z Y,Wang J J,et al.Metal–like fluorine–doped β–FeOOH nanorods grown on carbon cloth for scalable high–performance supercapacitors[J].Nano Energy, 2015, 11:119–128

[216]Zhang Y X,Hao X D,Diao Z P,et al.One–pot controllable synthesis of flower–like CoFe2O4/FeOOH nanocomposites for high–performance supercapacitors[J].Materials Letters, 2014, 123:229–234

[217]Xia X, Wu L, Hao Q, et al.One–pot synthesis and electrochemical properties of nitrogen–doped graphene decorated with M（OH）$_x$（M=FeO, Ni, Co）nanoparticles[J]. Electrochimica Acta,2013,113: 117–126

[218]Wei Y, Ding R, Zhang C, et al.Facile synthesis of self–assembled ultrathin α–FeOOH nanorod/graphene oxide composites for

supercapacitors[J].J Colloid Interface Sci., 2017, 504: 593-602

[219]Chen J,Xu J,Zhou S,et al.Amorphous nanostructured FeOOH and Co-Ni double hydroxides for high-performance aqueous asymmetric supercapacitors[J].Nano Energy,2016,21:145-153

[220]Jost K,Dion G,Gogotsi Y.Textile energy storage in perspective[J]. Journal of Materials Chemistry A,2014,2（28）:10776-10787

[221]Zeng W,Shu L,Li Q,et al.Fiber-based wearable electronics: a review of materials, fabrication, devices, and applications[J].Advanced Materials,2014,26（31）:5310-5336

[222]Liu R, Ma L, Niu G, et al.Flexible Ti-doped FeOOH quantum dots/graphene/bacterial cellulose anode for high-energy asymmetric supercapacitors[J].Particle & Particle Systems Characterization, 2017, 34: 1700213

[223]Li N,Zhi C Y,Zhang H.High-performance transparent and flexible asymmetric supercapacitor based on graphene-wrapped amorphous FeOOH nanowire and Co（OH）$_2$, nanosheet transparent films produced at air-water interface[J].Electrochimica Acta, 2016, 220:618-627

[224]Yersak T A,Macpherson H A,Kim S C,et al.Solid state enabled reversible four electron storage[J].Advanced Energy Materials,2013,3（1）:120-127

[225]Li L,Cab á nAcevedo Miguel,Girard S N,et al.High-purity iron pyrite（FeS_2）nanowires as high-capacity nanostructured cathodes for lithium-ion batteries[J].Nanoscale,2014,6（4）:2112-2118

[226]Liu J,Wen Y,Wang Y,et al.Carbon-encapsulated pyrite as stable and earth - abundant high energy cathode material for rechargeable lithium batteries[J].Advanced Materials,2014,26（34）:6025 - 6030

[227]Zhao P, Cui H, Luan J, et al.Porous FeS_2 nanoparticles wrapped by reduced graphene oxide as high-performance lithium-ion battery cathodes[J].Materials Letters, 2017, 186: 62-65

[228]Takeuchi T, Nakanishi K, Inada Y, et al.Improvement of cycle capability of FeS2 positive electrode by forming composites with Li2S for ambient temperature lithium batteries[J].J. Electrochem. Soc., 2012, 159: 75-84

[229]Zhang D,Mai Y J,Xiang J Y,et al.FeS_2/C composite as an anode for lithium ion batteries with enhanced reversible capacity[J].Journal of Power

Sources,2012,217（none）:229–235

[230]Zhang F,Wang C,Huang G,et al.FeS_2@C nanowires derived from organic–inorganic hybrid nanowires for high–rate and long–life lithium–ion batteries[J].Journal of Power Sources,2016, 328:56–64

[231]Yoder T S,Tussing M,Cloud J E,et al.Resilient carbon encapsulation of iron pyrite（FeS_2）cathodes in lithium ion batteries[J].Journal of Power Sources,2015,274:685–692

[232]Xu X,Cai T,Meng Z,et al.FeS_2 nanocrystals prepared in hierarchical porous carbon for lithium–ion battery[J].ournal of Power Sources,2016,331:366–372

[233]Sridhar V，Park H.Carbon nanofiber linked FeS_2 mesoporous nano–alloys as high capacity anodes for lithium–ion batteries and supercapacitors[J].Journal of Alloys and Compounds,2018,732: 799–805

[234]Gan Y, Xu F, Luo J, et al.One–pot Biotemplate synthesis of FeS_2 decorated sulfur–doped carbon fiber as high capacity anode for lithium–ion batteries[J].Electrochimica Acta,2016,209:201–209

[235]Pei L,Yang Y,Chu H,et al.Self–assembled flower–like FeS_2/graphene aerogel composite with enhanced electrochemical properties[J].Ceramics International,2016,42（4）:5053–5061

[236] Sivula K , Florian Le Formal, Prof. Dr. Michael Gr　tzel.Solar water splitting: Progress using hematite α–Fe_2O_3 photoelectrodes[J].ChemSusChem,2011,4, 432–449.

[237]Nithya V D,Arul N S.Review on α–Fe_2O_3, based negative electrode for high performance supercapacitors[J].Journal of Power Sources,2016,327:297–318.

[238]Zheng S,Li X,Yan B,et al.Transition–metal（Fe, Co, Ni）based metal–organic frameworks for electrochemical energy storage[J].Advanced Energy Materials,2017,7（18）:1602733.

[239]Guan B Y,Yu X Y,Wu H B,et al.Complex nanostructures from materials based on metal–organic frameworks for electrochemical energy storage and conversion[J].Advanced Materials,2017,29（47）:1703614

[240]Jiang J,Li Y,Liu J,et al.Recent advances in metal oxide–based electrode architecture design for electrochemical energy storage[J].Advanced materials, 2012, 24（38）:5166–5180

[241]Fleaca C T,Scarisoreanu M,Morjan I,et al.Recent progress in

the synthesis of magnetic titania/iron-based, composite nanoparticles manufactured by laser pyrolysis[J].Applied Surface Science, 2014, 302:198-204

[242]Yabuuchi N,Komaba S.Recent research progress on iron- and manganese-based positive electrode materials for rechargeable sodium batteries[J].Science and Technology of Advanced Materials, 2014,15(4):043501

[243]Pang Y L,Lim S,Ong H C,et al.Research progress on iron oxide-based magnetic materials: Synthesis techniques and photocatalytic applications[J].Ceramics International, 2015, 42(1):9-34

[244]Fan D,Lan Y,Tratnyek P G,et al.Sulfidation of iron-based materials: a review of processes and implications for water treatment and remediation[J].Environmental Science & Technology, 2017, 51: 13070-13085

[245]Mishra M, Chun D M. α-Fe_2O_3 as a photocatalytic material: a review[J]. Applied Catalysis A: General,2015,498: 126-141.

[246]He J, Yang X, Men B, et al.Interracial mechanisms of heterogeneous fentonreactions catalyzedbyiron-based materials: a review[J]. J Environ Sci ,2016,39: 97-109

[247]Haindl S,Molatta S,Hiramatsu H,et al.Recent progress in pulsed laser deposition of iron based superconductors[J].Journal of Physics D: Applied Physics,2016,49(34):345301

[248]Bruce P G, Freunberger S A, Hardwick L J, et al.Li-O_2 and Li-S batteries with high energy storage[J].Nat Mater,2011,11: 19-29

[249]Mo Y, Zhang H, Guo Y.Fe_3O_4 nanoparticles dispersed graphene nanosheets for high performance lithium-ion battery anode[J]. Materials Letters,2017,205: 118-121

[250]Yu W J,Hou P X, Li F,et al.Improved electrochemical performance of Fe_2O_3 nanoparticles confined in carbon nanotubes[J].Journal of Materials Chemistry,2012,22(27):13756-13763

[251]Jin B,Liu A H,Liu G Y,et al.Fe_3O_4-pyrolytic graphite oxide composite as an anode material for lithium secondary batteries[J]. Electrochimica Acta,2013,90(5):426-432

[252]Luo J,Liu J,Zeng Z,et al.Three-dimensional graphene foam supported Fe_3O_4 lithium battery anodes with long cycle life and high rate

capability[J].Nano Letters,2013,13（12）:6136-6143

[253]Wang L, Ji H, Wang S, et al. Preparation of Fe_3O_4 with high specific surface area and improved capacitance as a supercapacitor[J]. Nanoscale,2013,5: 3793-3799

[254]Chen J,Zhou X,Mei C,et al.Pyrite FeS_2 nanobelts as high-performance anode material for aqueous pseudocapacitor[J].Electrochimica Acta,2016222: 172-176

[255]Chen K, Chen X, Xue D.Hydrothermal route to crystallization of FeOOH nanorods via $FeCl_3 \cdot 6H_2O$: effect of Fe^{3+} concentration on pseudocapacitance of iron-based materials[J]. CrystEngComm,2015,17: 1906-1910

[256]Wu M S,Lee R H,Jow J J,et al.Nanostructured iron oxide films prepared by electrochemical method for electrochemical capacitors[J]. Electrochemical and Solid-State Letters,2009, 12（1）:1-4

[257]Xie K,Jie L I,Lai Y, et al.Highly ordered iron oxide nanotube arrays as electrodes for electrochemical energy storage[J].Electrochemistry Communications,2011,13（6）:657-660

[258]Chen Y C,Hsu J H,Lin Y G,et al.Synthesis of Fe_2O_3 nanorods/silver nanowires on coffee filter as low-cost and efficient electrodes for supercapacitors[J].Journal of Electroanalytical Chemistry,2017,801: 65-71

[259]Wang Q H,Jiao L F,Du H M ,et al.Fe_3O_4 nanoparticles grown on graphene as advanced electrode materials for supercapacitors[J].Journal of Power Sources,2014,245（1）:101-106

[260]Zhong Y,Liu J,Lu Z,et al.Hierarchical FeS_2 nanosheet@ Fe_2O_3 nanosphere heterostructure as promising electrode material for supercapacitors[J].Materials Letters,2016,166:223-226

[261]Fan H,Niu R,Duan J,et al.Fe_3O_4@carbon nanosheets for all-solid-state supercapacitor electrodes[J].Acs Appl Mater Interfaces,2016,8（30）:19475-19483

[262]Lin T W,Dai C S,Hung K C.High energy density asymmetric supercapacitor based on NiOOH/Ni_3S_2/3D graphene and Fe_3O_4/graphene composite electrodes[J].Scientific Reports,2014,4:7274

[263]Yoo J J,Balakrishnan K,Huang J,et al.Ultrathin planar graphene supercapacitors[J].Nano Letters, 2011, 11（4）:1423-1427

[264]Jung H Y,Karimi M B,Hahm M G,et al.Transparent,flexible

supercapacitors from nano-engineered carbon films[J].Scientific Reports,2012,2:773

[265]Gogotsi Y.Materials science: Energy storage wrapped up[J]. Nature,2014,509（7502）:568-570

[266]Xu S，Zhang Y，Cho J，et al.Stretchable batteries with self-similar serpentine interconnects and integrated wireless recharging systems[J].Nat Commun，2013，4：1543

[267]Gund G S,Dubal D P,Chodankar N R,et al.Low-cost flexible supercapacitors with high-energy density based on nanostructured MnO_2 and Fe_2O_3 thin films directly fabricated onto stainless steel[J].Scientific Reports,2015,5:12454

附录1　BRUKER公司D8 ADVANCE型X射线粉末衍射仪操作步骤

一、概述

D8 Advance能够提供粉末、块状、条带样品的测试多晶样品的常规物相分析和半定量分析，晶胞参数的测定、修正，未知多晶样品的X射线衍射指标化，晶粒尺寸和结晶度测定。

配有步进马达加光学编码的精密测角仪，角度重现性 ±0.000 1°，是目前最高精度的测角仪；最新的测量模式，宽角扫描范围：0°～140°。

配有LynxEye阵列探测器：192个探测通道，探测效率是普通闪烁探测器的10倍以上，普通样品可在7 min左右测试完成。

二、仪器主要硬件

（1）X射线发生器。

（2）衍射测角仪。

（3）辐射探测器。

（4）测量电路。

（5）控制操作和运行软件的电子计算机系统。

（6）冷却循环水系统。

三、仪器设备描述

Cu靶X光管电压≤40 kV、电流≤40 mA

测角仪工作方式：θ/θ方式

扫描范围：0°～140°

测角仪精度：0.000 1°，准确度≤0.02°

四、样品要求

（1）粉末样品要求：干燥、在空气中稳定、粒度均匀小于 20 μm。

（2）块状样品的要求：测试面清洁平整、可装入直径为 23 mm 的中空样品架，垂直于测试面的厚度不超过 10 mm。

（3）特殊样品：极少量的微粉、非晶条带、液体样品等。微粉样品需要颗粒均匀细小，且物质性质稳定，对 Si 无腐蚀性。条带需要平整光滑且不能太厚。

五、制样

粉末样品制样：将适量的粉末装入空槽中，用盖玻片轻轻压平，使其上表面平整，高度与样品架平齐。

块状样品制样：取适量的橡皮泥置于标准样品台的底部，然后将样品轻轻放置于橡皮泥上面，取中部挖空了的标准样品台套于块状样品的中间，然后用盖玻片将样品压至与样品架平齐。

特殊样品制样：极少量的微粉、非晶条带、液体样品等需使用特殊低背景样品架，将微粉或液体轻置在单晶 Si 片上均匀分散开，非晶条带平铺在单晶 Si 片上，尽可能与其贴合，如图 1 所示。

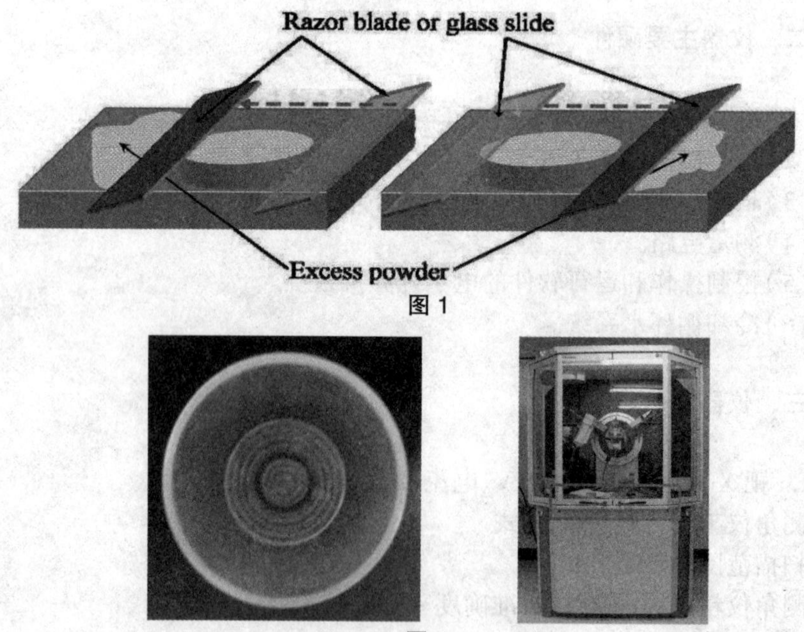

图 1

图 2

六、测试

装样：将制备好的样品轻置于样品台上，轻推样品底座使样品台卡到位，关闭仪器的大门，并轻推拉杆入位使门锁关闭（图2所示）。

测试设置：开启测试软件XRD Commander进行测试程序的设定。

（1）点击Creat创建测试程序，如图3所示。

图3

（2）选定测试程序，如图4所示。

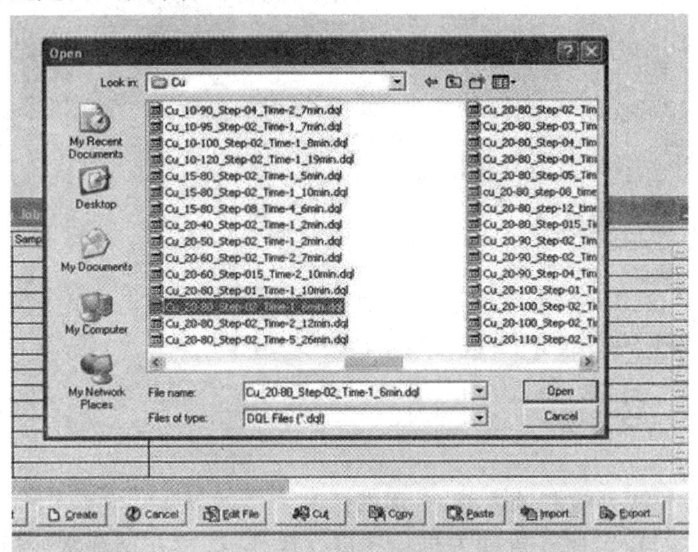

图4

（3）选择数据存储文件夹。

（4）创建本测试程序。

（5）点击按钮开始测试，如图5所示。

图 5

（6）切换到实时界面，测试界面实时观测，如图 6 所示。

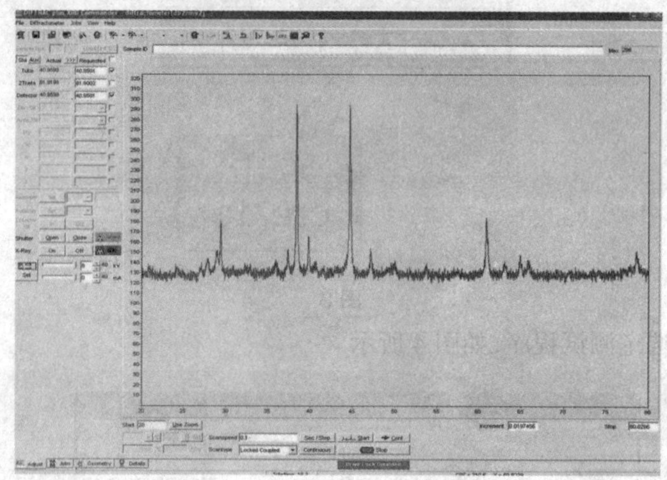

图 6

七、实验结束

打开仪器大门小心取下样品即可，可以将储存在控制电脑中的数据拷贝到数据转换电脑中，进行数据转换以及拷贝。

八、注意事项

（1）每次开机测试之前，必须进行 X 光管的老化程序。

（2）严格按照开机和关机程序进行操作，严禁在循环水冷机未满足开机要求前，打开衍射仪。

（3）在测试过程中，注意循环水冷机的水温，超过 24℃需立即关闭 X 光管。

（4）保持实验间的卫生，尤其是粉末样品不要乱倒乱扔，制样时洒出的粉末请清理干净，废弃的卷纸试样带请丢入垃圾筐中。

（5）请勿使用 U 盘和自带的可擦写光盘在仪器的四台控制电脑上读

取数据，以免造成PDF数据库和实验数据的丢失。

(6)开关仪器门时，请轻开轻闭以免损坏仪器的玻璃门，甚至震掉光管高压。

(7)样品的前处理请尽可能在自己的实验室中完成。

(8)装换样时请轻拿轻放，以免粉末洒落污染仪器的样品台。

附录 2　Jade 软件分析方法

第一部分　物相分析

（1）打开数据。File—read…

打开后的界面如图 1 所示。

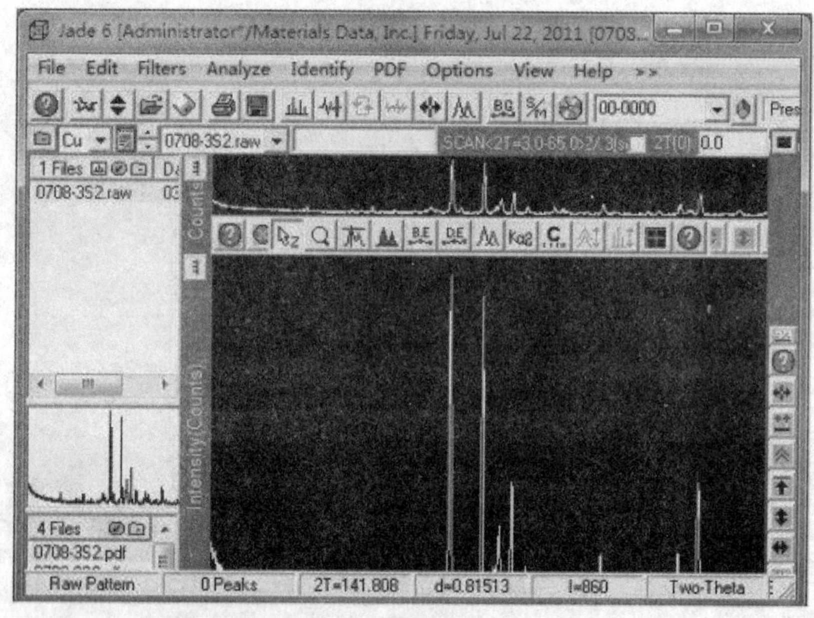

图 1

（2）平滑曲线的操作如下：

右击图 2 中箭头所指按钮，可以进行参数设置，左击就是平滑曲线。

（3）物相分析。一般的物相分析至少分 3 轮进行，这样才能把所有的物相找出来。这 3 轮分别命名为大海捞针、单峰分析、指定元素分析。

首先左击 按钮寻峰。

①“大海捞针”物相分析：右击图 3 箭头所指按钮，出现图 4 所示标签。在 General 选项里，首先勾选上左侧所有的库，去掉右侧所有的对勾，

其他设置如图 4 所示，最后左击 OK。

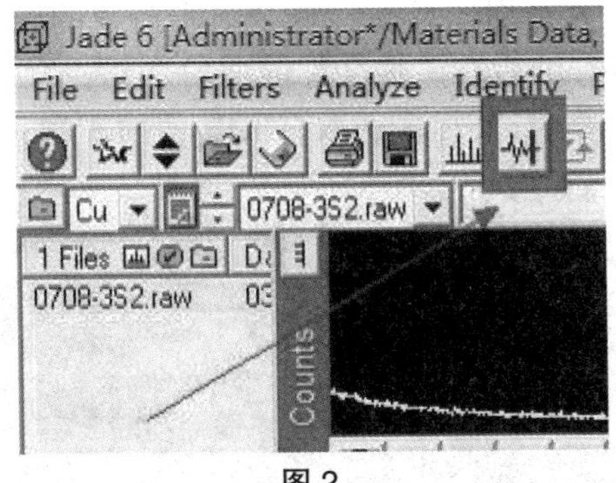

图 2

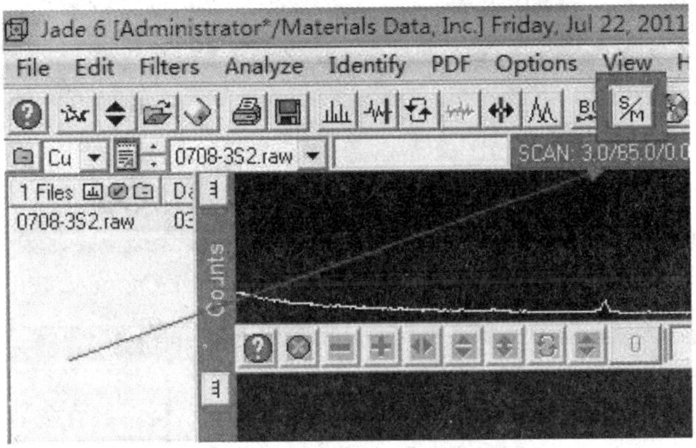

Jade 6 [Administrator*/Materials Data, Inc.] Friday, Jul 22, 2011

File　Edit　Filters　Analyze　Identify　PDF　Options　View

Cu　0708-3S2.raw　SCAN: 3.0/65.0/0.0

1 Files

0708-3S2.raw

Counts

图 3

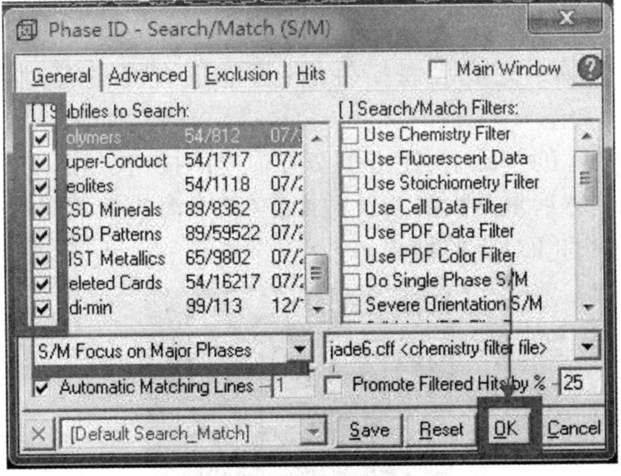

图 4

完成上述步骤，出现图 5 所示界面。显示了矿物名称、化学式、FOM 值、PDF-#、RIR 等内容。矿物的排序是按 FOM 值由小到大排列的，

FOM 值越小,表示存在这种矿物的可能性越大(但不绝对)。当鼠标左击到一个矿物时,在 X 衍射图谱显示栏会显示蓝色的线,选择与 X 衍射图谱拟合最好的矿物,然后在矿物名称前面勾选,表示认为存在此矿物(图 6)。注意:选择矿物时,要尽量选取有 RIR 值的矿物,否则后面的定量工作将不能继续。

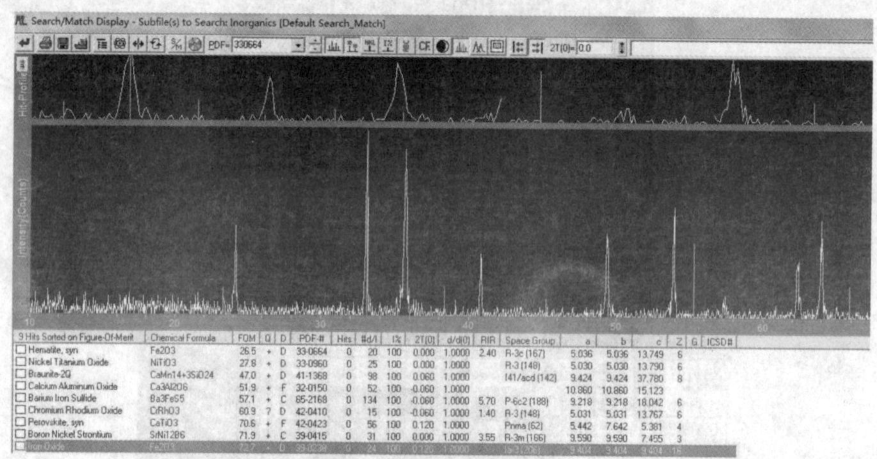

图 5

9 Hits Sorted on Figure-Of-Merit	Chemical Formula	FOM	Q	D	PDF-#	Hits	#d/I	I%	2T(0)	d/d(0)	RIR	Space Group	a	b	c	Z	G	ICSD#
☑ Hematite, syn	Fe2O3	26.5	+	D	33-0664	0	20	100	0.000	1.0000	2.40	R-3c (167)	5.036	5.036	13.749	6		
☐ Nickel Titanium Oxide	NiTiO3	27.8	+	D	33-0960	0	25	100	0.000	1.0000		R-3 (148)	5.030	5.030	13.790	6		
☐ Braunite-2Q	CaMn14+3SiO24	47.0	+	D	41-1368	0	98	100	0.060	1.0000		I41/acd (142)	9.424	9.424	37.780	8		
☐ Calcium Aluminum Oxide	Ca3Al2O6	51.9	+	F	32-0150	0	52	100	-0.060	1.0000			10.860	10.860	15.123			
☐ Barium Iron Sulfide	Ba3FeS5	57.1	+	C	65-2168	0	134	100	-0.060	1.0000	5.70	P-6c2 (188)	9.218	9.218	18.042	6		
☐ Chromium Rhodium Oxide	CrRhO3	60.9	?	D	42-0410	0	15	100	-0.060	1.0000	1.40	R-3 (148)	5.031	5.031	13.767	6		
☐ Perovskite, syn	CaTiO3	70.6	+	F	42-0423	0	56	100	0.120	1.0000		Pnma (62)	5.442	7.642	5.381	4		
☐ Boron Nickel Strontium	SrNi12B6	71.9	+	C	39-0415	0	31	100	0.000	1.0000	3.55	R-3m (166)	9.590	9.590	7.455	3		
☑ Iron Oxide	Fe2O3	72.7	+	D	39-0238	0	24	100	0.120	1.0000		Ia-3 (206)	9.404	9.404	9.404	16		

图 6

②单峰分析:完成大海捞针后,可能还有峰没有对上,此时要用此法。

在大海捞针的基础上,左击图 7 方框内的按钮,然后按照图 8 内标明的步骤操作。然后重复大海捞针的操作(与大海捞针不同的是,此时系统只选择与选中的峰对应的物相)。

图 7

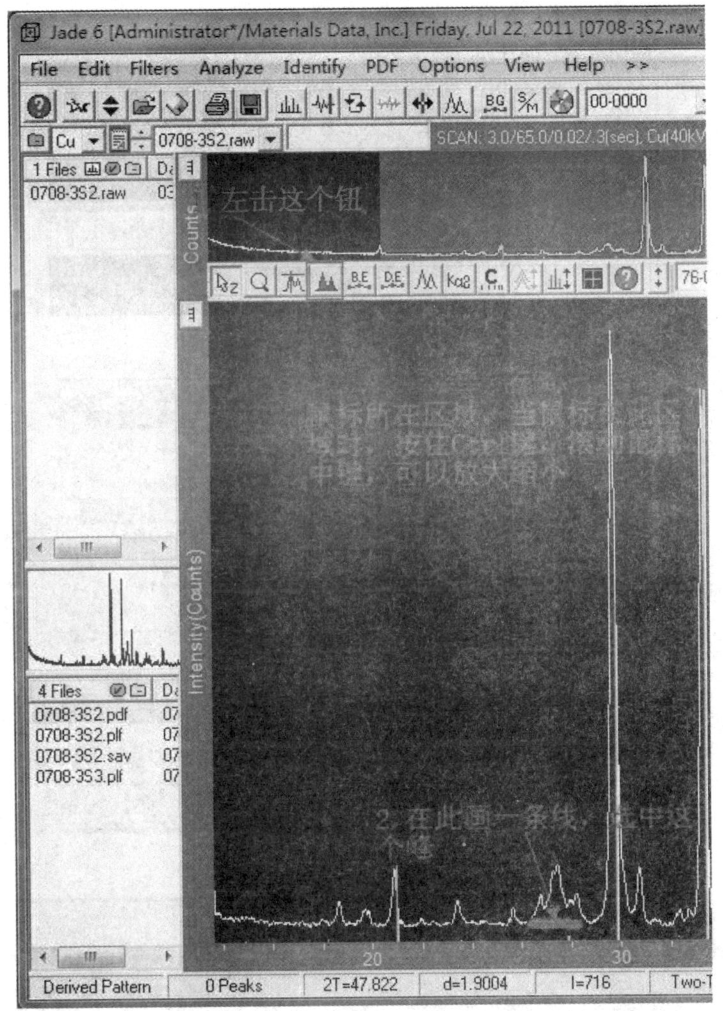

图 8

③指定元素分析：完成大海捞针、单峰分析后，可能有些矿物还没有分析出来，用此法。

右击图 9 箭头所指按钮，出现图 10 所示标签。在 General 选项里，在图 10 所示的地方勾选，出现图 11。选择认为样品可能存在的元素，单击 OK。回到图 10 所示，单击 OK。接下来又是选择物相，方法同上，不再赘述。

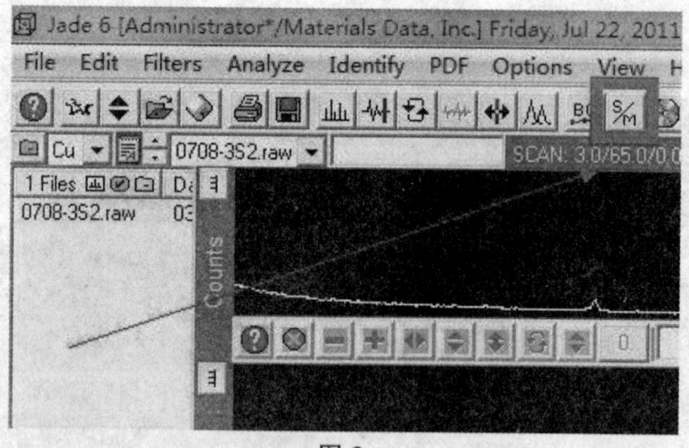

图 9

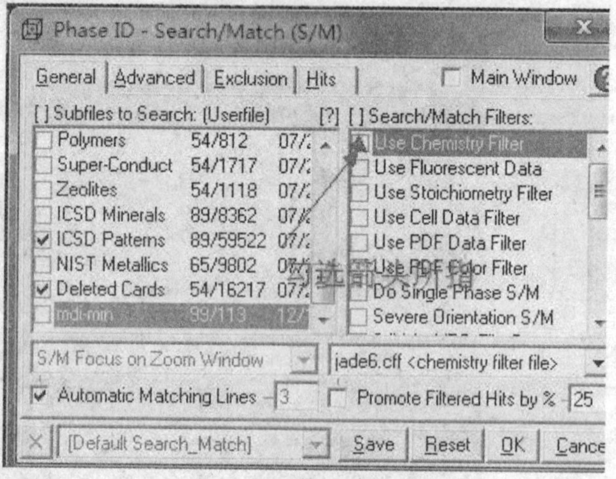

图 10

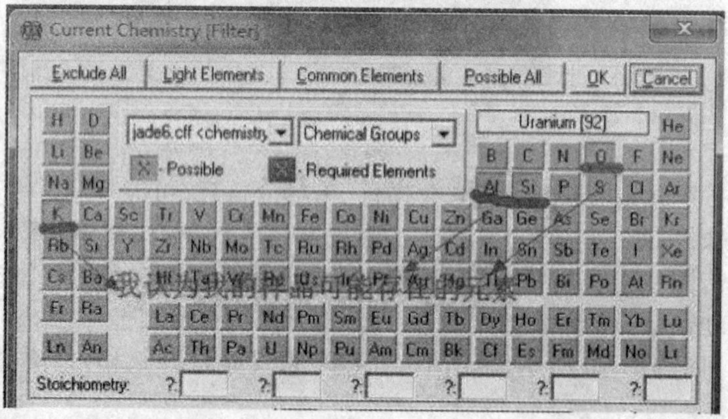

图 11

完成物相分析后，左击 BG 按钮，扣除背景值。

第二部分　物相定量分析

在第一部分的基础上，进行第二部分的操作。

左击图 12 中的按钮，选择 WPF Refirement…。此时可能会出现图 13 所示的提醒，可以从网上搜索 MSFLXGRD.OCX 这一文件，或从其他电脑里搜索这一文件，然后将其复制到 Windows\System32 文件夹下就可以了。然后按图 14 所示步骤操作。

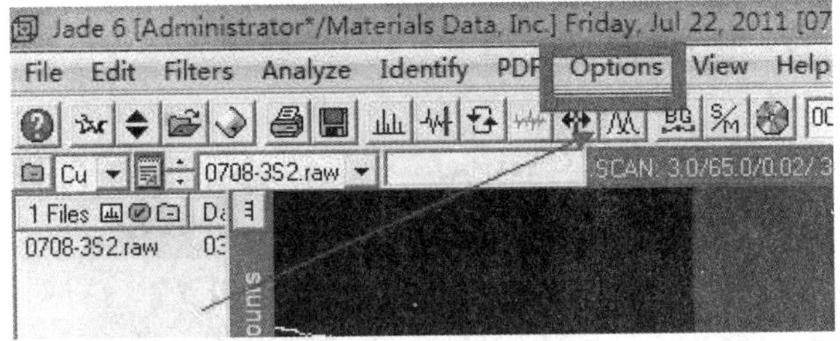

图 12

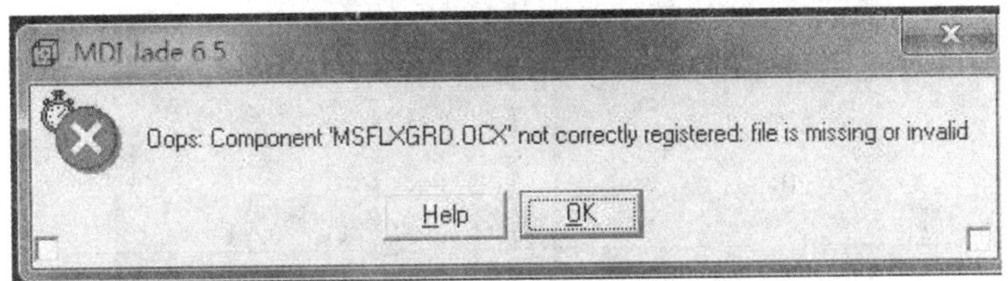

图 13

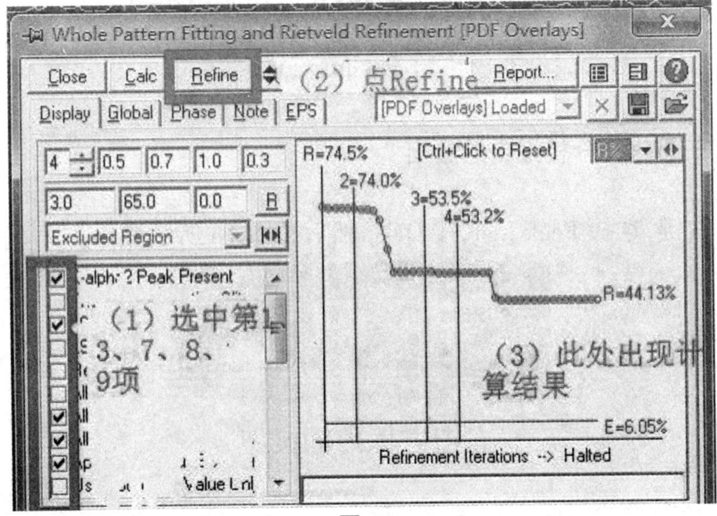

图 14

等出现结果后，左击图 14 所示标签内的 Print 按钮，打印计算结果即可（打印效果如图 15 所示）。

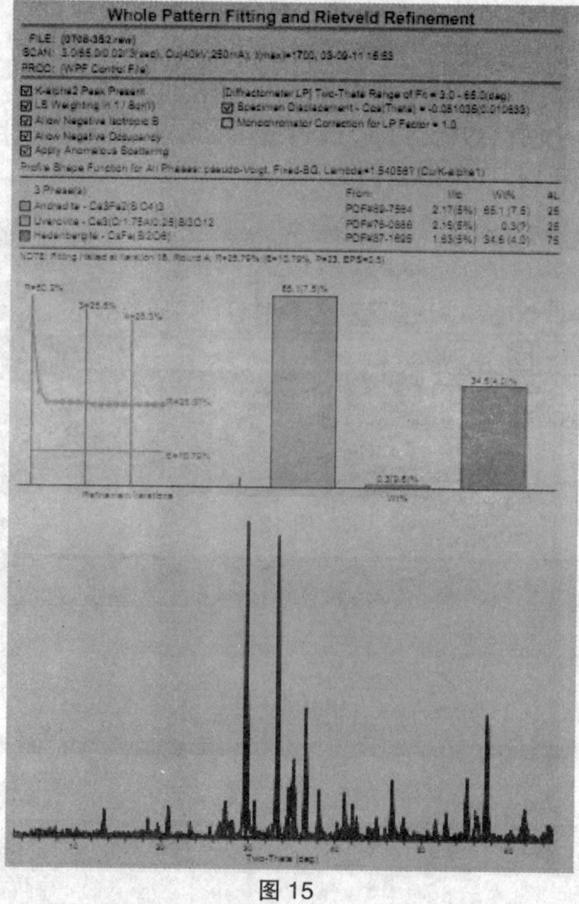

图 15

第三部分　分析报告的给出

点右键，选择 Peak List，按 OK。然后按图 16 所示操作。

图 16

然后按图17操作。

图17

按图18所示操作。

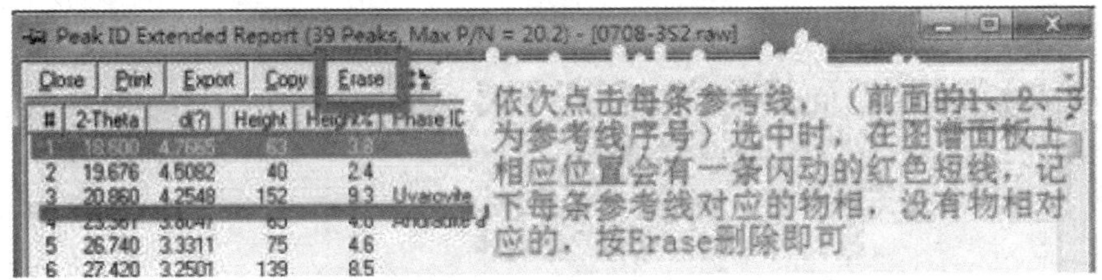

图18

然后左击File，选择Print Setup（注意：不能用微软的虚拟打印机！），出现Print Setup界面。

按图19操作。

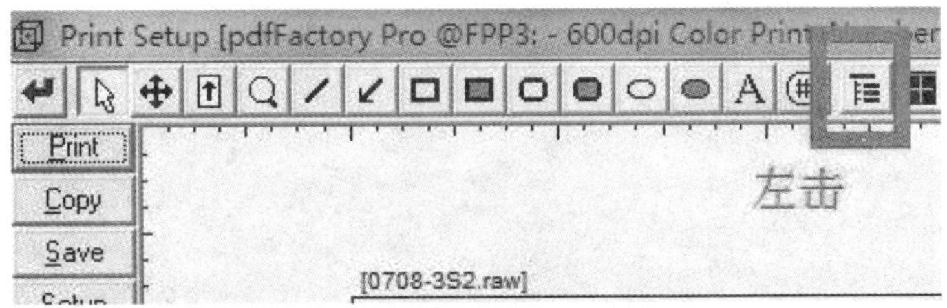

图19

选择 Font&Line Toolbar，出现图 20。

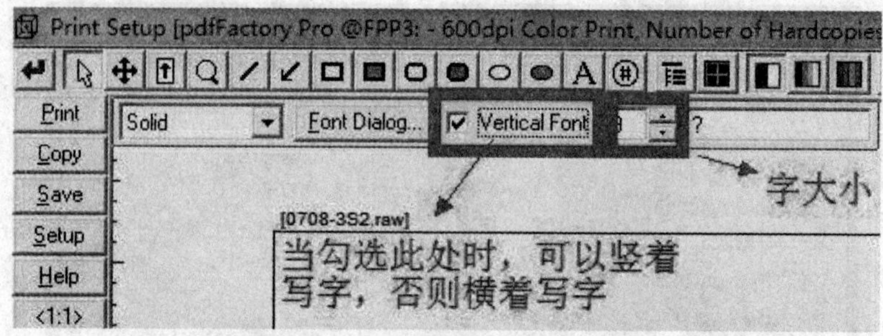

图 20

设置好字体格式后，左击“A”按钮就可以写字了。在写好的字上面右击可以删除该字，左击可以拖动该字。

完成后，就可以单击 Print 打印报告。

附录 3　S-4800 日立扫描电子显微镜（SEM）简易操作指南

一、开机前准备

1. 制备样品（带口罩与手套进行）

SEM 样品制备相对简单，原则上只要能放入样品室的样品，都可进行观察。但需注意以下事项：

（1）样品在物理上和化学上必须要保持稳定，在真空中和电子束轰击下不挥发或变形，没有腐蚀性和放射性。（通常是干燥固体。）

（2）由于光源是电子，样品必须导电，非导电样品可喷镀金膜。金膜在一定程度上会影响样品原有形貌。（若样品本身导电，衬底不导电，如蓝宝石上的 ZnO，只需用导电胶把样品表面连到样品台。）

（3）由于物镜有强磁性，带有磁性的样品制样必须非常小心，防止在强磁场中样品被吸入物镜或分散在样品室中。通常磁性样品必须退磁，且工作距离（WD）须大于 8 mm。

具体操作过程：

（1）按待测样品数量选择样品台（支持直径 d=5 mm，15 mm，1 inch，2 inch 等规格，若要观测截面可选择带角度的样品台）。

（2）剪一小段导电胶，粘到样品台上。若样品为粉末，则把粉末撒到导电胶上，用吸耳球或高压氮气吹扫掉导电胶上未粘紧的粉末；若是块状样品，则把样品牢牢粘到导电胶上，用手轻轻推，样品不会左右晃动。（为观测时方便定位，将样品排列成行（或列），并在行下方（或列左侧）标上数字编号。）

（3）样品粘贴完成后，用吸耳球或高压氮气吹扫掉样品台上的粉末、灰尘、水珠、唾沫等（会影响照片质量，甚至使真空度下降而无法加高压，推荐认真执行。）

2. 查看真空度

打开前面板盖,点击 MODE 按钮直至 IP1 指示灯闪,在登记表记下 MULT INDICATOR 数码显示管的读数,同理读取 IP2, IP3 并记录。确认 IP1<2E-7, IP2<2E-6, IP3<5E-5。(通常情况都是 IP1 显示 0E-8, IP2 显示 0E-8, IP3 显示 0E-8 或 aE-7, 1<a<9。)如图 1 所示。

图 1

二、开机操作

1. 开机

(1)开启冷却循环水电源,循环水温度显示应在 15 ~ 20℃,水位应浸没金属线圈。

(2)按下位于桌子右上角的显示单元“DISPLAY”开关,如图 2 所示。

(3)电脑自动启动,根据界面提示按“Ctrl+Alt+Delete”,口令为空,直接进入系统。系统自动启动程序,口令为空,直接进入程序。如图 3 所示。

图 2

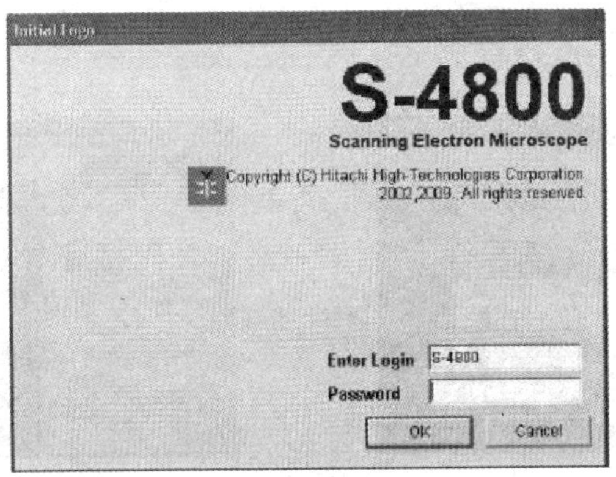

图3

2. 轰击（flashing）

场效应电子扫描显微镜（FE-SEM）在程序启动后会提示进行flash，如图4所示。（去除电子源——FE尖端吸附的气体分子，起清洁作用。）通常是每天开始使用SEM时flash一次，并记录发射电流I_e，当累计使用超过8 h，发射电流开始不稳定，需要再轰击一次，同样记录下电流I_e。（注意flash不需要开启观测用的电子枪高压，软件显示高压off为灰色状态。）

轰击后可以立即观察图像。但是在最初的1 h左右，有时会有图像干扰（图像中出现明暗的横线）。进行高分辨率的观察时，最好在轰击完1 h以上后再进行观察。

具体操作过程：

（1）点击控制面板上的加速电压显示区域，出现加速电压HV设定画面。点击"Flashing"键后，在HV设定画面出现轰击执行（Flashing Execute）窗口。

（2）确认轰击强度Intensity为"2"后，点击"Execute"按钮。

（3）HV的I_e（发射电流）显示器显示2 s轰击产生的发射电流，电流值大约为30 ~ 40 μA，有时仅轰击一次，达不到所要求的值，这时需要连续轰击2 ~ 3次，若还达不到要求可换Intensity 3。（为了保护FE灯丝，程序自动计数25 s后，才进行下一次轰击。）

3. 样品装入

制备好的样品需要放到样品室进行观察，样品室真空度<E-3 Pa。（按前面板MODE可显示SC的真空度LE-3）样品室和外界环境通过样品交换腔连接，样品交换腔体积较小，抽放真空较容易。放样过程是先破坏样

品交换腔真空，拉开样品交换腔把样品放入；再对样品交换腔抽真空；最终把样品放入样品室。

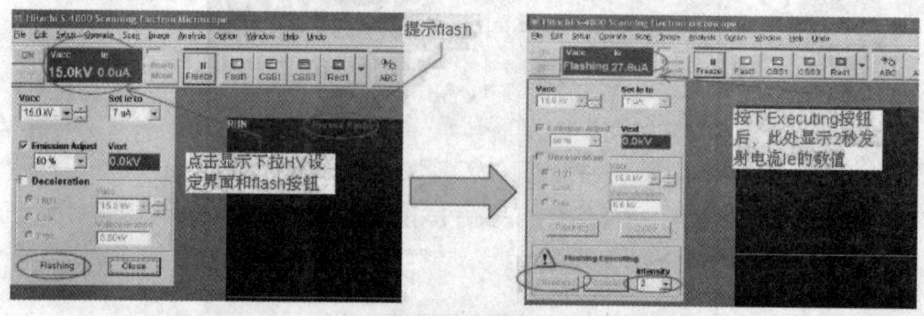

图 4

具体操作过程：

（1）把已制备好的样品台装入样品座，并使用高度规限定样品台高度。确保样品的最高点和高度规的下边缘齐平，可低 1 ~ 2 mm，如图 5 所示，并确认样品台与调节螺杆、紧固盘片与样品台座上紧。（很重要，一旦部件掉进样品室会很麻烦。）

（2）点击软件右上方“HOME”键，确认样品台处于初始位置。绿色显示条停止闪烁后，样品台回归交换状态。如图 6 所示。

（3）按下样品交换腔上方“AIR”按钮至闪烁，蜂鸣器响后，用双手拉开样品交换腔。如图 7 所示。

（4）样品交换杆手柄顺时针旋至“UNLOCK”位置后，把样品座插入样品交换杠并逆时针旋转交换杠手柄至“LOCK”位置，锁紧样品座。如图 8 所示。

（5）将交换杆向外拉至尽头卡紧，合上样品交换腔，按紧。按“EVAC”按钮至闪烁；真空泵启动时可松手。

（6）蜂鸣器响后，按“OPEN”按钮至闪烁；蜂鸣器响后，交换门打开。

（7）推入样品杆到底；将样品杆从“LOCK”位置转回“UNLOCK”位置后抽出，按“CLOSE”按钮至闪烁；蜂鸣器响后，交换门关闭。

图 5

图 6

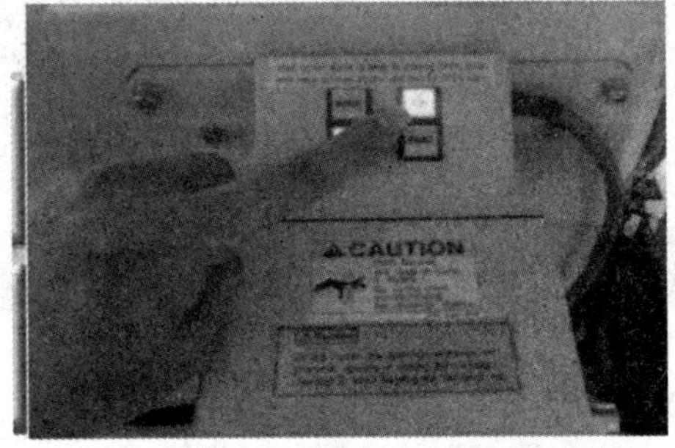

图 7

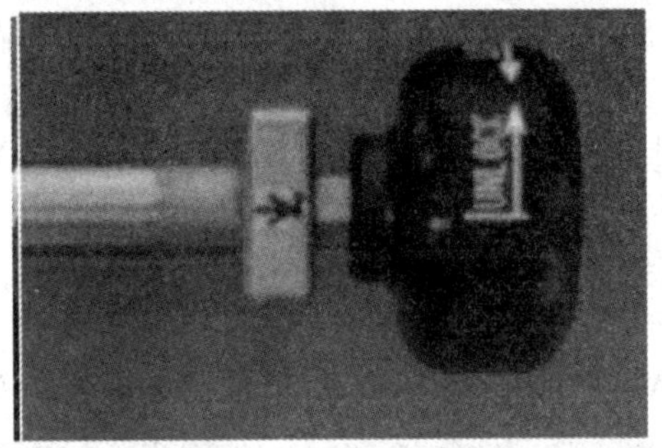

图 8

4. 样品观察

根据样品的特点和观察信息的不同，需要选择不同的加速电压，发射电流，工作距离和接收探头。可在操作面板“SEM”菜单“SIGNAL SELECT”选区中，选择“Mix（混合）”、“Upper（上探头）”或“Lower（下探头）”；接收“SE（二次电子）”信号或“BSE（背散射电子）”信号；BSE下拉列表中，选择“LA0–LA100、LH”控制SE信号和BSE信号的比例；“OPE.CONDITION”选区中“WD”下拉列表中，选择相应的工作距离(默认 8 mm)。“STAGE”菜单“Z / TILT”选区中，在范围内输入数字，更改样品台高度 Z（默认 8 mm，可减小到 5 mm)、倾斜度等。合适的工作条件能拍出理想的照片。在样品观察过程中，为了获得清晰的图片，需要对光路进行合轴；并进行聚焦消像散，调节过程需反复多次进行。如图 9 所示为软件界面功能说明。

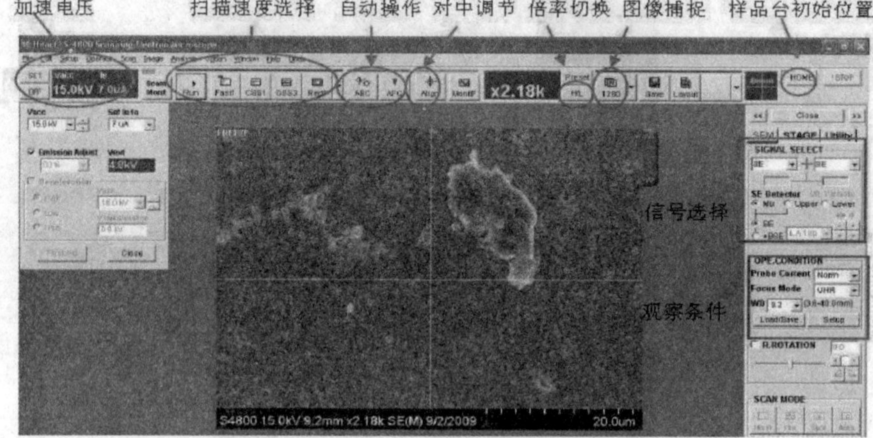

图 9

具体操作过程：

（1）根据实际放入样品台，在软件右上方设置样品台尺寸 Sample Size，样品台高度 Sample Height 通常选 Standard，若样品起伏较大可适当选 +1 ~ 2 mm。

（2）点击高压显示窗口，选择合适的加速电压 Vacc，（通常碳管选 3 kV），电流可不选，程序会自动匹配。确认后点击左上角红色"ON"高压开启按钮，会先跳出样品台大小高度确认对话框，确认无误后点击"OK"。如图 10 所示。（若此时是 flashing 后第一次加高压，按"ON"按钮时观察并记下 Vext 电压，当 Vext 大于 5.3 kV 时准备更换钨灯丝。）

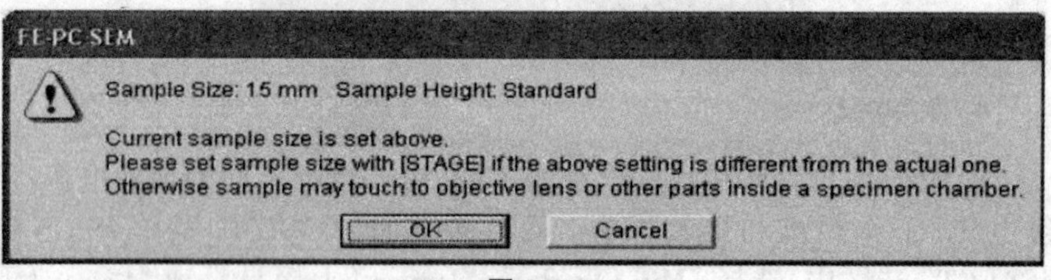

图 10

（3）对中。每次更改电压、束流、聚光镜线圈电流强度、工作距离等参数后，便要对中。加上高压后，单击操作界面上的"Align"键，出现"Alignment"对话框。选中"Beam Align"，调节旋钮盘 STIGMA / ALIGNMENT 的 X 和 Y 旋钮，使圆斑落在靶环正中。如图 11、图 12 所示。如图 13 所示为手动操作面板。

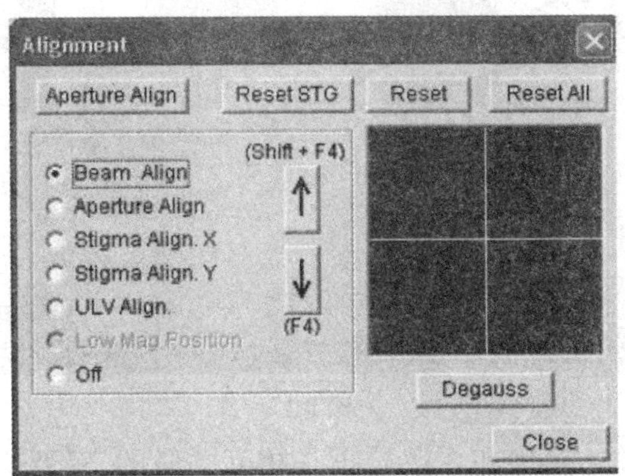

图 11

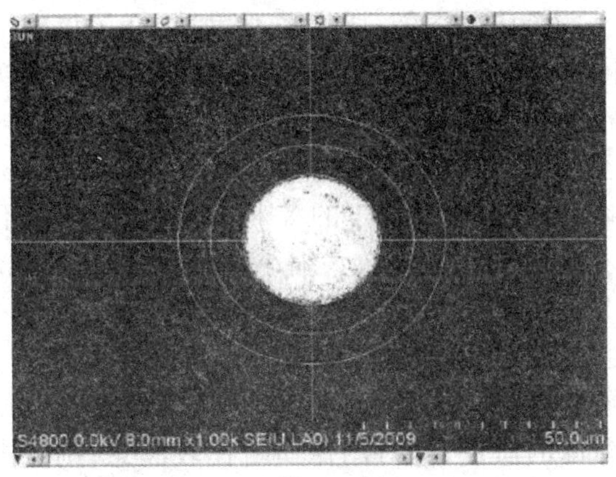

图 12

在所需要的放大倍率上,选中“Aperture Align”,调节旋钮盘的 X 和 Y 旋钮(STIGMA / ALIGNMENT)至图像不再摇摆。再选中“Stigma Align. X”,调节旋钮盘 X 和 Y 旋钮,至图像不再摇摆,而是以十字线中心为中心周期性地放大缩小(类似心脏前后跳动),然后选中“Stigma Align. Y”,同样操作。单击“Close”关闭对话框。

(4)聚焦。用鼠标点击倍率状态切换按钮“H/L”,选择低倍模式,点击 ABC 按钮自动调节对比度和亮度,再滚动轨迹球,寻找明显参照物(可用样品台边缘或样品边缘)。调节粗聚焦 Coarse 和细聚焦 Fine,使轮廓清晰。再点击切换按钮“H/L ”,切换到高倍模式,用 Coarse/Fine 聚焦使轮廓清晰。若在聚焦过程中图像出现位移,则需重复(3)中的“Aperture Align”,调节旋钮盘的 X 和 Y 旋钮至图像不再摇摆,进行物镜可动光阑对中。

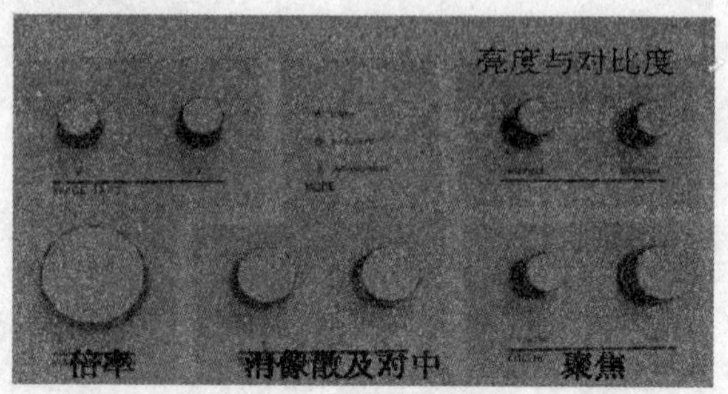

图 13

（5）消像散。聚焦和像散校正是相互关联的，需要交替重复进行。推荐在消像散的时候使用“Red1”扫描模式。当没有像散时，在最佳聚焦点上就可以获得清晰的图像；当存在像散时，在欠焦或过焦条件下，图像沿某一方向拉长。在最佳聚焦点上聚焦，交替调节旋钮盘 STIGMA / ALIGNMENT 的 X 和 Y 旋钮，调节像散以获得清晰的图像。若在消像散过程中图像发生位移，则需重复步骤（3）中的选中“Stigma Align. X”，调节旋钮盘 STIGMA / ALIGNMENT 的 X 和 Y 旋钮，至图像不再摇摆，而是以十字线中心为中心周期性地放大缩小（类似心脏前后跳动），然后选中“Stigma Align. Y”，同样操作，进行像散基准对中。

（6）此时通常能观测到清晰图像，若未达到效果则重复步骤（4）（5）。

（7）在图像调节结束之后，可以将扫描速度设定为 Slow1-4（通常为 Slow 3），确定图像的质量，若对图像质量比较满意，则点击捕捉“1280”按钮，捕捉的图片将出现在 SEM 窗口下方。保存照片时，单击该窗口中的图片。选中的图片背景将变成黄色。可用 Ctrl 键多图选择，或 Shift 键连续选择。单击窗口左侧的“Save”按钮，出现“Image Save [Captured Area]”对话框，如图 14 所示，可选择路径、文件名、保存信息和图像类型。在“Setup”操作面板的“Record”菜单栏中，可选择照片下方的信息栏所显示的信息。如图 15 所示。每张照片在完成保存以后，图像右上角都将显示“Saved”红色字样。

三、关机操作

（1）当所有样品测试完成后，单击操作界面左上角“OFF”键关闭高压，然后单击操作界面右上角“HOME”键，等待绿色指示条停止闪烁，样品台恢复至初始交换位置。

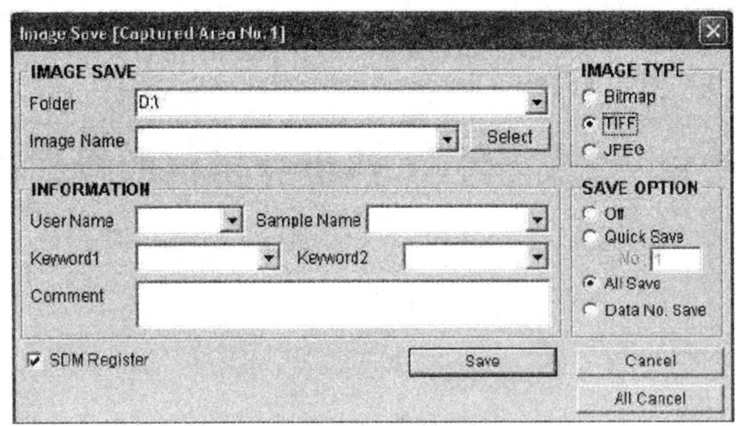

图 14

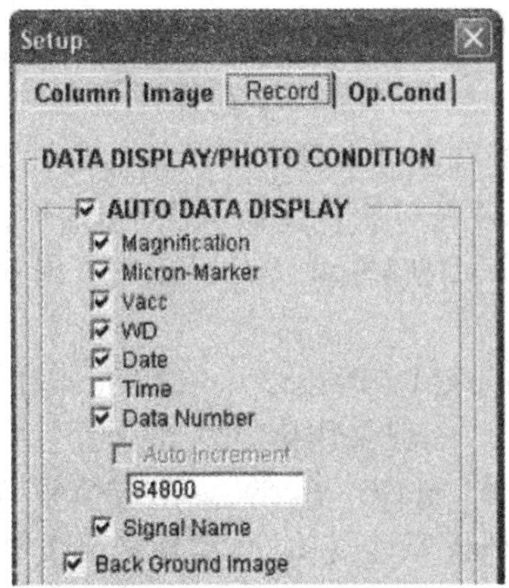

图 15

（2）按照样品交换流程取出样品台。

（3）样品交换舱抽真空完成后，可关闭软件——单击操作界面右上角“X”按钮。出现“Exit SEM Manager”显示框。1 min 左右，SEM 程序即自动退出。

（4）关闭面板显示单元“DISPLAY”开关。关闭循环水。

附录 4　STA 449F3 热重分析仪的操作规程

一、操作条件

（1）实验室应尽量远离振动源及大的用电设备，室内配备空调，以保证温度恒定。

（2）计算机在仪器测试时，不能运行系统资源占用较大的程序。

（3）保护气体：保护气体是用于在操作过程中对仪器及其天平进行保护，以防止受到样品在测试温度下所产生的毒性及腐蚀性气体的侵害。Ar、N_2、He 等惰性气体均可用作保护气体。保护气体输出压力应调整为 0.05 MPa，流速一般设定为 15 ml · min^{-1} 左右。开机后，保护气体开关应始终为打开状态。

（4）吹扫气体（Purge1 / Purge2）：吹扫气体在样品测试过程中，用作为气氛气或反应气。一般采用惰性气体，也可用氧化性气体（如空气、氧气等）或还原性气体（如 CO、H_2 等）。但应慎重考虑使用氧化、还原性气体作气氛气，特别是还原性气体，会缩短样品支架热电偶的使用寿命，还会腐蚀仪器上的零部件。吹扫气体输出压力应调整为 0.05 MPa，流速 ≤ 100 ml · min^{-1}，一般情况下为 30 ml · min^{-1}。测试过程中如果被测样品可能发生分解反应时，吹扫气流速应随之加大，以保证分解产物的及时排出，避免污染炉体及传感器。

（5）动态测量模式、静态测量模式及真空测量模式：在有吹扫及保护气体时的测量为动态测量模式，否则为静态测量模式，在真空状态下进行测量为真空测量模式。为了延长仪器寿命，保护仪器部件，应尽可能使用在惰性气氛下的动态模式进行测量，慎重考虑静态及真空测量模式，尤其是真空测量模式应尽可能避免。

（6）恒温水浴：恒温水浴是用来保证测量天平工作在一个恒定的温度下。一般情况下，恒温水浴的水温调整为至少比室温高出 3℃。

（7）真空泵：为了保证样品测试中不被氧化或与空气中的某种气体进行反应，需要真空泵对测量管腔进行反复抽真空并用惰性气体置换。

一般置换两到三次即可。

二、样品准备

（1）测试用的坩埚（包括参比坩锅）必须与仪器设置中所选用的坩埚类型相同。

（2）检查并保证测试样品及其分解物绝对不能与测量坩锅、样品支架、热电偶发生反应。

（3）为了保证测量精度，测量所用的 Al_2O_3 坩锅（包括参比坩锅）必须预先进行热处理到等于或高于其最高测量温度。

（4）测试样品为粉末状、颗粒状、片状、块状、固体、液体均可，但需保证与测量坩锅底部接触良好，样品应适量（如：在坩锅中放置 1/3 厚或 15 mg 重），以便减小在测试中样品温度梯度，确保测量精度。

（5）对于热反应剧烈或在反应过程中易产生气泡的样品，应适当减少样品量。

（6）除测试要求外，测量坩锅应加盖，以防反应物因反应剧烈而溅出而污染仪器。

（7）用仪器内部天平进行称样时，炉子内部温度必须保持恒定在室温，天平稳定后的读数才有效。

三、开机

（1）开机过程无先后顺序。为保证仪器稳定精确的测试，除长期不使用外，所有仪器可不必关机，避免频繁开机关机。恒温水浴最好一直处于开机运行状态。其它仪器应至少提前测试 1 h 打开。

（2）开机后，首先调整保护气及吹扫气体输出压力及流速并待其稳定。

（3）每当更换样品支架（TG–DSC 换成 TG–DTA 或反之）或由于测试需要更换坩埚类型后，首先要做的就是修改仪器设置使之与仪器的工作状况相符。

四、样品测试程序

以使用 TG–DSC 样品支架进行测试为例，使用 TG–DTA 样品支架的操作除注明外均相同。

（1）测试前必须保证样品温度达到室温及天平稳定，然后才能开始。

（2）升温速度除特殊要求外一般为 10 ~ 30 k · min^{-1}。

（3）测试程序中的紧急复位温度（Emergency Reset Temperature）将自动定义为程序中的最高温度＋10℃，也可根据测试需要重新设置该温度值。但其最高定义温度不得超过仪器硬件所允许的极限温度值。

Sample 测试模式：该模式无基线校正功能。

（1）进入测量运行程序。选 File 菜单中的 New 进入编程文件。

（2）选择 Sample 测量模式，输入识别号、要测量的标准样品名称并称重，点 Continue。

（3）选择标准温度校正文件，然后打开。

（4）选择标准灵敏度校正文件，然后打开。当使用 TG-DTA 样品支架进行测试时，选则 Senszero.exx 然后打开。

（5）此时进入温度控制编程程序。

（6）仪器开始测量，直到完成。

Correction 测试模式：该模式主要用于基线测量。为保证测试的精确性，一般来说样品测试应使用基线。

（1）进入测量运行程序。选 File 菜单中的 New 进入编程文件。

（2）选择 Correction 测量模式，输入识别号、样品名称，可输入为空，不需称重，点 Continue。

（3）选择标准温度校正文件，然后打开。

（4）选择标准灵敏度校正文件，然后打开。

（5）此时进入温度控制编程程序。

（6）仪器开始测量，直到完成。

Correction+Sample 测试模式：该模式主要用于样品的测量。

（1）进入测量运行程序。选 File 菜单中的 Open 打开所需的测试基线进入编程文件。

（2）选 Sample+Correction 测量模式，输入识别号、样品名称并称重，点 Continue。

（3）利用仪器内部天平进行样品称重步骤如下：

①点击 Weigh….进入称重窗口，待 TG 稳定后点击 Tare。

②称重窗口中的 Crucible Mass 栏中变为 0.000 mg，且应稳定不变。否则应点击 Repeat 后再重新点击 Tare。

③再点击一次 Tare，称重窗口中的 Sample Mass 栏变为 0.000 mg。

④把炉子打开，取出样品坩埚装入待测量样品。

⑤将样品坩埚放入样品支架上，关闭炉子。

⑥称重窗口中的 Sample Mass 栏中，将显示样品的实际重量。

⑦待重量值稳定后，按 Store 将样品重量存入。

⑧点击OK退出称重窗口。

⑨选择标准温度校正文件。

⑩选择标准灵敏度校正文件。当使用TG-DTA样品支架进行测试时，选则Senszero.exx然后打开。

⑪选择或进入温度控制编程程序(即基线的升温程序)。应注意的是：样品测试的起始温度及各升降温、恒温程序段完全相同，但最终结束温度可以等于或低于基线的结束温度(即只能改变程序最终温度)。

⑫仪器开始测量，直到完成。

真空泵操作：当样品需要在惰性气体环境中进行测试时，则要对炉子内样品腔体进行反复。

抽真空及置换惰性气体操作。但尤其要注意的是：

①启动真空泵前必须确认STA409PC上的排气阀完全关闭，以防在抽真空过程中将样品抽走。

②真空泵使用的环境温度在12 ~ 40℃之间。

③且该真空泵不能在真空状态下启动，即只能在常温常压下启动。

④抽真空完毕后，只有当充气完成后才能打开(慢慢地轻轻地开)排气阀门。

五、标准样品校正文件的生成

一般情况下，用于样品支架的标准样品校正文件只需每年更新一次。

(1)校正文件包括标准温度校正和标准灵敏度校正两个文件。但TG-DTA样品支架不需要进行灵敏度校正。

(2)对于不同类型的坩锅、样品支架、气氛应分别建立校正文件。

(3)校正文件必须由三个以上标样的测试数据产生。

(4)对于同一个标准样品的测试数据最好取其多次重复测量的平均值。

(5)所选标样的温度值应尽可能地覆盖仪器的应用范围。

(6)针对自己样品的测试温度范围，合理选择不同校正温度点上的数学权重，将有利于提高测量的精确性。

操作程序：

(1)进入测量运行程序。选File菜单中的New进入编程文件。

(2)选择Sample测量模式，输入识别号、要测量的标准样品名称并称重，点Continue。

(3)选择Tcalzero.tcx然后打开。

（4）选择 Senszero.exx 然后打开。

（5）此时进入温度控制编程程序。

（6）仪器开始测量，直到完成。

（7）重复上述步骤测量 5 个或以上标准样品（In，Bi，Zn，Al，Ag，Au，Ni）。

（8）打开分析软件，分别对测量过的每一个样品的 ONSET 点及熔化峰面积进行分析计算。

（9）在分析软件中分别选择 Extras 菜单中的 Calib. Temperature 和 Calib. Sencitivity 来生成校正文件。

（10）点 Calib. Temperature 后，选 STA409PC，选 File 菜单中的 New → OK → OK 进入温度校正文件生成：在 Temperature Calibration 表格中只保留测试过的样品，将所计算出的 ONSET 点温度值一一输入并按照今后想要测试的样品的温度范围分别确定每一个标样的 ONSET 点的数学权重。最后点击 Calculate → OK 将 Temperature Calibration 表格关闭。点 File → Save as… 起校正文件名后即生成温度校正文件。

（11）点 Calib. STA409PC. Sencitivity 后，选 STA449C，选 File 菜单中的 New → OK → OK 进入灵敏度校正文件生成：在 Sencitivity Calibration 表格中只保留测试过的样品，将所计算出的熔化峰面积值一一输入并按照今后想要测试的样品的温度范围分别确定每一个标样的熔化峰面积值的数学权重。最后点击 Calculate → OK 将 Sencitivity Calibration 表格关闭。点 File → Save as… 起校正文件名后即生成灵敏度校正文件。

六、注意事项

（1）保持样品坩锅的清洁，应使用镊子夹取，避免用手触摸。

（2）应尽量避免在仪器极限温度（1600℃）附近进行恒温操作。

（3）使用铝坩锅进行测试时，测试终止温度不能超过 550℃。

（4）试验完成后，必须等炉温降到 200℃以下后才能打开炉体。

（5）试验完成后，必须等炉温降到室温时才能进行下一个试验。

（6）仪器的最大升温速率为 50 K·min^{-1}，最小升温速率为 0.1 K·min^{-1}。推荐使用的升温速率为 5 ~ 20 K·min^{-1}。

（7）测试过程中，如果被测样品有腐蚀性气体产生，仪器所使用的保护气体及吹扫气的比重应大于所生成的腐蚀性气体，或加大吹扫气的流速以便将腐蚀性气体带出去。

七、使用特种气体的注意事项

必须注意,某些气体会腐蚀仪器的部件或与密封件发生反应。

气氛	与铂发生反应的温度
H_2	> 600℃
H_2S	> 600℃
HCl	在高温下
Cl_2	在高温下
F_2	在高温下
SO_2	在高温下
NH_3	> 600℃
NO_x	在高温下
C_xH_y	> 1 000℃,会分解出碳
CO	> 600℃

八、坩埚的选择

坩埚→ 样品↓	Pt/Rh	Al_2O_3	Al	$Pt+Al_2O_3$	$Al_2O_3+IrO_2$	C
黏土	√	?	√	?	?	No
矿物	√	?	√	?	?	No
盐类	√	No	√	No	No	No
玻璃	√	No	√	No	No	?
高聚物	ü	ü	ü	ü	ü	ü
含碳材料	?	?	√	?	?	√
金属	No*	√	No	√	√	No
铝 / 铝合金	No*		No	ü	ü	ü
镁 / 镁合金	No*	?	No	?	?	√
铜 / 铜合金	No*	√	No	√	?	√
铁 / 铁合金	No*	?	No	?	√	No
镍 / 镍合金	No*	?	No	?	√	No

续表

坩埚→ 样品↓	Pt/Rh	Al_2O_3	Al	Pt+Al_2O_3	Al_2O_3+IrO_2	C
钛/钛合金	No*	?	No	?	√	No
锡/锡合金	No*	√	No	√	√	√
金/银合金	No*	√	No	√	√	?
铬、钼、钴合金	No*	?	No	?	√	No
陶瓷	√	?	√	?	?	No
Al_2O_3	√	√	√	√	√	?
ZrO_2	√	√	√	√	√	?
IrO_2/MgO	ü	ü	ü	ü	ü	?
SiO_2	ü	No	ü	No	No	No
Si_3N_4	No	?	√	?	?	√
AlN	?	?	?	?	?	√
BN	?	?	?	?	?	ü
MgB_2	No*	No*	No*	No*	No*	No*
SiC	No	?	√	?	?	√
无机物	?	?	?	?	?	?
硅	No	No	√	No	No	?
氧化铁	√	No	√	No	No	No
氧化铅	No	?	?	?	?	No
氟化镁	√	No	√	No	No	?
氧化铜	√	No	√	No	No	No
石墨	?	?	?	?	?	√
碳酸盐	√	?	√	?	?	No
硫酸盐	√	?	√	?	?	No

A 以上内容源于各类文章，仅供参考。

A 对于未知样品或不确定样品是否与坩埚反应的情况下，建议用其它的炉子预烧。

A 分析金属样品时，最好使用惰性气氛（N_2，Ar，He）。

A 氧化物可以在氧化气氛下测量，氮化物需在氮气气氛下测量。

A“*“样品熔融后与坩埚的反应将会损坏传感器，必须注意。

A ü 最佳选择 ? 可能在高温下发生反应 No 不建议使用

九、Al_2O_3 及铂坩埚的清洗

Al_2O_3 坩埚：

将坩埚放入 40% ~ 60% 的盐酸 +10% 的硝酸和水（摩尔浓度）的混合溶液中浸泡 24 h。冷却后用清水冲洗，必要的话使用超声波清洗。

将坩埚放入 2% ~ 5%（摩尔浓度）的氨水中煮沸后用清水冲洗，然后在蒸馏水中煮沸 1 h，最后将坩埚加热到 1500℃。

铂坩埚：

将坩埚放入 HF 溶液中浸泡 24 h。冷却后用清水冲洗，必要的话使用超声波。再用清水冲洗。然后放入蒸馏水中煮沸 1 h，最后将坩埚加热到 900℃。

附录 5 JEM-2100（HR）透射电子显微镜操作规程

一、检查仪器状态、实验室环境

（1）离子泵真空度必须优于 4×10^{-5} Pa。

（2）电子枪、镜筒、照相室、储气罐真空状态必须显示为 READY，如图 1 所示。

（3）冷却水箱的温度，包括进水口（左）、出水口（右）均必须在 17.5℃ ~18.5℃之间，如图 2 所示。

（4）电脑操作界面无警报提示，如图 3 所示。

（5）室内温度在 17℃ ~25℃之间，湿度在 60% 以下。

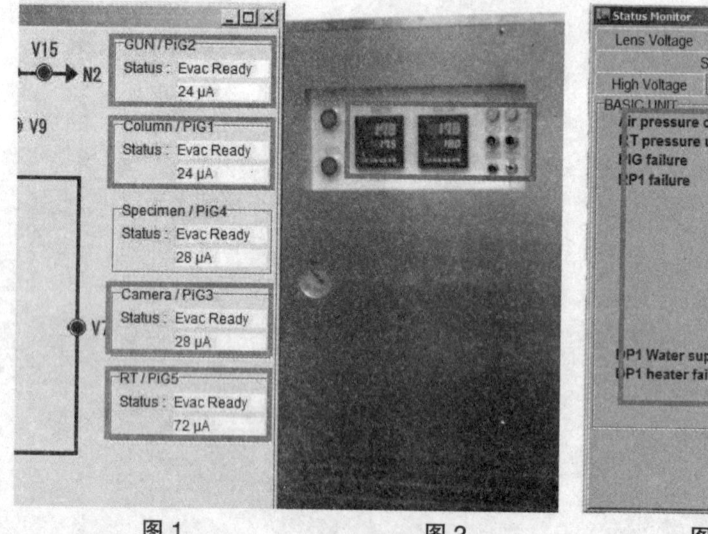

图 1　　图 2

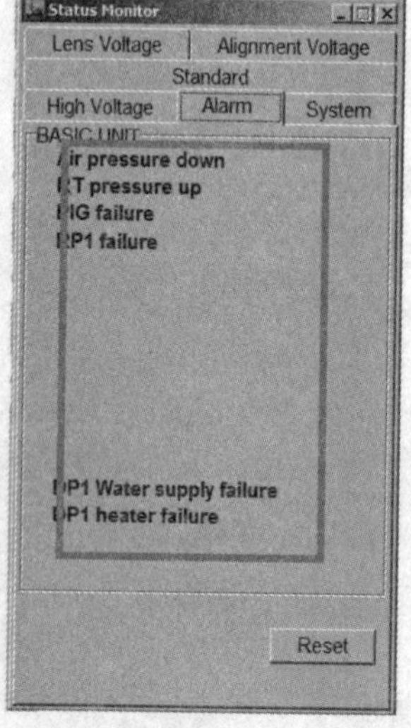

图 3

注意：出现以上任何一点异常均不得进行下一步操作，须立即告知仪器管理员。每天做第一个实验前需升电压，如图 4 所示。

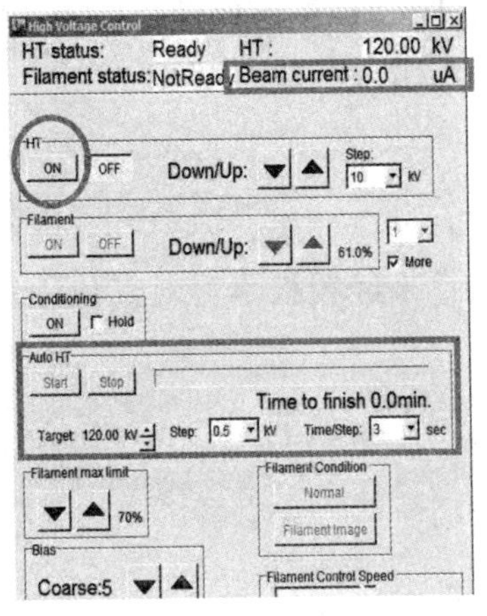

步骤	电压变化	Step: kV	Time / Step: Sec	用时 /min	Beam current μA
1	0 120 kv	点击 HT ON		1	61
2	120 kv 160 kv	0.5	6	8	81
3	160 kv 200 kv	0.1	3	20	101

图 4

注意：升电压时必须注意 Beam current 的稳定性，当每步完成时的 Beam current 超过对应值（即高压箱放电）时，必须等 Beam current 自我恢复到对应值并稳定一段时间才能进行下一步操作。

（6）加冷阱液氮（图 5）。每天第一次加冷阱液氮时必须分两次加，先加入少量（1/3 瓶热水瓶）预冷，待冷阱温度稳定后再加满，此后每隔 3~4 h 加一次液氮（直接加满）。

（7）加能谱仪液氮（图 6）。每隔 1 d 加一次能谱仪液氮，此工作由电镜楼楼管负责，若能谱仪发出缺少液氮的警报声应立即告知楼管或仪器管理员。

冷阱

图 5

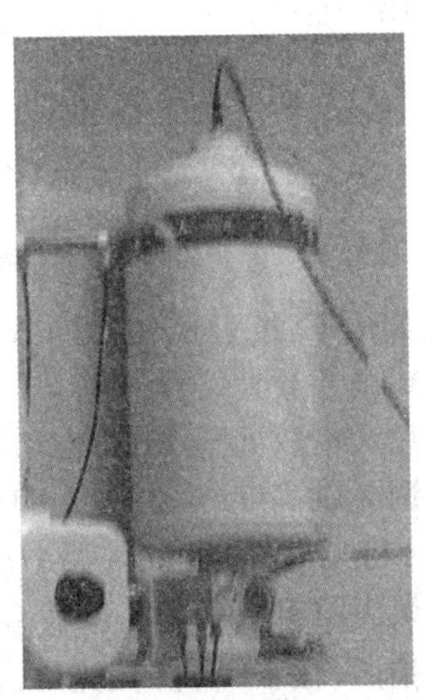

能谱仪液氮罐

图 6

注意：加液氮时观察屏的盖子一定要盖上，以防液氮腐蚀铅玻璃；操作面板也盖上塑料薄膜以防止液氮滴溅腐蚀按键。

二、装样、进样

注意：任何通过该操作培训、考核的用户未经授权不得对其他用户进行培训，违者重罚。

三、加灯丝（发射电流）

点击 Filament ON，如图 7 所示。

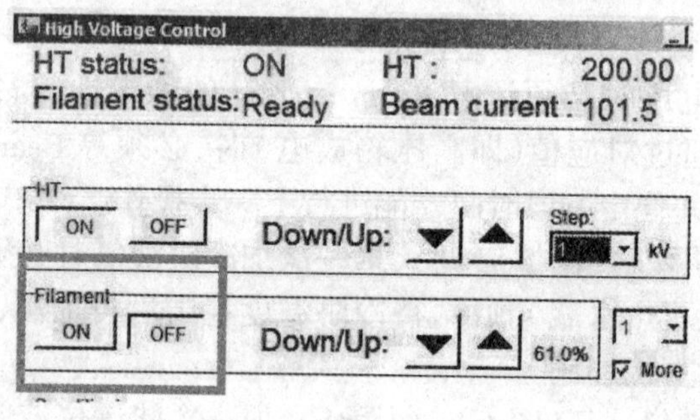

图 7

注意：加灯丝前须确保 Beam current 在 101 μA 左右，离子泵真空度优于 2×10^{-5} Pa。

四、观察

1. 普通形貌

（1）低倍下（按 LOW MAG）找到样品，切换到放大模式（MAG1），用 MAG/CAM 调节放大倍数。

（2）放大倍数调至 40 K，自动聚焦（按一下 STD FOCUS）。

（3）调 Z 轴高度（法一：按 IMAGE WOBB X，用 Z 调节，至图象不晃动；法二：将光斑 Brightness 调小，调节高度至只剩一明亮光斑）。

（4）聚焦（OBJ FOCUS，旋转 COARSE 粗调、FINE 细调）。

（5）拍照（按 F1 升降荧光屏，动态采集，聚焦后冻结即可，放下荧光屏 F1 后打开）。

（6）保存图像。

2. 高分辨像

（1）检查电压中心：将放大倍数调至400 K，光斑散开，按HT WOBB检查电压中心是否对中（图像有无左右上下晃动，有晃动则电压中心没有对中）。如电压中心没有对中，按BRIGHT TILT，用DEF/STIG X、Y调节，再关闭HT WOBB，如图8所示。

（2）消象散：一般用CCD观察操作，选择非晶区域，按OBJ STIG，用DEF/STIG X、Y调节至图像无流沙形貌或FFT出现傅立叶环。

（3）找到样品放大、聚焦、拍照。

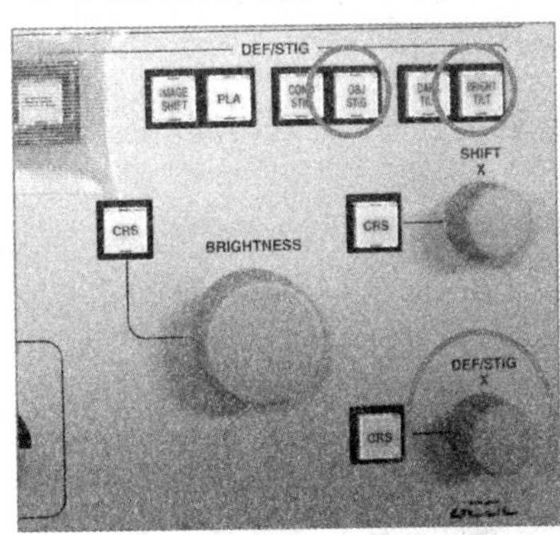

左控制面板

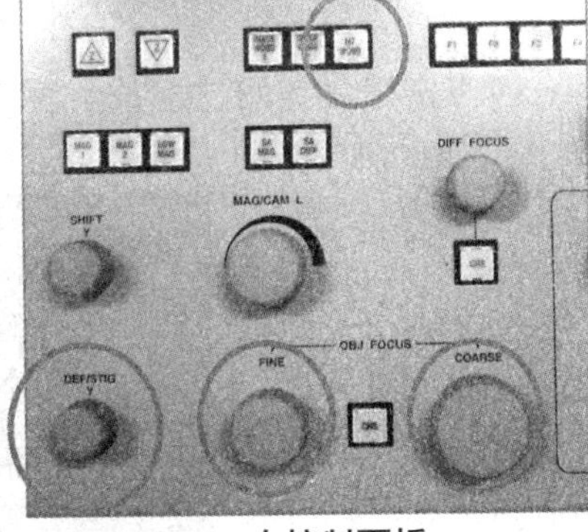

右控制面板

图8

3. 电子衍射

在SA MAG模式下找到样品，加上选区光阑，切换到SA DIFF模式，调节亮度Brightness、聚焦Diff Focus，按PLA用DEF/STIG X、Y调节衍射斑点的位置。并旋转挡针挡住最亮点进行拍照，如图9所示。

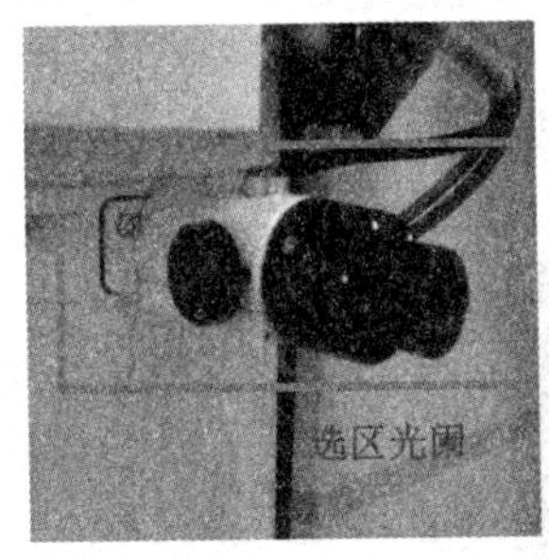

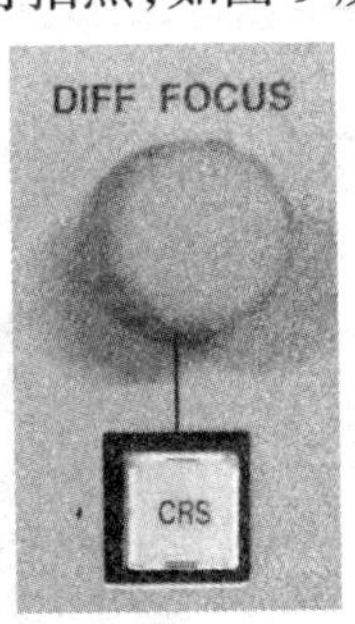

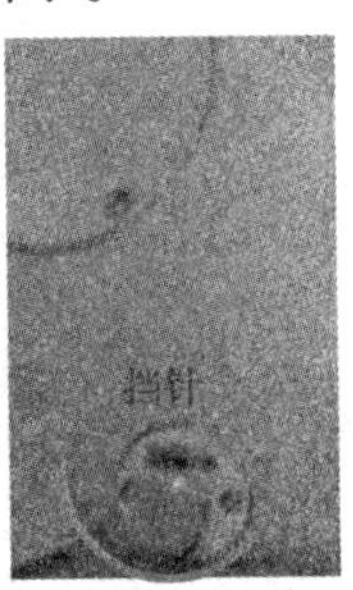

图9

4. 成分分析

（1）找到样品，将需要测试的区域移动到荧光屏中间，适当调整放大倍数，将光斑缩小到该区域。

（2）点击探测器控制，打开自动快门，如图 10 所示。

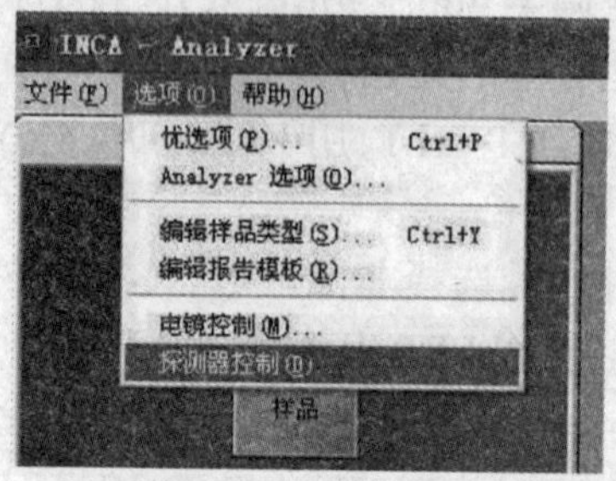

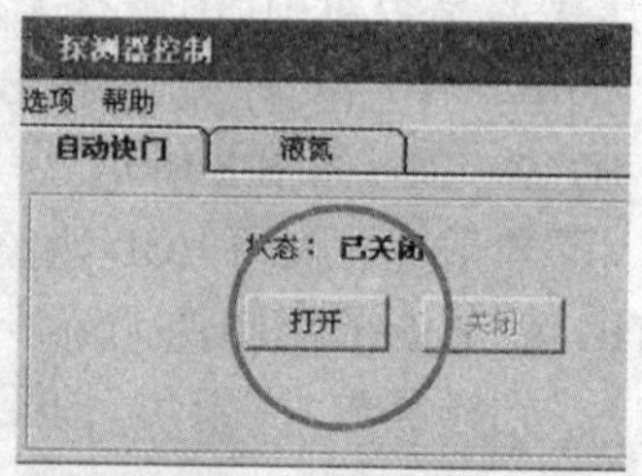

图 10

（3）点击采集谱图，按“ ”采集，通过改变“处理时间”将“死时间”控制在 30% 左右，如图 11 所示。

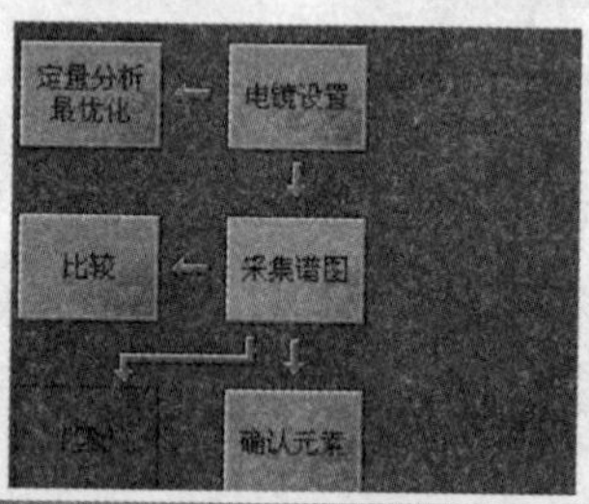

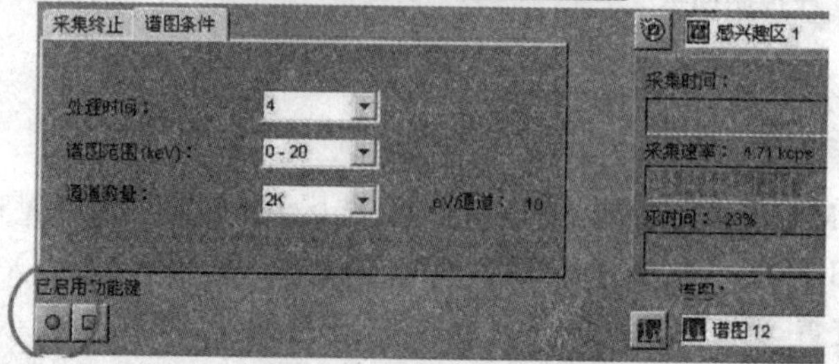

图 11

（4）采集完点击确认元素，通过双击元素周期表上的元素添加或删除元素，如图 12 所示。

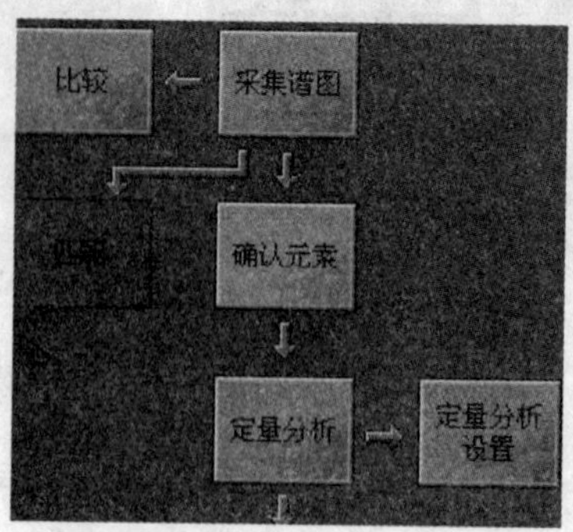

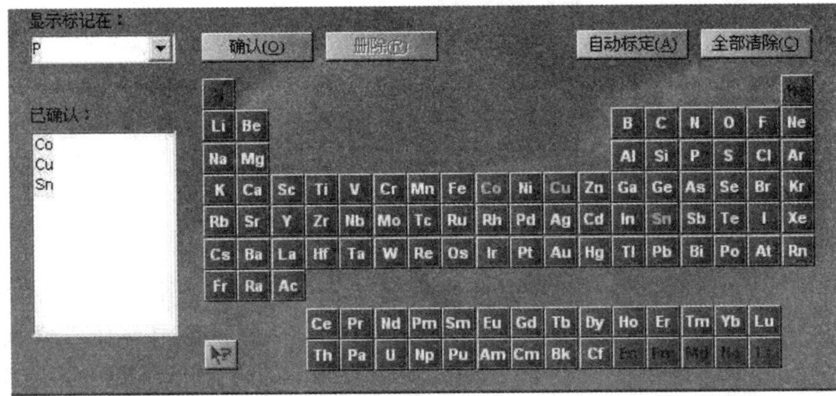

图 12

（5）点击报告，按“![icon]”键将数据导出建成 word 文档，此外可在谱图上点击右键选择 EMSA 输出原始数据，如图 13 所示。

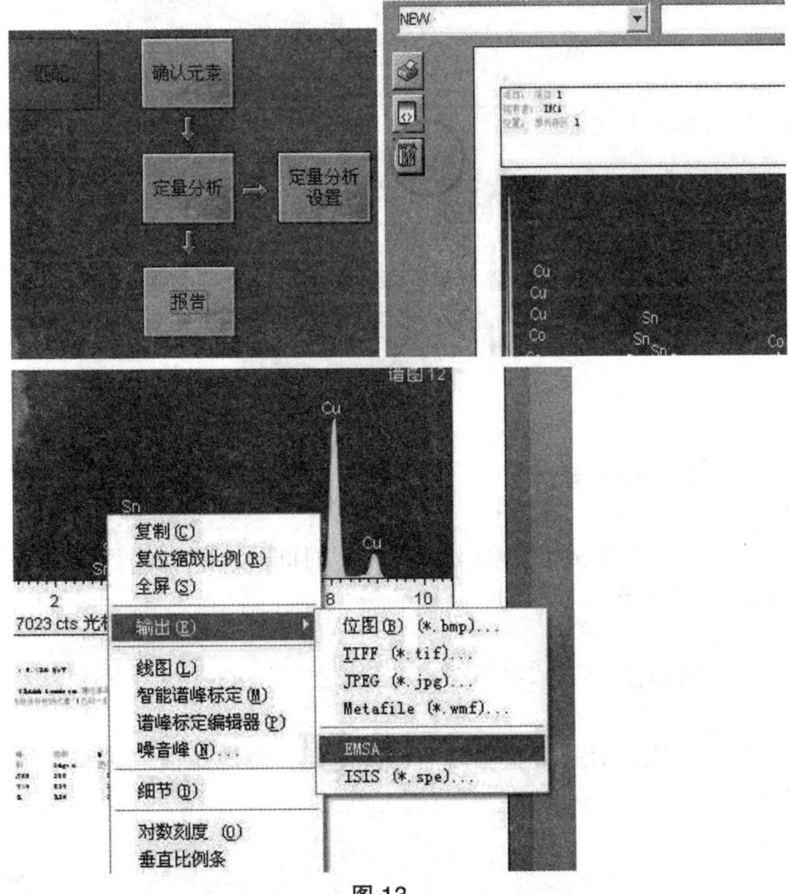

图 13

五、关灯丝（发射电流）

将放大倍数调到 40 K，光斑散开，点击 Filament OFF。

六、换样

（1）拔样品杆前应将样品位置归零，打开 N_2 气瓶阀门，如图 14 所示。

（2）任何通过该操作培训、考核的用户未经授权不得对其他用户进行培训，违者重罚。

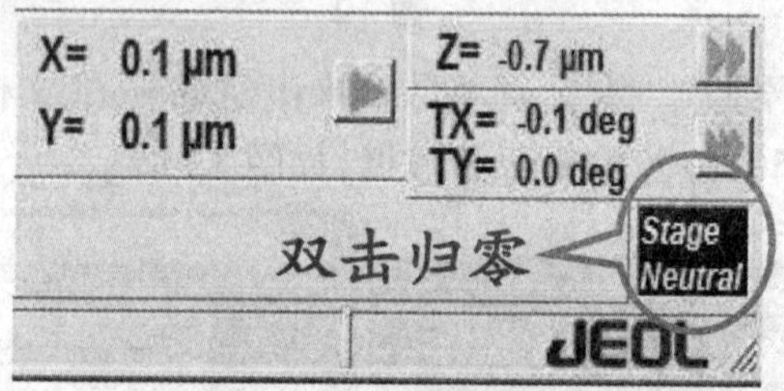

图 14

七、仪器使用登记

注意：实验完成后应如实填写使用时间、使用情况、仪器参数，有任何异常均须记录。

八、降电压

每天完成最后一个实验之后需降电压。降电压前应关闭灯丝，如图 15 所示。

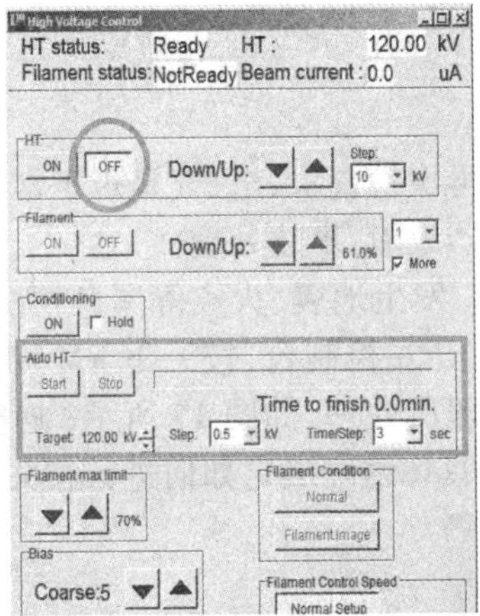

步骤	电压变化	Step:kV	Time Step:sec	用时 /min
1	200 kV ~ 120 kV	0.5	3	8
2	120 kV ~ 0	点击 HT OFF		1

图 15

九、烘液氮

此操作必须在电压关闭、样品拔出后才能进行：插入烘干器，依次点击 maintenance、ACD&Bake、ACD Heat ON，将离子泵量程调至最大，如图 16 所示。实验完成后关闭 N_2 气瓶阀门。

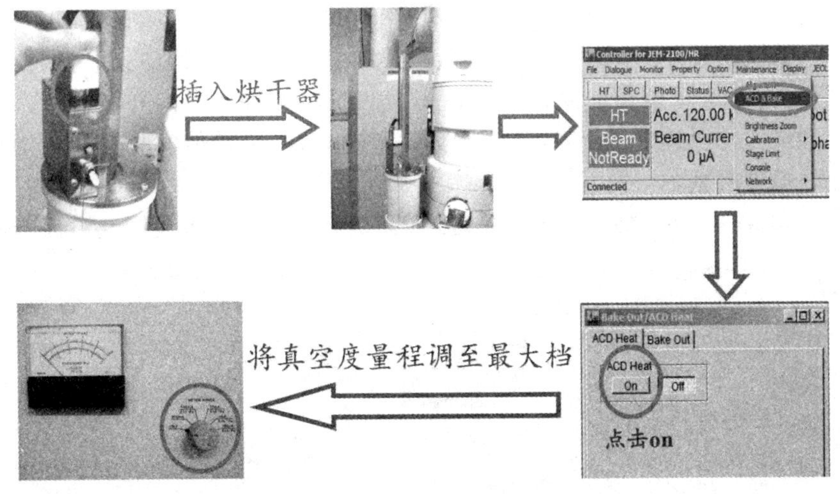

图 16

十、注意事项

（1）整理实验室，再次检查水、电、气是否正常。

（2）紧急情况、仪器故障、事故处理。

①紧急情况处理。发生地震、火灾等紧急情况需要人员立即撤离而来不及正常关机时，打开左控制台，按一下 EM STOP，然后撤离现场，待情况解除后由仪器管理员处理，如图 17 所示；遇突然停电，应告知仪器管理员，由管理员根据具体情况决定如何进行相关处理。

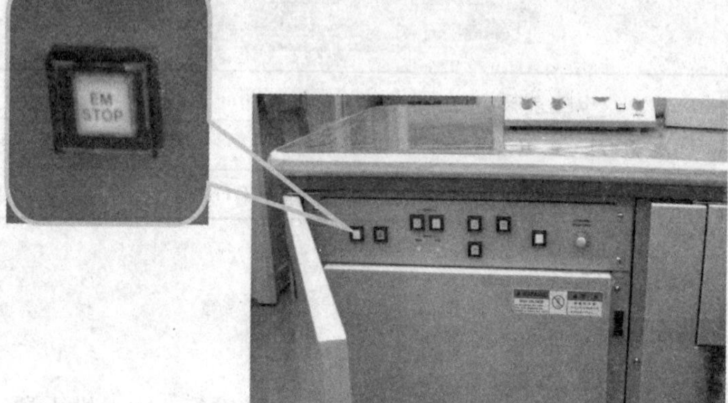

左控制台

图 17

②仪器故障处理。当仪器发生故障时，应立即停止操作，并告知仪器管理员，等待管理员前来，不得自行处理，未经允许不得离开实验室。若管理员无法及时赶到应告知其他实验室的老师，由其他实验室的老师来处理相关事宜。

③事故处理。发生安全事故时遵循《实验室安全管理规则》进行处理。

附录6　美国康塔公司 Nova4000e 型比表面测试仪测试操作

一、设备概述

（1）设备型号：Nova4000e。
（2）制造厂商：美国康塔公司。
（3）设备功用：测试化学粉体材料的比表面积和孔径分布。

二、适用范围

本规程适用于品质保证部 Nova 4000e 高速比表面积测试仪的操作及维护。

三、设备操作规程

1. 开机设置

（1）开启氮气瓶，将分压表指针调至 0.08 Mpa，如图 1 所示。

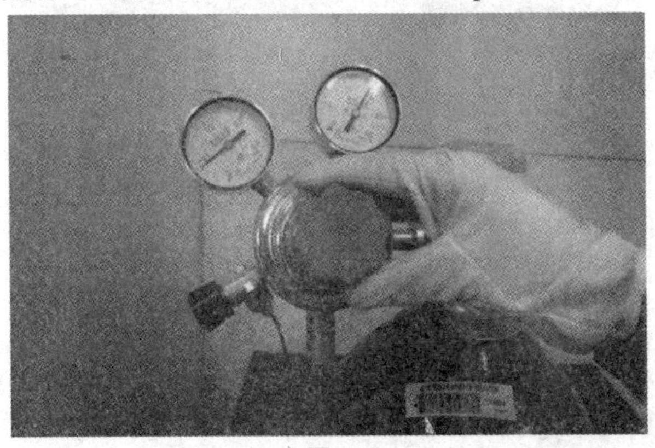

图 1

（2）打开真空泵开关，抽取真空，如图 2 所示。

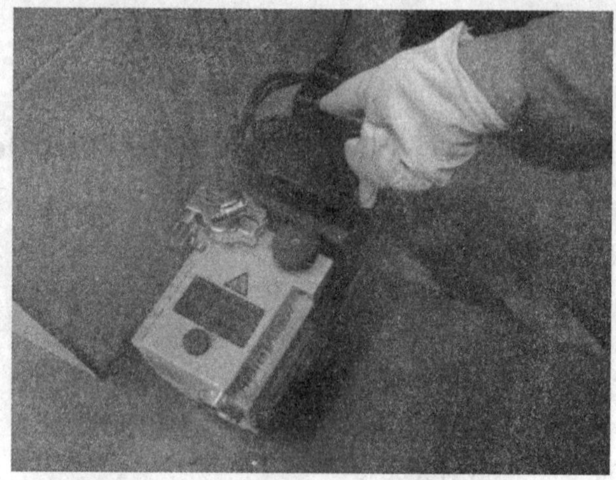

图 2

（3）开启计算机，打开 NovaWin 软件，如图 3 所示。

（4）开启软件后，用户可以任意输入一个 ID 进行登陆，如图 4 所示。软件右下角会有一个连接成功的提示：Conneted 9600。

（5）点击“Operation”下拉列表下的“Instrument Settings”一项，如图 5 所示，在弹出的窗口中设置 Com1 为联接端口，如图 6 所示。

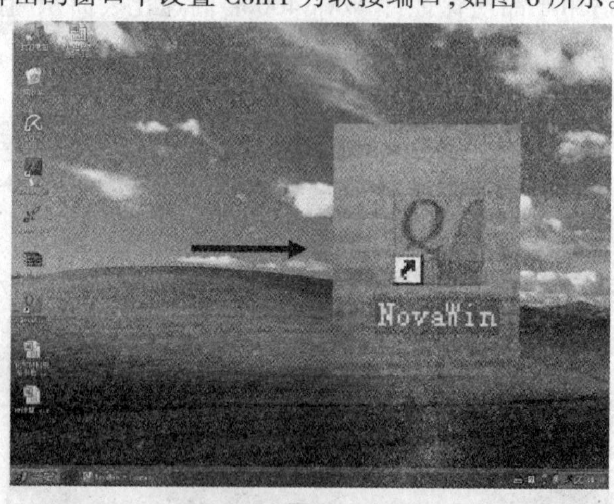

图 3

tart Analysis
Common
Stations
Operator ID:
operater
Adsorbate Gas:
Nitrogen
Sample Volume
Calculate
Measure
Thermal delay (180-1200):
600
sec
P0 options
P0 mode
Calculate
Operator ID
Active stations
Start
Load Preset
Save Preset
OK
Cancel
Help

图 4

NovaWin - Connected to NOVA 1000
File
Edit
Configure
Operation
Window
Help
Start Analysis
Abort Analysis
Upload data F9
Calibrate Cell
Instrument Status F8
Instrument Settings
Firmware Upgrade
Show Instrument Message Ctrl+I

图 5

Communication Setup
Select communication port:
COM1
Instrument in He mode
OK
Cancel
Help

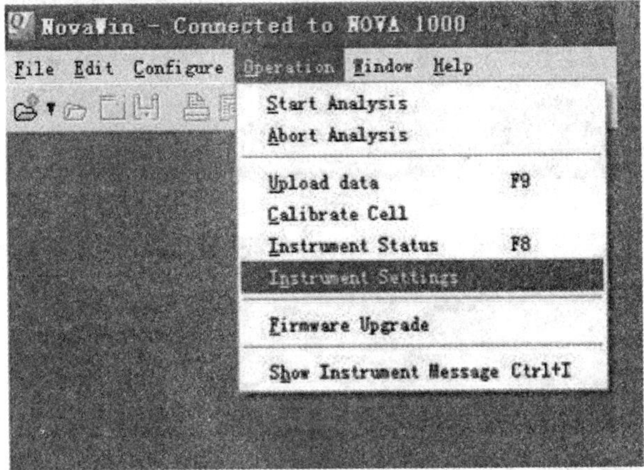

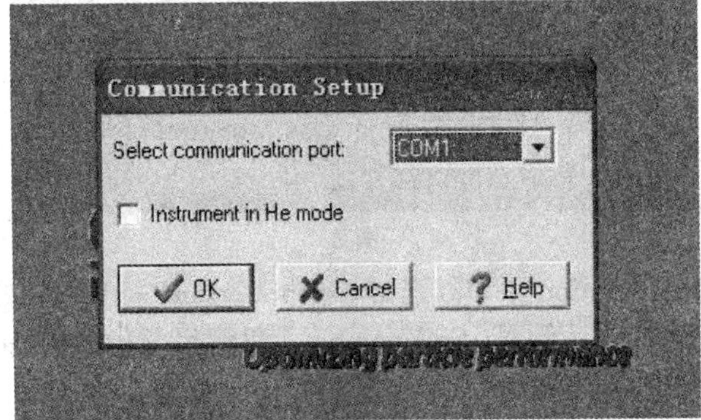

图 6

2. 校正样品管

（1）将带有填充棒的 9 mm 球泡样品空管装载于设备的测试舱内，用螺母紧固，如图 7 所示。

（2）将装有液氮的杜瓦瓶置于设备的升降梯上，如图 8 所示，关好舱门。

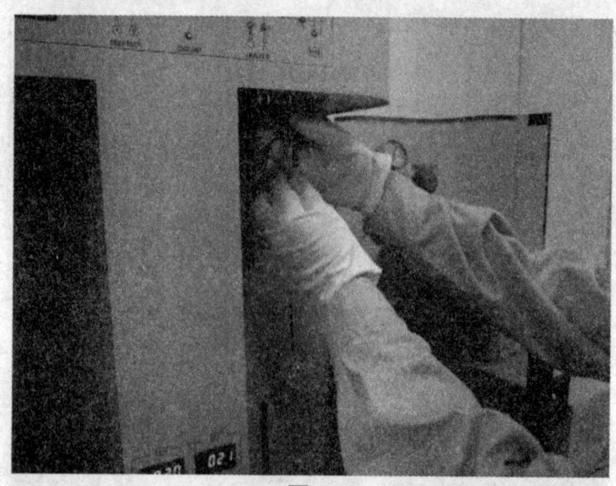

图 7

图 8

（3）点击 Operation 菜单，选择 Calibrate Cell 一项，如图 9 所示，在弹出窗口中设置样品管号（Cell number）和管尺寸（Cell Size），Thermal delay 时间为 300 s，如图 10 所示。

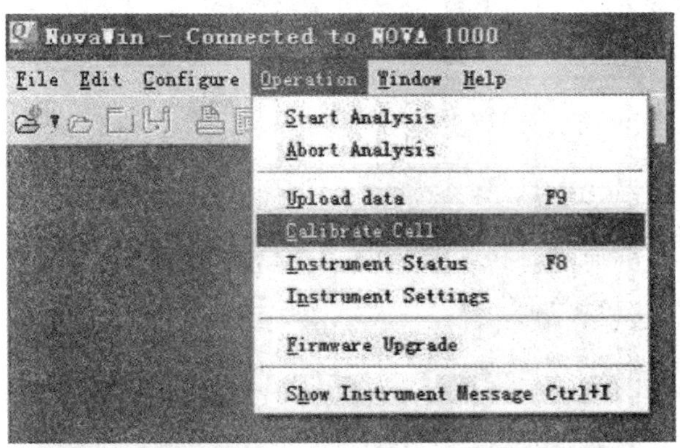

图 9

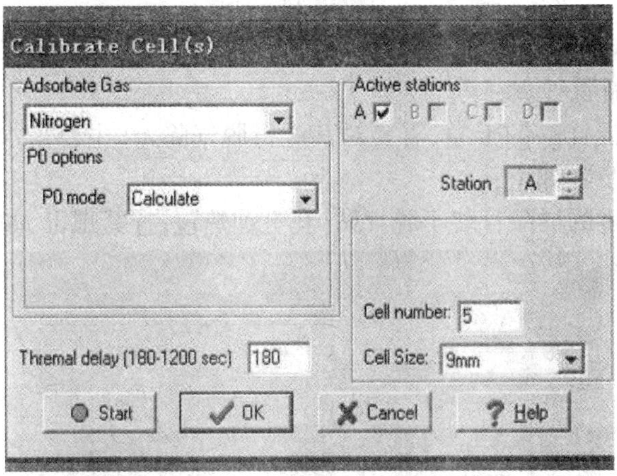

图 10

注意：9 mm 选项表示带有填充棒的 9 mm 样品管。

（4）设置完成后，点击 OK 保存。

（5）点击 Start 即可校正样品管。

3. 处理样品

（1）称量样品。

①分析天平清零，将空管置于天平，待读数稳定后记录数据 W1，如图 11 所示。

②使用专用漏斗盛取样品。

注意：根据样品比表面积规格差异，盛取样品体积应占球泡体积的 1/2~3/4。

图 11

③盛好样品后，将样品管置于天平，待读数稳定后记录数据 W2。

（2）样品脱气。

为了保证样品的干净，需要对其进行脱气除杂（主要是水汽和某些有机物），操作步骤如下：

①将称重的样品管装于脱气站，套上加热包，拧紧螺母，如图 12 所示。

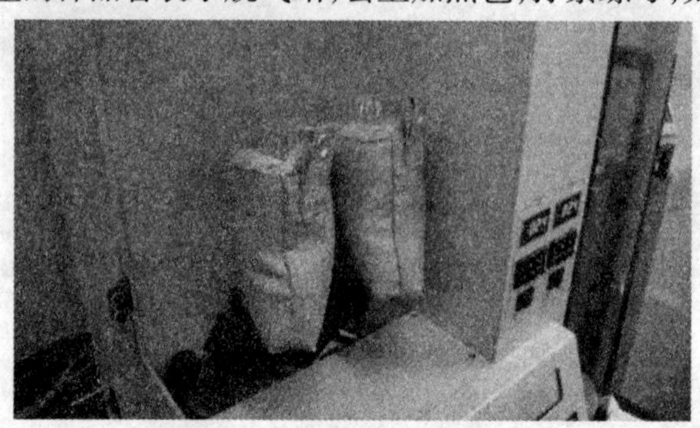

图 12

②操作 Nova 的机器控制面板进行脱气工作。

· 按下控制面板的“ESC”键进入“MAIN MENU”，如图 13 所示；假如仪器正在分析样品，则按下 Backspace 等一次平衡结束选择进入脱气站或返回分析站。

· 按下数字“3”选择“CONTROL PANEL MENU”。

· 按下数字“2”选择“DEGAS STATIONS”。

· 在“Load the Degasser？”提问下，按下数字“1”，选择“Yes”。

· 在显示“DEGAS TYPE SELECTION”界面时，按下数字“1”，选择“Vacuum Degas”。

· 真空泵开始抽气，等待 5 ~ 10 min，设定样品的加热温度。

注意：根据样品种类设定加热温度，一般设定样品加热温度为 300℃，加热时间 3 h。

图 13

③加热完成后，关闭加热电源。待样品充分冷却后，对样品进行回填气体操作，步骤如下：

· 按下控制面板的“ESC”键进入“MAIN MENU”。

· 按下数字“3”选择“CONTROL PANEL MENU”。

· 按下数字“2”选择“DEGAS STATIONS”。

· 在“Unload the Degasser ? ”提问下，按下数字“1”，选择“Yes”。

· 在“Backfill with Helium ? ”提问下，按下数字“2”，选择“No”。

· 回填完气体后，根据提示，取下样品管，在脱气站上堵上堵头并拧紧螺母。

注意：如果不需要即刻测试样品，可以让样品管留在脱气站上，避免取下后渗入水汽。

（3）分析样品。

①将完成脱气的样品管置于天平，待读数稳定后记录数据 W3。

②将填充棒置于样品管内，二者装载于设备的测试舱内，用螺母紧固。

③点击 Operation 菜单，选择 Start Analysis 一项，如图 14 所示，在弹出的 Common 菜单中设置 Sample Volume 一栏为 Measure，Thermal delay 时间为 300 s，P0 mode 一栏为 Calculate，如图 15 所示。

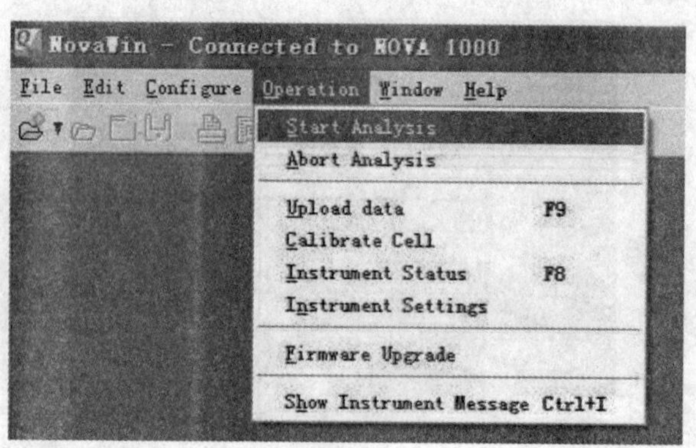

图 14

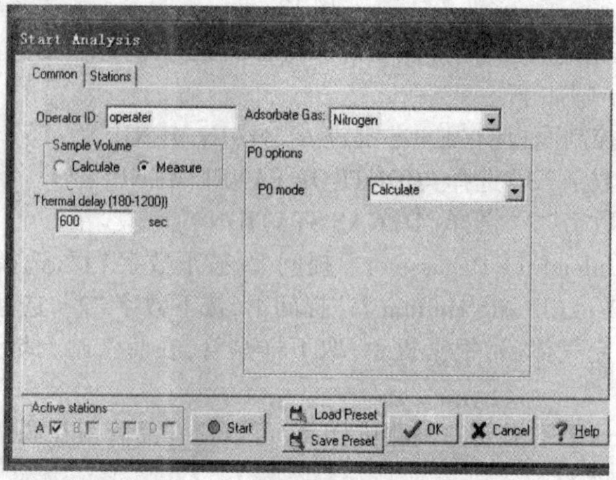

图 15

④在 Station 菜单的 Sample 分页中输入 File Name，Sample ID，将 W3-W1 所得的差值输入 Wight（样品质量）一栏，如图 16 所示；在 Point 分页中通过 Add point 及 Multi BET 组合点击设置测试点(通常选择 6 个点)，如图 17 所示；在 Equlibrium 分页中设置 Adsorption（吸附）和 Desorption（脱附）的 Equilibration time（平衡时间）为 60 或 90 s，设置二者的 Equilibration timeout（最大平衡时间）为 120 或 270 s，如图 18 所示；Reporting 分页中的参数通常都设定为 300° 3 h 和 77.3 K，如图 19 所示。

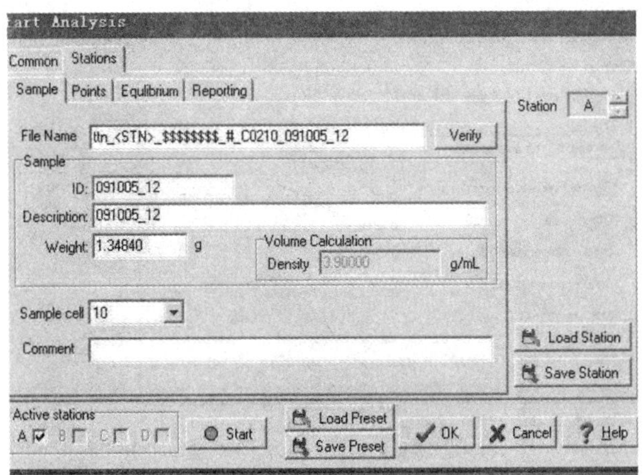

图 16

图 17

图 18

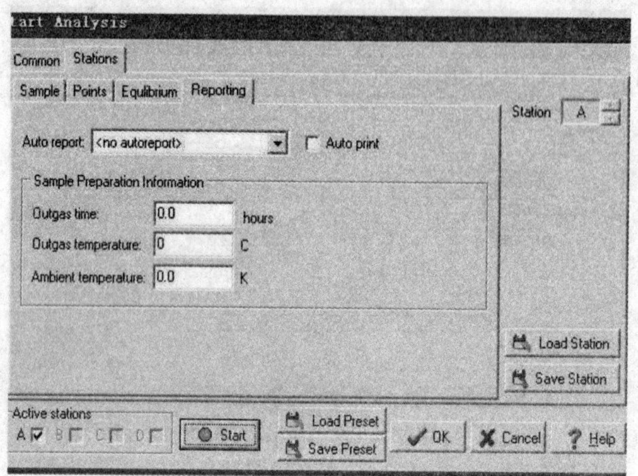

图 19

⑤在 Station 菜单中依次选择 B、C、D 站按钮填写相关参数。

⑥点击 Start,开始分析样品。

四、设备日常维护

(1)设备外观清洁。

(2)用肥皂水检查气路密闭性,维护周期一周。

五、设备校验

校验周期为一年。